生态环境空间管理丛书

四川省环境功能区划应用实践

王金南　钱　骏　肖　杰　王晶晶　佟洪金　等著

中国环境出版集团·北京

图书在版编目（CIP）数据

四川省环境功能区划应用实践/王金南等著. —北京：中国环境出版集团，2020.12

（生态环境空间管理丛书）

ISBN 978-7-5111-4051-7

Ⅰ.①四… Ⅱ.①王… Ⅲ.①环境功能区划—四川 Ⅳ.①X321.271

中国版本图书馆 CIP 数据核字（2019）第 145886 号

出 版 人 武德凯
责任编辑 葛 莉
责任校对 任 丽
封面设计 彭 杉

出版发行 中国环境出版集团
（100062 北京市东城区广渠门内大街 16 号）
网 址：http://www.cesp.com.cn
电子邮箱：bjgl@cesp.com.cn
联系电话：010-67112765 编辑管理部
010-67113412 教材图书出版中心
发行热线：010-67125803，010-67113405（传真）

印 刷 北京中科印刷有限公司
经 销 各地新华书店
版 次 2020 年 12 月第 1 版
印 次 2020 年 12 月第 1 次印刷
开 本 787×1092 1/16
印 张 13
字 数 260 千字
定 价 91.00 元

前言

PREFACE

编制实施环境功能区划，是贯彻《全国主体功能区规划》、落实主体功能区战略、加强生态环境保护的具体实践，也是提升环境服务功能、促进国土空间高效协调可持续发展的重要措施。2009年，环境保护部启动国家环境功能区划编制研究与试点工作，并委托环境保护部环境规划院为主要技术支撑单位，先后组织编制完成《全国环境功能区规划纲要》和《环境功能区划编制技术指南（试行）》，分两批在吉林、浙江、新疆、河北、黑龙江、河南、湖北、湖南、广西、四川、青海、宁夏12个省（区）开展了环境功能区划编制试点工作。

12个试点省（区）积极开展环境功能区划试点实践，积累提炼了大量基础性做法和实践性经验，为国家生态保护红线划定和各省（区）环境保护“十三五”规划编制工作奠定了良好的基础。其中，浙江、湖南、新疆等试点省（区）将环境功能分区与生态保护红线工作有机融合；四川、广西等试点省（区）在环境功能评价指标选取上进行了有益探索和创新；宁夏、浙江等试点省（区）提出了分区管控的负面清单，深化了分区环境政策；浙江、新疆、河南等省（区）自行组织开展市、县级区划编制试点，细化分区差别化管控措施。

通过各省（区）的试点实践，区分了不同类型地区的环境功能，实行了分类管理、分区控制，推动形成了良性的生态安全格局，有助于优化空间结构与布局，支撑健康的城镇化格局和农业生产格局，促进经济、社会、环境的协调发展，有利于国家主体功能区战略在环境保护领域的落地。同时，建立基于环境功能区划的环境空间管治体系，使政府管理人员和企业一目了然，直接形成明确的建设项目环境准入门槛，极大地简化了项目环境审批流程，提高了环境管理的水平和效率，更有利于地方操作落实，为构建“一个办法、一个区划、一张图”的生态环境空间管控制度框架提供了坚实支撑。

四川省通过建立综合评价体系，完成环境功能综合评价，结合国家、四川省和各市（州）相关规划和既有成果的积累，建立了环境功能分区框架，形成了人口、经济、资源环境相协调的环境功能空间格局，划定了自然生态保留区、生态功能保育区、食物环境安全保障区、聚居环境维护区和资源开发环境引导区等5个环境功能一级区和水源涵养生态功能区、水土保持生态功能区、生物多样性保护生态功能区、农产品环境安全保障区、牧产品环境安全保障区、聚居环境优化区、聚居环境污染治理区和聚居环境风险防范区等8个环境功能二级区，明确了各分区环境功能目标，提出了一分区生态保护、环境准入、总量分配、污染控制、环境监管等环境管控要求。

本书共分为6章，第1章四川省概况由钱骏、高东东、廖瑞雪编写，第2章总则由佟洪金、陈杰、赵红梅编写，第3章环境功能综合评价由魏峣、许冠东、林茂编写，第4章环境功能分区初步识别由郑颖、杨长军、周安澜编写，第5章四川省环境功能区划由王晶晶、王春、蒋厦编写，第6章分区管控导则由肖杰、韦娅俪、梁荫编写。

本书共分为6章，第1章四川省概况，由钱骏、高东东、廖瑞雪编写，第2章总则，由佟洪金、陈杰、赵红梅编写，第3章环境功能综合评价，由魏峣、许冠东、林茂编写，第4章环境功能分区初步识别，由郑颖、杨长军、周安澜编写，第5章四川省环境功能区划，由王晶晶、王春、蒋厦编写，第6章分区管控导则，由肖杰、韦娅俪、梁荫编写。

本书重点介绍四川省在环境功能区划编制思路、区划框架体系建立、环境功能评价、分区方案划定以及分区管控措施制定方面的实践经验，是环境功能区划技术方法在省（区）层面的具体实践。试点实践进一步完善了生态环境空间管控理论体系，全面检验了区划技术方法，丰富了区划编制体系，相关内容可供有关政府部门和研究机构参考。

著　者

2018年7月

目录

CONTENTS

第1章　四川省概况

1.1　战略区位

1.1.1　四川省是快速工业化和城镇化的热点区

四川省位于全球最富发展潜力的东亚地区，是连接日本、韩国、俄罗斯等东北亚地区，新加坡、泰国等东南亚地区和英国、德国、法国等欧洲地区的重要枢纽节点。随着全球一体化进程的加快，区域国际合作机制和大通道建设，如东盟、第三亚欧大陆桥和南方丝绸之路等，如雨后春笋般蓬勃兴起。同时，我国西部地区对外开放和经济重心向西加速，各种区域合作机制如成渝经济区、西南经济区、西部金三角、泛珠三角等开展得如火如荼。在西部大开发的大背景下，四川省将充分利用自身的区位优势、资源优势、劳动力优势和环境优势，发展对外贸易、承接产业转移，实现战略转型和提速发展（图1－1）。

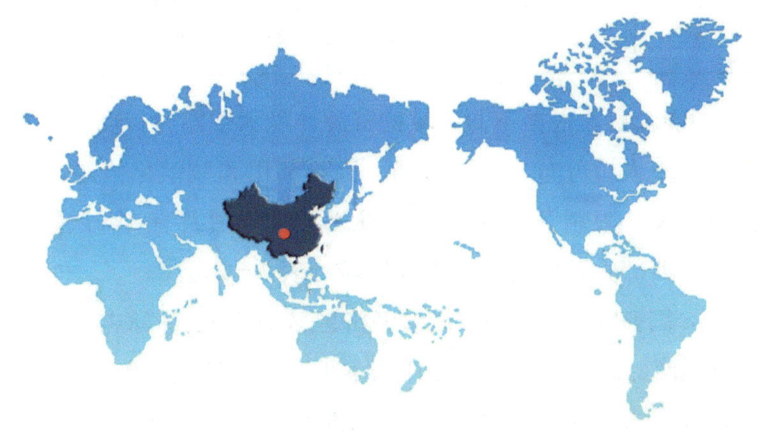

图1－1　四川省在全球一体化中的位置

长江作为世界第三大河，贯穿了我国青海、西藏、四川、云南、重庆、湖北、湖南、江西、安徽、江苏、上海等11个省（自治区、直辖市）。随着沿江城市的不断崛起，产业经济和人口的不断聚集，长江已成为带动我国区域经济发展的重要经济带。其中，长江下游以上海为中心的“长三角”都市圈，是我国经济发展最好的区域。长江中游以武汉城市圈、长株潭城市群作为中部崛起的重要经济发展区，长江上游则是以成渝经济区和云贵地区为中心的都市经济圈（表1－1）。

表1－1　沿长江经济带重要经济区分布

重点开发区域名称	区域范围	产业发展方向
长江三角洲地区	上海、杭州、南京、苏州、无锡、苏北和浙西南地区	上海：金融、贸易等现代服务业；杭州：文化创意、旅游休闲、电子商务；南京、苏州、无锡：电子研发设计；常州、镇江：电子信息产业；其他：生物医药产业、新材料产业、民用航空航天产业、新能源产业
长株潭城市群两型社会建设综合配套改革试验区	长沙市、株洲市、湘潭市城市规划区及其周边地区	高新技术产业基地、电子信息技术与设备、交通与电机设备制造、食品与制药、文化产业等
武汉城市圈两型社会建设综合配套改革试验区	武汉、黄冈、黄石、鄂州、孝感、咸宁、仙桃、天门、潜江9个城市	光电子信息、汽车制造、汽车零配件、钢材制造及新材料、IT设备、精细化工、生物工程及新医药、轻工食品、盐磷化工等产业
成渝经济区	重庆31个区县 四川省15个市	大型风电机组，轨道车辆配套设备等装备制造业；汽车、摩托车制造业；国家电子信息产业基地；国家民用航空航天基地；物流业、商贸会展业、旅游业

《全国主体功能区划》根据不同区域的资源环境承载能力、现有开发密度和发展潜力，统筹谋划未来人口分布、经济布局、国土利用和城镇化格局，将国土划分为优化开发、重点开发、限制开发和禁止开发4类，全国共有18个重点开发区，其中，成渝经济区是西部大开发战略的重要区域（表1－2）。

2011年5月，国务院正式颁布《成渝经济区区域规划》，标志着成渝经济区建设提升至国家战略层面。成渝经济区地处四川盆地，包括四川省和重庆市大部分县市，是我国重要的人口、城镇和产业聚集区，是西部地区重要的经济中心，未来有可能成为我国经济增长的第四极。重庆两江新区和成都天府新区已先后上升为国家级新区。

成渝经济区位于长江上游，是水资源和水能最丰富的地区，天然气储量和开采规模大，是未来清洁能源的重要供应基地。区域及周边钒钛、有色金属、稀土、煤炭、磷、盐卤等资源富集，开发潜力巨大。

表 1－2　全国重点开发地区资源优势比较

区域名称	土地面积/万 km^2	人均土地面积/(km^2/万人)	水资源总量/亿 m^3	人均水资源量/(m^3/人)	森林面积/万 hm^2	森林覆盖率/%	石油资源储量/万 t	天然气资源储量/亿 m^3	煤炭资源储量/亿 t	湿地面积/10^3hm^2	湿地面积占国土比重/%
山东半岛经济区	6.4	25.31	285	301.7	255	16.72	32 636	353.8	82.1	1 784.1	11.72
京津冀地区	18.3	13.59	178.2	151.6	480	22.25	29 818	605.1	66.3	1 288.1	22.7
中原城市群	5.7	25.78	328.8	347.6	337	20.16	5 052	84.1	114.7	624.1	3.74
皖江城市带	8.1	40.16	733.1	1 195.3	360	26.06	181	—	83.7	653.9	4.73
武汉城市圈	5.8	19.36	825.3	1 443.9	579	31.14	1 224	4.4	3.3	927.3	4.99
关中-天水经济区	8.9	10.29	416.5	1 105.6	768	37.26	22 490	5 658.7	268.7	292.9	1.42
成渝经济区	24.0	22.42	2 788.1	2 414.9	2 123	34.39	267	8 456.8	73.6	1 004.9	2.5
广西北部湾	4.3	32.51	1 484.3	3 069.3	1 253	52.71	182	3.4	7.7	656.1	2.76
全国	960	72	24 180.2	1 816.2	30 590	20.36	294 920	37 074.2	3 189.6	38 485.5	4

成渝经济区产业发达，现在已形成了装备制造、汽车、摩托车、电子信息、生物医药、能源化工、冶金建材、纺织、航空航天等为主导的工业体系。第三产业发展较快，市场辐射力强，是西部地区重要的物流、商贸、金融中心和全国重要的旅游目的地。未来成渝经济区将抓住新一轮产业转移机遇，积极承接国内外产业转移，加快产业结构优化升级，增强产业市场竞争力，打造国家重要的现代农业基地，形成若干规模和水平居全国前列的先进制造和高技术产业集群，建设功能完善、体系健全、辐射西部的现代服务业高地，成为深化内陆开发的实验区、统筹城乡发展的示范区，形成以重庆、成都为核心，沿长江黄金水道、沿主要交通干线为发展带的“双核五带空间格局”。

四川省围绕成渝经济区国家战略加快西部经济高地建设，逐步建成国家信息高技术产业基地、国家软件高技术产业基地、国家新能源高技术产业基地、国家民用航空高技术产业基地、国家新材料高技术产业基地、国家生物高技术产业基地等战略性新兴产业六大基地，充分发挥特色优势产业的支撑带动作用，做强存量和做大增量并重，提高技术水平，壮大产业规模，延伸产业链，推动装备制造、油气化工、汽车制造、饮料食品、现代中药等特色优势产业高端化发展。

1.1.2 四川省是保障全国粮食安全的重点区

四川省农业开发历史悠久，是《全国主体功能区划》中确定的我国粮食主产区之一，粮油、畜禽、水产、果蔬、茶叶、蚕桑、道地药材、经济林竹等特色农林产品在全国占有重要地位。四川省特别是四川盆地地区和安宁河谷平原区充分利用优越的农耕条件，大力发展粮油蔬菜种植业，在川西平原，沿长江、遂南内广达建立起优质稻、玉米、小麦、油菜生产基地，形成了成德绵眉资自宜南达蔬菜标准化生产基地。四川省同时也是全国五大牧区之一，在川西高原的阿坝、凉山、甘孜“三州”有大面积优质天然草场分布。

1.1.3 四川省是保障国家生态安全的重要屏障区

四川省陆地生态系统被誉为“重要的绿色生态屏障”，是《全国主体功能区划》确定的“三带两片”生态屏障之一——黄土高原及川滇生态屏障的重要组成，既是“中国半壁江山的水塔”“生物多样性的宝库”“未来气候变化的晴雨表”和“典型的生态与环境脆弱带”，也是未来长江流域产业带发展的保障、水资源保护的核心区域、全球气候变化的敏感区。

四川省属于长江上游生态屏障的重要组成部分，全国第一大河流长江干流及主

要支流岷江、沱江、嘉陵江流经该区域，与全国最重要的水源涵养区相接，涵盖川西北高原生态区、成都平原和低山丘陵传统农业区、盆东平行岭谷区、盆周山区，区域生态环境质量和演变在很大程度上影响长江上游生态屏障功能的发挥。同时，四川省黄河水系区域是黄河流域的主要供水区和黄河源头区，水量充沛，年均径流量为 47.6 亿 m^3，占整个黄河径流量的 8.2%，水源涵养意义重大。

四川省生态系统由平原丘陵生态系统类型向高山生态系统急剧转化，盆周山地及川西北高山峡谷区生物多样性分布极其丰富，是我国乃至全世界极其珍贵的生物基因库之一。重要的生物多样性保护区分布密集，有川滇森林及生物多样性国家级生态功能区、秦巴山区生物多样性国家级生态功能区和大小凉山生物多样性及水土保持省级生态功能区，对全国生物多样性保护、水土保持和防风固沙具有重要的意义。四川省也是我国自然和人文景观最为丰富、受到联合国保护的遗产最多的旅游资源富集带，世界自然和文化遗产保护地、国家级风景名胜区、国家级森林公园、国家级地质公园数量众多。

但同时，四川省生态环境脆弱性与重要性交织在一起，是全国水土流失国家级重点防治区，盆周地带生态环境脆弱，地质灾害频发，“5·12”汶川特大地震、“4·20”芦山地震以及多次较大泥石流产生的生态破坏使得生态屏障建设任务更加艰巨。

四川省独特的生态区位特点，决定了其在长江沿江经济带重要的生态地位，对确保长江流域经济社会持续、快速、健康、协调发展具有举足轻重的作用，关系到长江流域和黄河流域的生态安全及环境安全。

1.2　自然环境

1.2.1　地理位置与行政区划

四川省位于我国西南部，地理位置为东经 97°21′～108°31′、北纬 26°03′～34°19′；北邻青海、甘肃及陕西三省，南与云南省、贵州省接壤，东临重庆市，西傍西藏自治区。东西长为 1 075 km，南北宽为 921 km，幅员面积为 48.5 万 km^2。全省辖 21 个市、州，183 个县（市、区），4 800 个乡镇。2012 年年末全省常住人口 8 076.2万人，户籍总人口 9 097.4 万人，少数民族人口 412 万人，其中彝族 212 万人、藏族 127 万人。

1.2.2 自然概况

1.2.2.1 地质

四川省地质构造大致以龙门山断裂带和金河—箐河断裂带（广元、北川、宝兴、康定、冕宁、木里一线）为界，以东属地台构造，包括四川盆地主体部分及其南北边缘的中山区，以及攀枝花和凉山的多数地区；以西属地槽构造，属青藏地槽区的一部分，主要包括川西北高山高原上的阿坝与甘孜两州（图 1－2）。

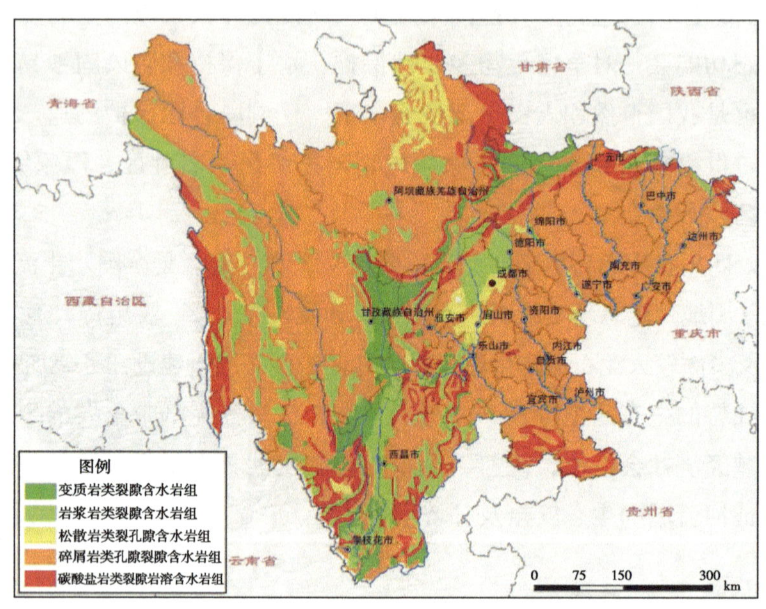

图 1－2 四川省地质概况

1.2.2.2 地貌

四川省位于长江、黄河上游，介于我国自西向东 3 个台阶中一、二台阶的过渡地带，西部为青藏高原之东南边缘，东部为四川盆地。地貌形态类型多样，西高东低，高差悬殊，山丘广布，平原狭小。境内最高点是西部大雪山主峰贡嘎山，海拔 7 556 m；最低点在东部邻水县御临河出境处，海拔 186.77 m。高山和极高山的地貌景观类型主要集中于西部，中、低山分布于西南及盆周地区，丘陵主要分布于东部，平原分布在四川盆地西部及安宁河谷。各类地貌在全省所占的百分比分别为：四川盆地 43.3%，其中：盆地平原 10.5%，盆地浅丘平坝 7.2%，盆地丘陵 7.3%，盆地外围山地 18.3%；川西高山高原 45.1%；川西南山地 11.6%（图 1－3）。

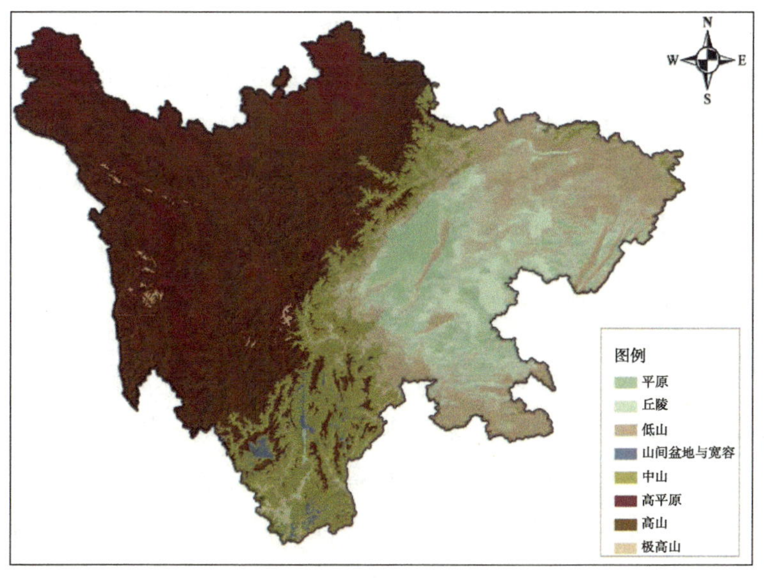

图 1－3　四川省地貌概况

1.2.2.3　气候

四川省南北跨 9 个纬度区（北纬 26°03′～34°19′），地处中纬度、亚热带地区。受太阳辐射、大气环流和地形的综合影响，气候垂直及水平差异大。全省气候类型有 6 类，分别为：中亚热带、山地北亚热带、暖温带、中温带、寒温带、亚寒带（图 1－4）。

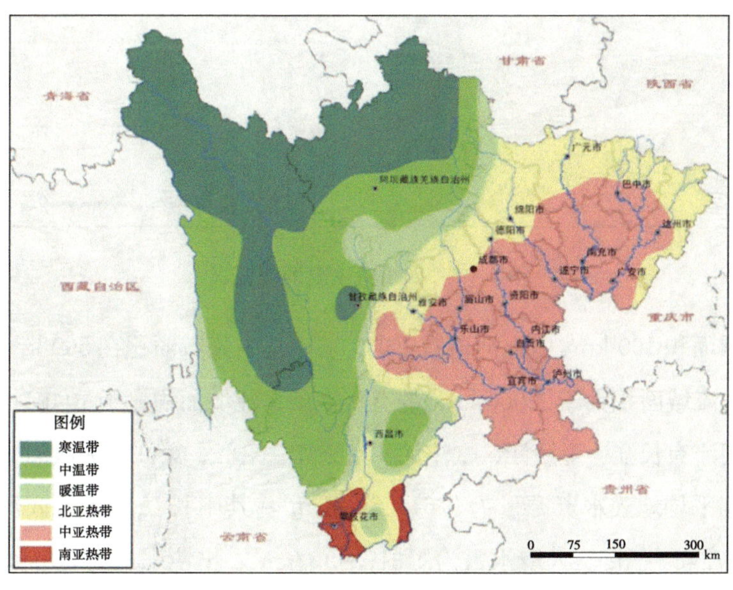

图 1－4　四川省气候分布

全省年平均气温为－1.5～20.3℃。年均降水量为－315.7～1 732.4 mm，自东南向西北递减。年总日照时数为782～2 692 h，以四川盆地、川西南山地、川西高山高原的顺序递增。主要气象灾害可分为8类、101种，分别是：干旱、暴雨、洪涝、绵雨、大风、冰雹、雪灾。危害最大的是干旱，其中以四川盆地受影响最大。洪涝发生于各地，其中以凉山州南部和盆地受洪涝灾害影响较大。

1.2.2.4 水系与水资源

全省有7个水系区，其中长江流域6个，即长江干流及部分支流水系、嘉陵江水系（又可分为嘉陵江干流水系、渠江水系、涪江水系）、岷江水系（含大渡河水系）、沱江水系、金沙江水系（含雅砻江水系）、汉江水系；黄河流域1个，即黄河水系。四川省绝大多数河流均属长江水系，只有川西北的白河、黑河由南向北注入黄河；黄河流域区占全省幅员面积的3.5％（图1－5）。

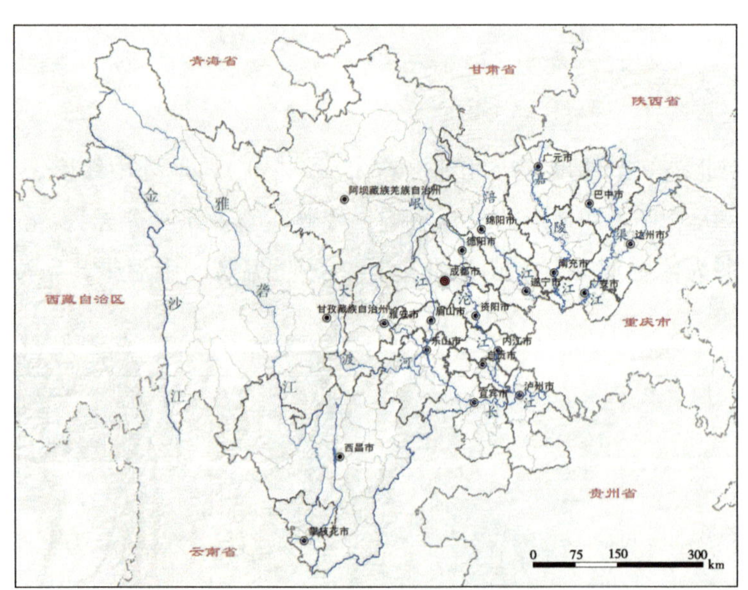

图1－5 四川省主要河流概况

全省流域面积100 km² 以上河流有1 065条，其中流域面积在500 km² 以上的河流有325余条；流域面积大于1 000 km² 的有146条；流域面积大于10 000 km² 的河流有19条，主要河流有长江、金沙江、岷沱江、嘉陵江、涪江、渠江、大渡河、雅砻江等。

全省多年平均地表水资源量为2 614.54亿 m^3，其中长江流域为2 567.06亿 m^3，黄河流域为47.48亿 m^3。入境水量为1 317.99亿 m^3，出境水量为3 859.1亿 m^3。

四川省人均水资源量为3 040 m^3，略高于全国人均水量。全省水资源丰富地区与

水资源缺乏地区交织。西部的甘孜、阿坝、凉山、攀枝花及雅安多年平均水资源量占全省水资源总量的 63.8%，人均水资源量为 10 000 m^3 以上，而东部的 16 个市多年平均地表水资源量为 946.72 亿 m^3，占全省的 36.2%，人均水资源量为 267～3 700 m^3，盆地中部等相当一部分地区属于资源型缺水地区，其中遂宁市最低，不到 300 m^3。

1.2.2.5　土壤

四川省土壤资源十分丰富，有 25 个土类、66 个亚类、137 个土属、380 个土种，包括棕色针叶林土、黄棕壤、黄褐土、棕壤、暗棕壤、褐土、新积土、石灰土、紫色土、石质土、粗骨土、山地草甸土、潮土、泥炭土、水稻土、草毡土、黑毡土、寒冻土、红壤、黄壤等，区域差异很大。东部盆地丘陵为紫色土区域，东部盆周山地为黄壤区域，川西南山地河谷为红壤区域，川西北高山属森林土区域，川西北高原为草甸土区域。在所有土壤类型中紫色土分布面积最大，其次是黄壤土和水稻土（图 1－6）。

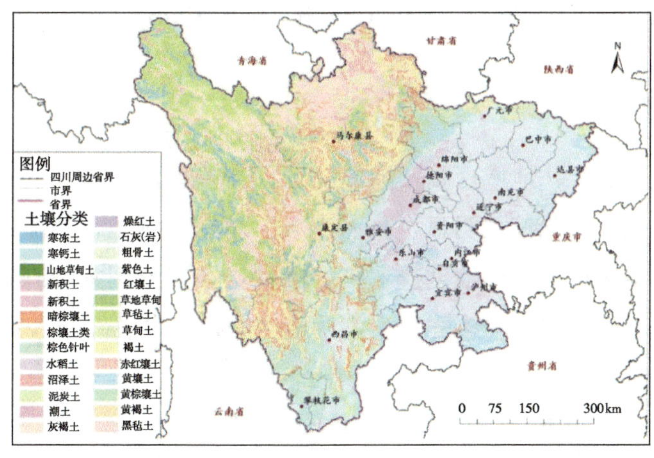

图 1－6　四川省土壤概况

1.2.2.6　植被

四川省是我国植被类型最丰富的省区之一，由于自然条件较优越，开发历史悠久，栽培植被发达，栽培品种繁多，几乎包括我国亚热带区域的所有栽培植物，并有不少南亚热带和温带的种类。针叶林类型之多为全国之冠，其面积占全国针叶林面积的 9.1%。不少类型的地理分布范围广，垂直幅度大。四川省自然植被基本类型主要有森林（针叶林、阔叶林）、灌木林（灌丛）、竹林、稀树草丛、草地（草甸）、沼泽和流石滩植被，从东南向西北可划分为四川盆地常绿阔叶林地带、川西高山峡谷亚高山针叶林地带和川西北高原高山灌丛、草甸地带（图 1－7）。

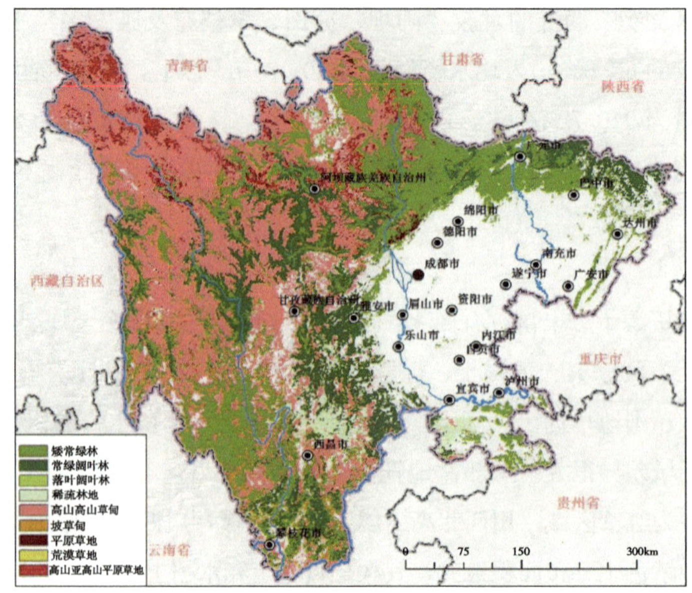

图 1-7 四川省森林、草原概况图

1.2.2.7 生物多样性

四川省地处亚热带，地域辽阔，地形复杂，高差大，土壤、气候和植被的垂直地带变化和水平地带变化都很明显，具有森林、草地、湿地、河流和湖泊等多种自然生态系统，为生物种类多样性创造了良好条件，是川滇国家级森林及生物多样性生态功能区、秦巴国家级生物多样性生态功能区的重要组成部分（图 1-8）。

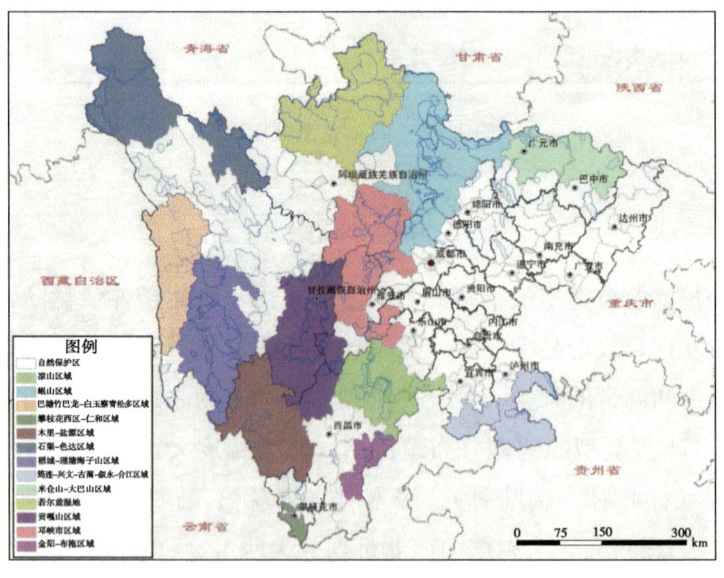

图 1-8 四川省生物多样性保护优先区域

四川省有脊椎动物 1 259 种，其中兽类 219 种，鸟类 647 种，爬行类 84 种，两栖类 90 种，鱼类 241 种。145 种野生动物被列入《国家重点保护野生动物名录》，占全国总数的 39.8%，其中国家一级保护野生动物 32 种，国家二级保护野生动物 113 种；大熊猫数量占全国的 76%以上。四川省有维管束植物 232 科、1 621 属、9 254 种，其中，乔木 1 000 多种，占全国总数的一半，有 460 多种为四川特有；珙桐、攀枝花苏铁、桫椤、连香等 63 种植物被列入《国家重点保护野生植物名录》，其中，Ⅰ级保护植物 14 种，Ⅱ级保护植物 49 种。

1.2.2.8　资源能源

四川省地质条件复杂，构造活动频繁，岩性种类繁多，拥有丰富的矿产资源，是我国矿产资源最密集的地区之一。全省现已找到矿产 134 种，占全国总数的 70%，已探明工业储量的矿种有 90 种，32 种矿产储量居全国前 3 位，54 种居前 5 位，其中原生钛铁矿占全国的 97.27%，硫铁矿占全国的 22.85%，锰矿占全国的 8.37%，钒、钛储量居世界之冠，其他煤、稀土、铁矿、铜矿、铝土矿储量也较丰富，而且多种资源的组合配套好、空间分布相对集中，是原材料工业和能源工业发展的有利区域。

从矿产资源的地理分布来看，四川省中部的乐山、什邡、眉山市境内主要以磷、钙芒硝、石灰岩等非金属矿为主，伴有铁锰、铅锌和金矿等金属矿产；南部自贡、泸州、宜宾三市广泛分布有硫铁矿、铁矿、煤矿及天然气资源；东北部的广安和达州，北部的南充及中部的遂宁、资阳、内江等地区境内矿产资源分布相对稀疏，除天然气、煤等能源矿产外，还零星分布有铁、钒钼等黑色、有色金属矿，攀西地区是四川省矿产资源富集区，是我国重要的钒钛基地，同时，铁矿石、铜铅锌、稀土、磷矿、煤炭等储量均相当丰富。

四川省能源资源丰富，水能可开发量居全国第 1 位，天然气探明储量居全国第 3 位，同时，页岩气开发潜力巨大，使得四川成为我国页岩气开发利用的新能源重点区域。川南、攀西和川东北煤炭储量颇丰，但石油资源匮乏。

（1）水能资源

四川省具有水能资源的绝对优势，水力资源理论蕴藏量为 14 352 万 kW，可开发量为 12 004 万 kW，占全国的 31.7%。可规划 2.5 万 kW 及以上水电站 446 座（其中界河电站 22 座），总装机规模 12 643 万 kW，年发电量 5 541 亿 kW·h。其中，金沙江、雅砻江和大渡河“三江”流域技术可开发量 8 300 万 kW，占全省总量的 65.7%，是全国知名的水电“富矿”。

（2）天然气资源

根据全国第二次油气资源评价结果，四川盆地天然气总资源量为 71 851 亿 m^3，约占全国天然气资源总量的19%。截至2007年年底，全盆地天然气累计探明储量为16 106亿m^3，其中中石油为10 241亿m^3，中石化为5 865亿m^3。

（3）钒钛资源

钒钛磁铁矿的远景资源储量为96亿t，其中，钛资源储量（以二氧化钛计）约6.2亿t，占全国的93%，占世界的35%，居世界第1位；钒资源储量（以五氧化二钒计）约1 862万t，占全国的69%，占世界的11.6%，居我国第1位、世界第3位。

1.3 经济社会

1.3.1 发展阶段

2012年全省人均国内生产总值为4 500美元，根据钱纳里的经济发展阶段的划分标准，从人均GDP水平来看，四川省处于工业化中期阶段；2012年全省三次产业结构为13.8∶51.7∶34.5，根据西蒙·库兹涅茨等的研究成果，当第一产业比重降低到20%以下、第二产业比重上升到高于第三产业时，工业化即进入了中期阶段，所以从第三产业比重看，四川也处于工业化中期阶段；2012年全省城镇化率为43.5%，根据钱纳里等经济学家研究成果，在工业化的实现期和经济增长期，城市化率为30%～60%，所以从城乡结构看，四川也处于工业化中期；2012年四川规模以上轻工业总产值为10 035.57亿元，规模以上重工业总产值为20 997.65亿元，霍夫曼比例为0.48，从工业内容结构判断，四川省工业处于重工业化后期阶段。综合以上社会经济指标来判断，四川省的工业化阶段目前总体上还处于工业化中期，将来还有较长的工业化发展过程（图1－9）。

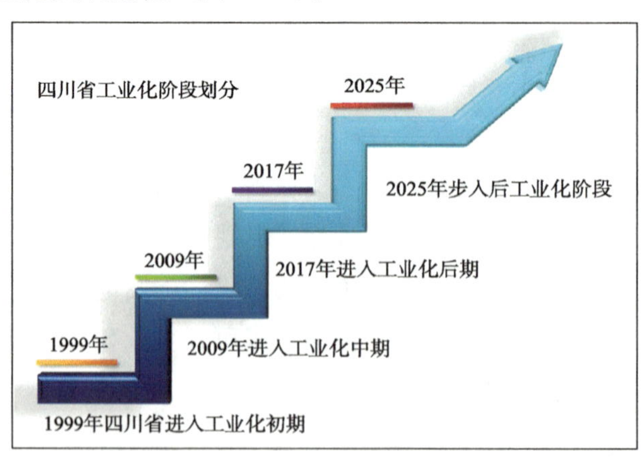

图1－9　四川省工业化发展阶段划分

1.3.2 经济规模

2012 年全省经济发展呈现规模扩大、结构调整的良好态势。国民生产总值达到了 23 872.8 亿元，同比增长了 13.54%，居全国省（区、市）级第 8 位，增速比全国平均水平高 4.8 个百分点，人均地区生产总值为 29 608 元（图 1－10）。

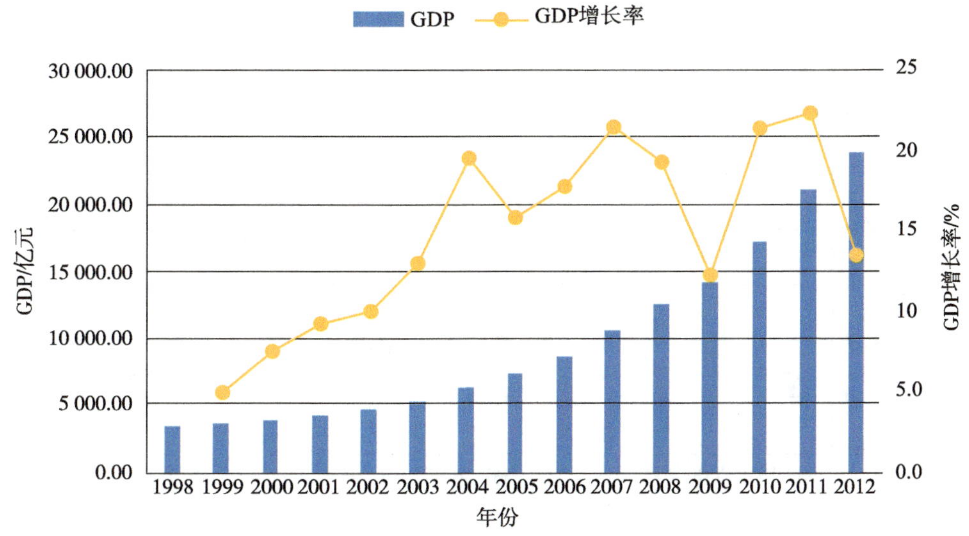

图 1－10 四川省 GDP 及增长趋势图

2012 年，四川省 GDP 在全国位于第 8 位，但总量与东部沿海地区差距仍然较大，处于中等水平；而就人均 GDP 来看，四川省位于全国倒数第 8 位，与北上广及东部沿海地区的差距很大（图 1－11）。

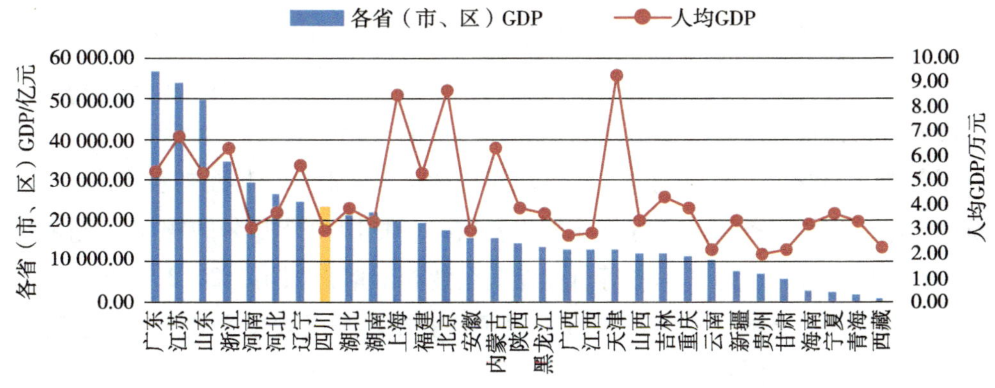

图 1－11 四川与全国各省（市、区）经济指标对比

1.3.3 产业结构

1998年，四川省三次产业比重分别为26.3%、38.1%、35.6%，2012年为13.8%、51.7%、34.5%，相比1998年，第一产业比重逐年下降，第二产业比重逐年增加，第三产业比重不升反而缓慢下降，再次说明了四川处于工业化中期阶段，当前产业结构属于二、三产业协同推进经济的阶段，产业结构将持续优化（图1－12）。

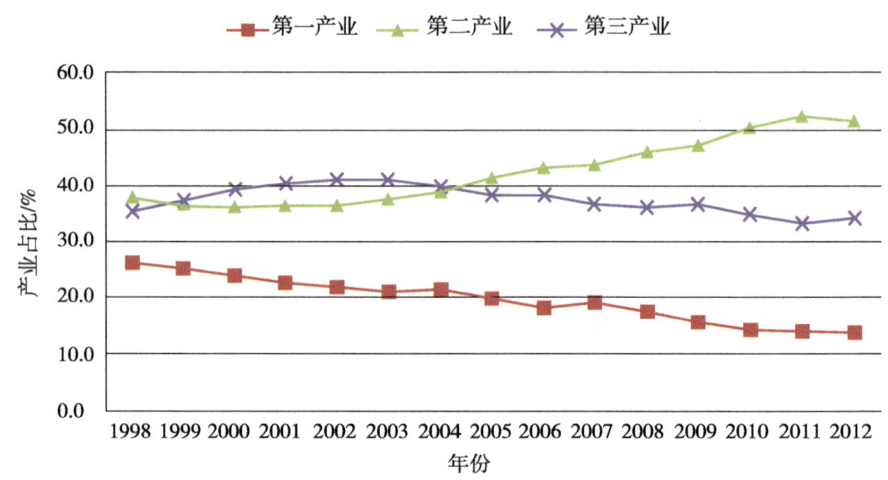

图1－12 四川省三产结构演变趋势图

农业生产稳定发展。全省优势特色效益农业正由零星散状向带状、块状聚集发展，形成了一批优质粮、油、果、菜、茶等特色鲜明的产业带和生产区，农产品产量稳定增长，以“四川泡菜”“峨眉山茶”“大凉山”“川藏高原”“宜宾早茶”“广元七绝”等为代表的一批区域品牌和以竹叶青、吉香居等为代表的企业品牌享誉全国。

第二产业快速发展。全部工业增加值迈上万亿元台阶，总量占全国第5位，增速高于全国平均水平，形成了电子信息产业、装备制造产业、能源电力产业、油气化工产业、钒钛钢铁产业、饮料食品产业、现代中药产业七大优势产业。

服务业发展取得了明显成效。总体规模持续扩大，服务业体系初步形成，物流、商贸、金融、电子商务、旅游等行业加快发展，一批国内外知名的物流、金融、商贸、软件与服务外包、电子商务等行业龙头企业相继落户四川。2012年全省金融机构本外币各项存款余额达41 577亿元，电子商务市场交易规模突破5 000亿元，实现旅游总收入3 280亿元。

1.3.4 产业布局

四川省委、省政府提出了把四川建设成为西部经济发展高地的战略目标，“一枢纽、三中心、四基地”是战略目标的重要支撑。其中，“西部综合交通枢纽”凸显“高地”的区位优势；“西部金融中心、西部商贸中心和西部物流中心”构成“高地”的区域功能；“现代加工制造业基地、重要战略资源开发基地、农产品深加工基地和科技创新产业化基地”体现“高地”的经济实力。

建成西部综合交通枢纽。建成以成都为核心，以 40 条进出川通道为骨架，贯通南北、连接东西、通江达海、融入世界的西部综合交通枢纽。建成西部金融中心、西部商贸中心和西部物流中心，成都核心区金融业增加值占 GDP 比重达到 6%以上，全省达到 5%左右。通过完善基础设施、优化商贸结构、创新流通方式，建成西部商贸中心。以交通运输、仓储配送和物流信息三大平台为支撑，构筑社会化、专业化、现代化、规模化的现代物流体系，建成西部物流中心。

建成现代加工制造基地、重要战略资源开发基地、农产品深加工基地和科技创新产业化基地。形成主营业务收入超过 100 亿元的产业集群 2 个，超过 200 亿元的产业集群 4 个，超过 500 亿元的产业集群 2 个，把四川省建成全国最大的重型装备制造基地之一和西部重要的交通运输设备制造中心。全省水电装机容量达到 4 000 万kW，天然气产量超过 500 亿 m^3，形成以钒制品、钛白粉、钛材为主的钒钛综合生产能力，建成全国最大的清洁能源基地和世界级的钒钛工业基地。建成西部领先的农产品深加工基地。培育 10 家主营业务收入超过 100 亿元的高技术企业，建成西部最大的高新技术产业密集区、全国重要的军民结合高新技术产业实验区和国家重要的科技自主创新型区域。

1.3.5　工业发展

近年来，全省大力实施“工业强省”主导战略，2012 年全省工业增加值达到 10 801 亿元，对经济增长的贡献率达到 56.9%，工业生产总值占生产总值总量的比重达到 44.2%，工业的主导地位更加突出。重点发展电子信息、装备制造、能源电力、油气化工、钒钛钢铁、饮料食品和现代中药等优势产业，积极培育航空航天、汽车制造、生物工程等有潜力的产业，2012 年“7＋3”产业增加值占规模以上工业的 79.0%，增长 13.3%。同时，优势产业、优势企业向产业园区（产业集中发展区）聚集，产业集聚水平不断提高，2012 年全省产业集中度达到 65%，产业园区规模以上工业增加值占全省份额上升到 60.8%，占全省 GDP 的 27.5%。工业产品竞争力明显提高，规模以上工业企业实现主营业务收入 31 065.7 亿元，实现净利润 2 142.7 亿元。

1.3.6 城镇化率

四川省城镇化发展进程随着经济社会发展快速推进。2012 年年末全省常住人口 8 076.2 万人，其中城镇人口 3 515.6 万人，城镇化率为 43.5%，比 2000 年提高 16.8 个百分点，比 1978 年提高 32.5 个百分点，发展成效十分显著。成都平原、川南、攀西、川东北 4 个城镇群雏形初步形成，城市竞争能力不断增强，四川省超大城市——成都市综合实力名列全国 50 强之 11 位，居西部各大城市之首。

虽然四川城镇化进程发展较快，但与全国平均水平差距依然较大。2012 年全省城镇化率为 43.5%，低于全国 52.57%的平均水平，城镇化水平严重滞后于工业化的整体进程。省内地区差异明显，成都平原城镇化水平相对较高，丘陵地区相对较低，民族地区比较落后。城镇体系结构不尽合理，有成都 1 个超大城市，绵阳、宜宾、南充等 7 个中等城市，都江堰、西昌等 147 个小城市的城市体系，成都市城市首位度达到 3.92，城市发展过度集中，大、中等城市较少，辐射带动能力较弱。

1.4 环境质量

1.4.1 水环境质量

(1) 地表水水质状况

河流水质：2012 年，全省河流水质总体保持稳定。139 个省控断面，达标率 71.2%。其中Ⅰ～Ⅲ类断面 100 个，占 71.9%；Ⅳ类断面 16 个，占 11.5%；Ⅴ类断面 10 个，占 7.2%；劣Ⅴ类断面 13 个，占 9.4%。6 个出川断面均达标。

五大水系总体为轻度污染（图 1 - 13）。干流达标率 68.1%，支流达标率 72.8%。长江干流、金沙江水系、嘉陵江干流及大部分支流水质优良；岷江、沱江水系及嘉陵江的部分支流水质为轻度污染或中度污染。

湖库水质：2012 年，四川省共监测 9 个湖库，达标率 66.7%。攀枝花二滩水库、资阳老鹰水库和三岔湖、凉山州邛海、南充升钟水库、都江堰紫坪铺水库 6 个湖库达标。受总磷等的影响，广安大洪湖、眉山黑龙滩水库、绵阳鲁班水库为Ⅳ类水质，轻度污染。

(2) 城市集中式饮用水水源地环境质量

四川省城市集中式饮用水水源水质状况基本保持平稳，2012 年 80%以上的集中式饮用水水源地水质达标，全省 10 万人口以上城市中 71 个在用的集中式饮用水水

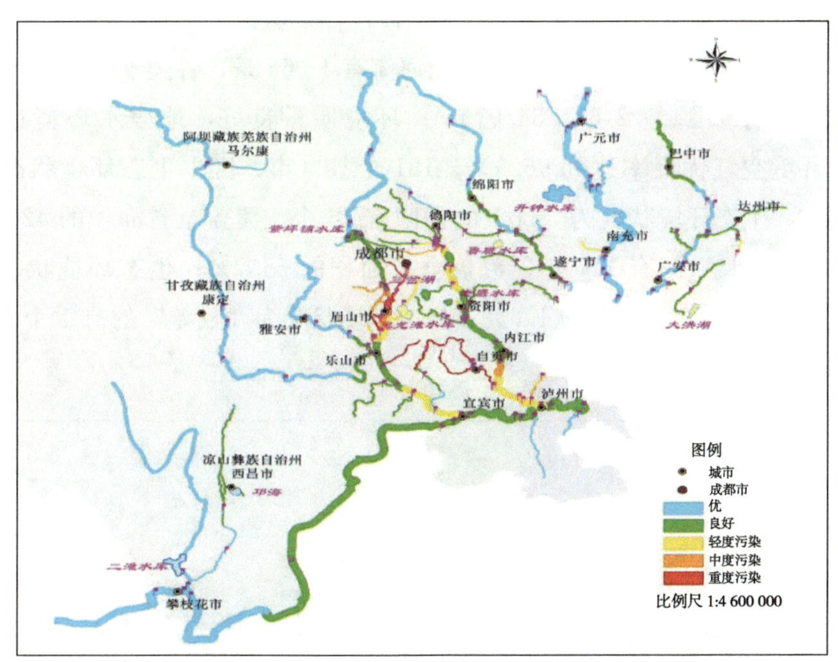

图 1－13　2012 年四川省五大水系水质状况

源地水质达标率为 84.3%。水质超标水源地主要分布于成都市、自贡市、攀枝花市、德阳市、内江市、南充市、宜宾市，超标指标主要为粪大肠菌群、总氮、总磷。

1.4.2　大气环境质量

2012 年四川省城市大气环境质量总体较好，24 个省控城市环境空气平均优良天数为 354 d，优良率达到 96.9%，同比下降 0.7%。都江堰、南充、巴中、马尔康、康定 5 个城市优良天数比例为 100%。二氧化硫、二氧化氮、可吸入颗粒物浓度年均值分别为 0.035 mg/m^3、0.033 mg/m^3、0.067 mg/m^3，均满足二级及以上环境标准要求。环境空气质量优于国家二级标准的城市比例为 91.67%，攀枝花市二氧化硫超标，成都市可吸入颗粒物超标。

全省 24 个省控城市环境空气中二氧化硫、二氧化氮和可吸入颗粒物平均污染负荷分别为 35.0%、24.8%、40.2%，可吸入颗粒物成为影响城市环境空气质量的首要污染物。同时，二氧化氮浓度均值和负荷呈上升趋势，全省空气污染仍以煤烟型污染为主，并呈现单一型污染向混合型转变的趋势。

1.4.3　生态质量

四川省生态环境质量总体保持良好，2011 年全省生态环境质量指数（EI）为

72.5。生物多样性丰富，维管束植物 9 254 种，脊椎动物 1 259 种；河流水系发达，水资源丰富，全省流域面积 100 km² 以上河流有 1 065 条，各类湖库达 8 000 余座，多年平均地表水资源量 2 614.54 亿 m³；环境质量良好，地表水环境达标率为 71.2%，环境空气优良率达到 96.9%。181 个县（市、区）生态环境状况指数为 29.0～94.2，生态环境状况为“优”的县区有 46 个，覆盖全省面积的 42.6%；生态环境状况为“良”的有 117 个，覆盖全省面积的 55.7%；生态环境状况为“一般”的有 17 个，占全省面积的 1.6%；生态环境状况为“较差”的有 1 个，仅占全省面积的 0.003%（图 1－14）。

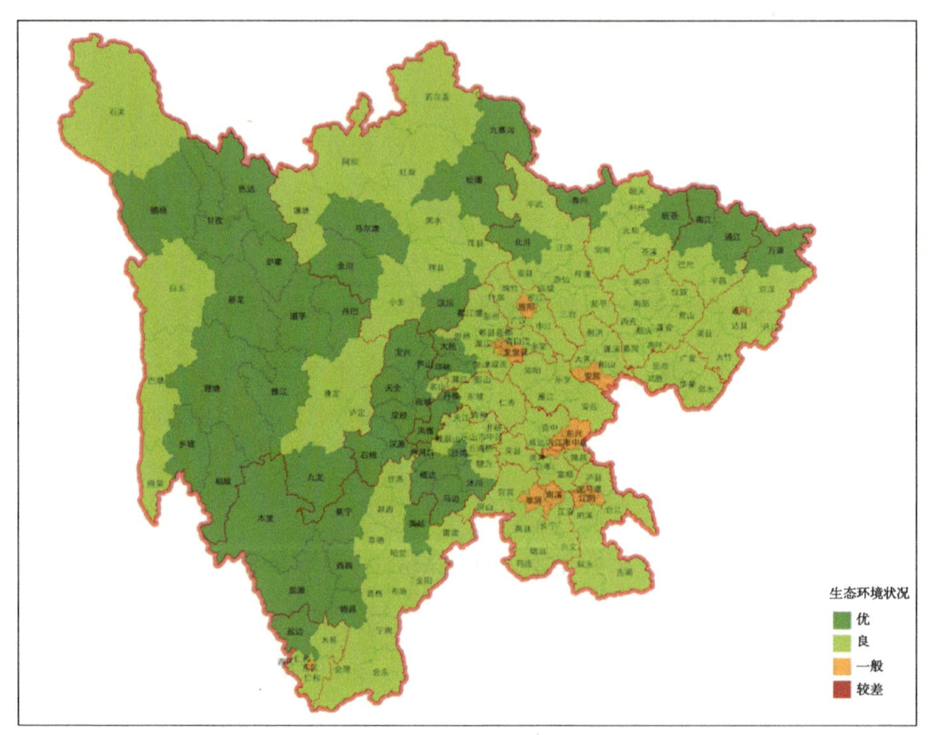

图 1－14　2011 年四川省各县市区生态环境质量状况

四川省生态环境状况为“优”的区域主要位于川西高山高原区、川北秦巴山地和川西南山地区，这些地区是四川省生物多样性保护、水源涵养、水土保持的重要区域，是我国乃至世界范围内生物多样性保护热点区域，是大熊猫、川金丝猴等国家一级保护珍稀动植物的重要生境，该区域自然植被资源丰富、人为干扰强度低、社会经济实力相对较弱、环境胁迫强度较低。生态环境状况为“良”的区域是四川省生态环境状况的主体，主要位于成都平原区、盆周丘陵区、金沙江干热河谷区、岷江干旱河谷区、西北部高原江河源区等，该区域自然植被资源较为丰富、人为干扰强度居中、社会经济实力较强、环境胁迫强度居中。生态环境状况为“一般”和

“较差”的区域集中分布于大中城市的建成区，该区域植被覆盖率低、经济实力强、人为干扰强度大、污染物排放强度高。

1.4.4　污染分布和环境承载力

就流域而言，污染主要集中在岷江、沱江，岷江流域污染主要集中在成都、眉山、乐山境内，沱江流域的污染主要集中在成都、内江、自贡、德阳、泸州境内，嘉陵江流域的污染主要分布在南充、达州境内个别支流；就大气环境而言，空气质量较差区域主要集中在成都平原的成都、眉山、德阳、乐山等，川南地区的自贡、宜宾、泸州等，川东北地区的达州、广安和川西南地区的攀枝花，这些地区均为四川省经济较发达地区。

四川省污染主要集中在经济发展快速、环境容量利用程度高的区域，而全省剩余环境容量主要集中在阿坝、甘孜、凉山“三州”及偏远山区等。经济发展需求大的区域环境容量利用程度高，环境承载力已显脆弱，经济社会发展对四川省污染防治造成巨大压力的同时，资源环境也将制约四川省经济社会的发展。

1.5　污染防治

1.5.1　污染物排放量

2012 年四川省废水污染物 COD 排放量为 126.87 万 t，氨氮排放量为 14.07 万 t，均以农业、城镇生活排放为主，二者排放量占全省总排放的 90.22%、95.53%；废气污染物二氧化硫排放量为 86.44 万 t，氮氧化物排放量为 65.9 万 t，烟（粉）尘排放量为 29.58 万 t，均以工业排放为主，工业二氧化硫、氮氧化物、烟（粉）尘排放量分别占全省总排放量的 91.85%、66.56%、90.54%，此外机动车对全省氮氧化物排放量贡献率也较高，达到 31.86%（表 1－3）。

1.5.2　污染排放强度

2012 年全省工业化学需氧量、氨氮、二氧化硫、氮氧化物、烟（粉）尘排放强度分别为 1.08 kg/万元、0.051 kg/万元、7.26 kg/万元、4.01 kg/万元、2.56 kg/万元。21 个市（州）中，化学需氧量排放强度最大的地区为眉山市，33.33%市（州）的化学需氧量排放强度高于全省平均水平；氨氮排放强度最大的地区为自贡市，38.1%市（州）的氨氮排放强度高于全省平均水平；二氧化硫排放强度最大的地区为攀枝花市，38.1%市（州）的二氧化硫排放强度高于全省平均水平；氮氧化物排放强度最大的地区为广安市，47.62%市（州）的氮氧化物排放强度高于全省平均水平；工业烟（粉）尘排放强度最大的地区为广元市，42.86%市（州）工业烟（粉）尘排放强度高于全省平均水平。

表1－3　2012年四川省主要污染物排放状况汇总表　单位：万 t

污染物类型		排放量					
		工业	农业	城镇生活	集中式治理设施	机动车	合计
废水	COD	11.84	53.98	60.48	0.57	—	126.87
	氨氮	0.56	5.74	7.70	0.07	—	14.07
废气	二氧化硫	79.40	—	7.02	0.02	—	86.44
	氮氧化物	43.87	—	1.00	0.03	21.0	65.9
	烟（粉）尘	26.78	—	1.21	0.01	1.58	29.58

1.5.3　污染防治形势

目前，四川省正处于工业化、城镇化“双加速”时期，水污染防治工作面临历史欠账较多、产业结构及布局不合理、人口基数大、中小企业较多等困难和压力，水污染防治工作依然艰巨。农业面源污染治理难度大，总磷、氨氮等污染物短期削减达标难度大。城镇生活污水处理能力偏低，达标率有待提高，2012年全年实际处理污水量为423.6万t/d，生活污水处理率为68.28%，累计去除COD 30.46万t。56.49%的污水处理设施运行负荷未达到全省平均水平。21个市（州）政府所在城市已经实现污水出厂全覆盖，但县级污水处理厂建设存在缺口，全省尚有53个县（区、市）未建立集中式污水处理设施，主要集中在阿坝州、甘孜州、凉山州。

四川省复合型污染逐渐显现，细颗粒物、臭氧污染突出，极端天气条件下能见度差、灰霾污染频发，酸雨污染未得到根本改善。现行环境管理体制、方式难以适应区域大气污染防治要求，没有形成健全的联动机制。目前，污染控制重点主要为二氧化硫和工业烟（粉）尘，且多集中在工业大点源上，而对细颗粒物（$PM_{2.5}$）、氮氧化物和挥发性有机物的控制薄弱，对扬尘等面源污染和低速汽车等移动源污染的综合控制不够，车用燃油、公共交通等机动车污染排放的源头治理仍滞后。污染控制要满足人民群众对改善环境空气质量的迫切要求，面临巨大的压力。

第 2 章　总则

2.1　环境功能区划的必要性

环境功能区划是关系四川省推进经济社会发展，落实环境优先、生态优先，形成人口、经济、资源环境相协调的国土空间开发格局的一项重要工作，是推进生态文明建设的重要措施，必须从全局和战略高度，充分认识坚持推进环境功能区划的战略重要性与现实紧迫性。要以建设“美丽繁荣和谐四川”“生态四川”和全面建成小康社会为中心，达到划分合理、符合省情、守住底线、优化发展的目的。

2.1.1　严格实施环境功能区划是加快实施主体功能区战略、推进生态文明建设的重要举措

特定国土空间的资源禀赋和环境功能，既是经济社会发展的支撑条件，又是经济社会发展的限制因素。在实施区域发展战略过程中，四川省不断探索国土空间开发规律，取得了很好的成效。但由于多种因素的影响，国土空间开发利用中也存在一系列问题：空间结构不合理，经济分布与资源分布失衡，生态系统整体功能退化，一些地区不顾资源环境承载能力而过度开发，带来水资源短缺、地面沉降、环境污染加剧等问题，许多国土成了不适宜人居住的空间。如果旧的开发理念不改变、开发模式不转换，资源承受不了，环境容纳不下，发展难以为继。编制实施环境功能区划，能够在前瞻性地谋划好未来国土空间分布的基础上，把国土空间开发的着力点放到调整和优化空间结构、提高空间利用效率上，按照生产发展、生活富裕、生态良好的要求，保护好环境主导功能，逐步扩大绿色生态空间、城市居住空间、公共设施空间，保持农业生产空间，着力构建生态安全战略格局，把该开发的区域高效集约地开发好，把该保护的区域切实有效地保护好，使有限的国土空间成为发展的基础和保障。

2.1.2 严格实施环境功能区划是坚持以人为本、促进经济社会健康发展的现实需要

空间结构是经济结构和社会结构的空间载体，在一定程度上也决定着发展方式和资源配置效率。编制实施环境功能区划，有利于全面贯彻落实以人为本的发展理念。四川省区域发展的差距，不仅表现为各地区人均可支配财力的不平衡，也表现为人均环境基本公共服务的差距。严格实施环境功能区划，就是要坚持以人为本，实现人口、经济、资源环境的协调，在满足物质需要的同时满足人们对环境、生态、健康等多方面需要，逐步实现公共服务均等化。编制实施环境功能区划，有利于促进城乡区域的协调发展。长期以来，四川省实行以行政区为单元推动经济发展的方式，这是造成经济增长与资源短缺和生态环境容量矛盾的重要原因。主体功能区战略就是要树立按区域谋划发展的理念，突破地区壁垒和行政分割，就需要推进环境功能区划，以资源环境禀赋和环境功能为基础，合理引导不同区域产业相对集聚发展、人口相对集中居住，促进经济社会和人口资源环境相协调，促进生产要素空间优化配置和跨区域合理流动，形成区域分工协作、优势互补、良性互动、共同发展的格局。编制实施环境功能区划，有利于推进经济发展方式转变、加快结构优化升级。目前，资源与环境状况对全省各地经济发展已经构成较大制约。一些地区超强度开发，一些城市“摊大饼”式地发展，超出了当地资源环境承载能力。编制实施环境功能区划，就是要通过明确不同区域的环境功能，使所有地区都根据功能定位因地制宜，根据经济、人口、资源和环境条件优化经济布局，把转变发展方式的各项要求落到实处、解决过度开发的隐患，促进经济发展方式转变，提高资源空间配置。

2.1.3 严格实施环境功能区划是提升环境管理水平、进行科学调控的重要基础

编制实施环境功能区划，是加快实施主体功能区战略的重要内容，有利于建立健全科学的环境管理监管体系，为实施差别化的区域环境政策、统一衔接的规划体系、各有侧重的绩效评价以及精细及时的空间管理提供基础平台。在政策实施方面，在原有的区域政策基础上，明确不同区域的环境功能，可以为各项环境管理政策措施提供一个统一公平的适用平台，大大增强环境管理政策措施的针对性、有效性和公平性；在规划实施方面，环境功能区划作为战略性、引导性、约束性、强制性规划，可以为

区域环境保护规划、土地利用总体规划、城市总体规划等各类规划提供重要基础和依据，有利于增强规划间的一致性、整体性以及规划实施的权威性、有效性；在综合评价方面，不同地区资源环境禀赋和环境功能差异很大，对经济社会发展的制约程度也不同，难以按同一标准去评价，根据环境功能实行各有侧重的绩效评价，可以提高环境绩效评价的科学性和公正性，有利于形成科学有效的激励机制；在环境监管方面，可以为建立一个覆盖全域、统一协调、更新及时、功能完善的环境监管系统提供基础平台。

经济发展、社会进步同生态环境保护是一个有机的整体。经济发展是中心和基础，社会建设是支撑和归宿，生态环境保护是根基和条件。编制实施环境功能区划，做好生态环境保护的顶层设计，就能够正确处理好人与人、人与自然的关系，形成人与自然和谐相处、经济社会与生态环境协调发展的新格局。

2.2　指导思想

深入贯彻落实科学发展观，大力推进生态文明建设，以保障自然生态环境安全和维护人居环境健康为主线，遵循自然环境的空间分异规律，充分利用区域各项环境资源，统筹协调、综合管理，建立分区管理、分类指导的环境功能区划体系，实现分区环境管控“落地”，牢固树立生态红线的观念，引导经济社会发展合理布局，促进环境管理科学化、差异化、精细化，提升环境保护参与宏观决策的能力和水平，保障经济社会与生态环境的协调、健康发展。

2.3　总体目标

——建立环境保护空间格局。以生态环境承载力综合评价为基础，建立人口、经济、环境可持续发展，人类与自然和谐的环境保护空间格局，形成环保系统重要的综合性区划。

——优化国土生态安全格局。严守生态安全屏障和生态功能基线，加快恢复重要区域生态功能，增强生态系统稳定性，提高国家生态承载能力，促进经济、社会持续发展。

——维护人群聚居环境健康。明确水、大气、土壤等环境要素污染防控重点，严控环境风险，引导人口分布和城镇、产业布局与区域环境功能要求相适应，为四川的生态发展提供环境健康保障。

——稳定农牧产品产地环境质量。以主要农牧产品产地等为主体建立土壤环境保护优先区，建立严格的土壤环境保护制度，确保主要农畜产品产地的土壤环境质量总体稳定。

——保障资源开发的生态环境安全。通过强化环境管控、规范资源开发秩序，落实“点上开发、面上保护”的战略，引导资源开发规模和布局与区域资源环境承载力相协调。

——构建分区环境管理体系。完善分区生态环境考核评价体系和责任追究制度，实现环境管理的差异化和精细化，为国家生态环境安全提供基础性制度保障。

2.4 基本原则

综合评价，科学界定。按照区域区位、自然资源和环境资源的自然属性和空间分异规律，按照主体功能定位，科学评估各种环境功能在人类生存、生活和生产中的地位，界定区域确保的主体环境功能。

突出主体，优化格局。突出区域的主体环境功能，兼顾区域多重环境功能，制定有利于主体环境功能保护的环境管理目标和对策，牢固树立生态红线理念，优化经济社会发展格局，保障生态环境安全。

全面覆盖，逐级落实。以生态安全格局和经济社会战略布局为基础，覆盖全省国土空间，自上而下、逐级落实环境分区管理战略。

2.5 主要编制依据

《中华人民共和国国民经济和社会发展第十二个五年规划纲要》

《全国主体功能区划》

《全国生态功能区划》

《全国生态环境保护纲要》

《全国水功能区划》

《国家气象灾害防御规划》

《中国综合农业区划》

《全国土地利用总体规划纲要（2006—2020年）》

《国家环境保护“十二五”规划》

《重点流域水污染防治规划（2011—2015年）》

《重点区域大气污染防治“十二五”规划》

《重金属污染综合防治“十二五”规划》
《全国主要污染物减排规划》
《全国土壤环境保护“十二五”规划》
《化学品环境风险防控“十二五”规划》
《全国地下水污染防治规划（2011—2020年）》
《全国畜禽养殖污染防治规划（2011—2015年）》
《核安全与放射性污染防治“十二五”规划及2020年远景目标》
《成渝经济区规划》
《成渝经济区重点产业发展环境影响评价》
《三峡库区及其上游流域水污染防治“十二五”规划》
《青藏高原区域生态建设与环境保护规划（2011—2030年）》
《四川省国民经济和社会发展第十二个五年规划纲要》
《四川省主体功能区规划》
《四川省生态功能区划》
《加快四川经济社会发展研究》
《重塑四川经济地理》
《四川省“一枢纽、三中心、四基地”建设规划》
《四川省工业“7+3”产业发展规划》
《四川省工业八大产业调整和振兴规划》
《四川石化基地发展规划报告》
《四川省水资源综合规划报告》
《四川省国家级水土流失重点防治区复核划分报告》
《四川省城市环境管理与综合整治定量考核报告（2008—2012年）》
《四川省环境质量报告书（2006—2010年、2011年、2012年）》
《四川省统计年鉴（2008—2013年）》
《四川省重金属污染综合防治“十二五”规划》
《四川省环境保护“十二五”科技发展专项规划》
《四川省“十二五”环境监测事业发展规划》
《四川省“十二五”环境监管能力建设》
《四川省“十二五”主要污染物总量控制规划》
《三峡库区及其上游流域（四川）水污染防治“十二五”规划》
《四川省“十二五”水污染防治规划》

《成渝城市群（四川）大气污染联防联控规划》

《四川省“十二五”大气污染防治规划》

《四川省持久性有机污染物（POPs）“十二五”污染防治规划》

《四川省“十二五”固体废物污染防治规划》

《四川省“十二五”农村环境环境综合整治规划》

《四川省“十二五”自然生态保护规划》

《四川省机动车环保检验机构发展规划》

《四川省“十二五”环保产业发展规划》

《四川省“十二五”清洁生产推行规划》

《四川省城市集中式饮用水水源保护区规划》

《四川省畜牧业发展“十二五”规划》

其他相关规划、区划

2.6　技术路线与方法

区域环境功能是多重环境功能的综合体，但有一种主要环境功能。环境功能评价就是从环境功能的内涵出发，综合考虑区域背景（自然资源条件、社会经济发展和生态环境状况），分析环境功能与社会经济的关系，在基于指标体系的定量评价基础上，再根据未来发展需求和相关规划等进行定性评价的修正，参考四川省主体功能区规划、四川省城乡建设规划、四川省国土利用总体规划等相关规划成果，评价区域的主要环境功能，依据评判的主要环境功能划分为不同的环境功能类型区，明确区域环境功能实现所必需的条件、环境保护目标和管控措施。

定量评价指标体系通过指标可获取性分析、空间自相关性和聚类分析、稳定性分析、系统性分析等一系列科学筛选和梳理的过程。从区域人群健康环境支撑条件（环境容量、污染稀释扩散能力、污染排放、环境质量、污染物排放强度等）、资源富集程度（人均可利用水资源量、人均可开发土地面积）和利用效率（单位GDP能耗、单位GDP水耗）、社会经济发展（人口密度、城镇化率、人均GDP、工业产业密度、农业经济密度等）、食物保障重要性（基本农田、粮食产量、牧产品产量）、自然生态禀赋（林草覆盖率、生态脆弱性、生态重要性等）等方面建立区域环境功能评价指标体系。对每一个空间单元就每一个具体指标进行标准化分级打分，并根据指标项的内在含义及指标之间的相互关系，将分项指标项归纳为一个综合指数。选择维护人居环境健康的环境支撑能力指标为主要考量因素，用区域社会经济发展指标和资源支撑能力指标进行修正，再与区域生态保育类指标进行比较（相减），分值之差越高的地区，地域功能越偏向于维护人居环境健康为主体的功能区，反之则偏向于生态保育为主体的功能区。

根据环境功能评价指标体系，强化自然生态安全评价和维护人居环境健康评价，建立基于GIS地理网格的量化数据库，重点完成生态系统、理想环境容量、环境承载现状、环境质量、排污绩效的评价，结合基于行政单元的自然资源、社会经济发展水平数据，评价得到的资源支撑能力、社会发展水平调整系数，完成环境功能综合定量评价，每个单元都相应地赋值，再根据自然地理区划和生态区划的自然边界对评价结果进行修正。考虑赋值特殊因子（如生态环境的重要程度、食物保障重要性、依法强制保护地区等），依据相关规划对未来社会经济发展布局，对区域不同环境功能类型进行综合评价，识别主体环境功能类型区（图2－1）。

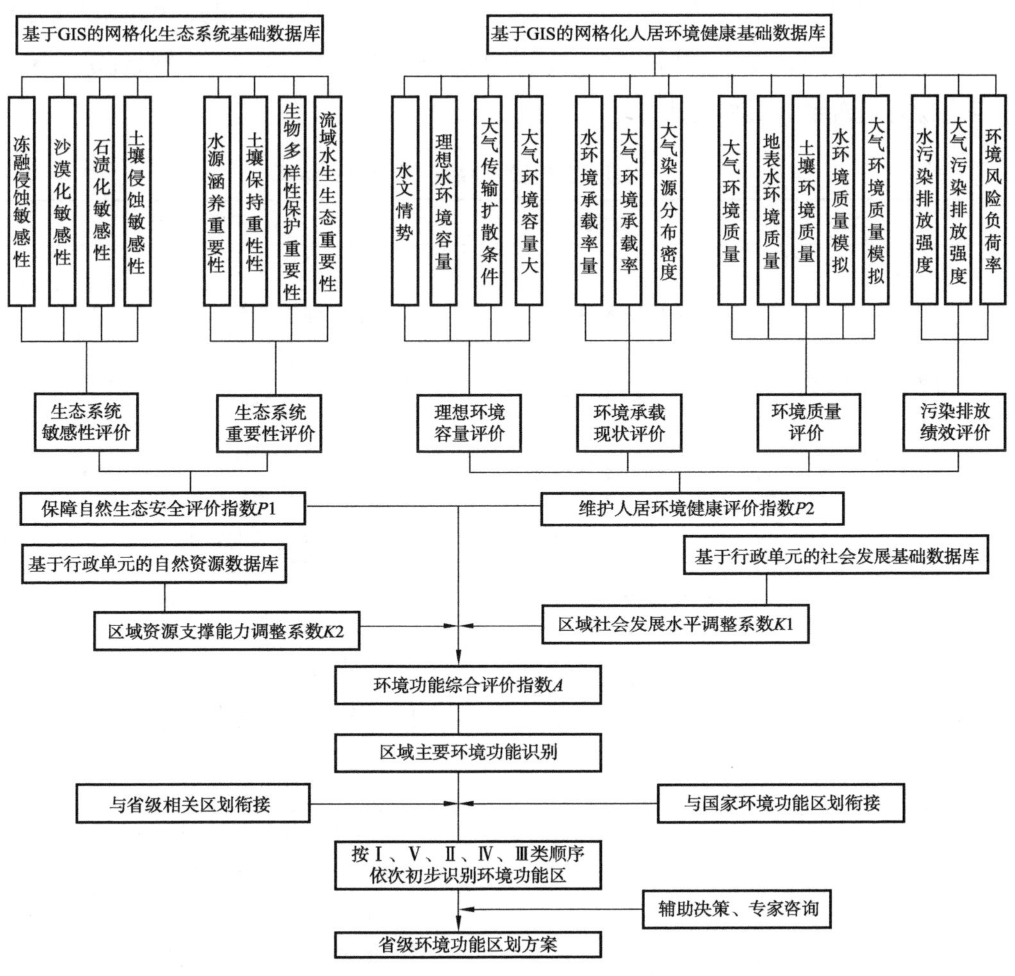

图2－1　环境功能综合评价与环境功能区识别技术路线

在环境功能亚区划分中，按照生态环境服务功能和侧重的最突出环境问题，同一区域有相同重要等级的环境功能时，则以环境保护要求最严格、环境约束性最大的功能来定义。

2.7 环境功能综合评价方法

2.7.1 环境综合评价指标体系

依据《环境功能区划编制技术指南》，根据四川省社会经济发展、生态环境保护与资源禀赋等实际情况，筛选优化指标，建立了适用于四川省环境功能评价的三级评价指标体系。三级指标体系中有一级指标 4 个，用来描述区域环境功能，可综合反映出各区域的环境功能类型；二级指标 10 个，用来描述区域自然生态系统功能、人类生活环境潜力；三级指标 30 个，用来描述自然生态系统、人类社会经济发展水平及资源环境现状，具体见表 2－1。

表 2－1 四川省环境功能综合评价指标体系

一级指标	二级指标	三级指标
保障自然生态安全指数（P_1）	生态系统敏感性指数	沙漠化敏感性
		土壤侵蚀敏感性
		石漠化敏感性
	生态系统重要性指数	水源涵养重要性
		土壤保持重要性
		生物多样性保护重要性
		流域水生生态重要性
维护人群环境健康指数（P_2）	理想环境容量指数	理想水环境容量
		大气传输扩散条件
	环境承载现状指数	水环境承载现状
		大气环境承载现状
	环境质量指数	大气环境质量监测
		大气污染物浓度模拟
		地表水环境质量监测
		地下水环境质量监测
		土壤环境质量
	污染物排放强度指数	水污染物排放强度
		大气污染物排放强度

续表

一级指标	二级指标	三级指标
区域社会经济发展系数（K_1）	人口集聚度指数	人口密度
		城镇化率
	经济发展水平指数	人均GDP
		GDP增长率
		单位国土面积产值
		工业增加值
		二、三产业比重
区域资源支撑能力系数（K_2）	可利用土地资源指数	人均可利用土地资源量
	可利用水资源指数	地表水可利用量
		地下水可利用量
		已开发利用水资源量
		入境可开发利用水资源潜力

2.7.2　环境功能指标评价方法

采用定量分析和空间叠加分析的方法，综合评价区域环境功能及环境功能倾向。

环境功能综合评价指数（A），由4个一级指标计算得出。

计算方法如下：

$$A=(K_1/K_2)\times P_2-P_1 \tag{2-1}$$

式中：P_1——保障自然生态安全指数；

P_2——维护人群环境健康指数；

K_1——区域社会经济发展系数；

K_2——区域资源支撑能力系数。

区域环境功能综合评价指数越高的地区，环境功能越偏向于维护人群环境健康，反之则偏向于保障自然生态安全。

一级指标的评价方法如下：

（1）保障自然生态安全指数

自然生态安全是指保障区域自然系统的安全和生态调节功能的稳定发挥，可用生态系统敏感性指数和生态系统重要性指数描述。保障自然生态安全指数（P_1）计算方法如下：

$$P_1=\max\{[\text{生态系统敏感性指数}],[\text{生态系统重要性指数}]\} \tag{2-2}$$

其中：

生态系统敏感性指数是指生态系统对区域中各种自然和人类活动干扰的敏感程度，它反映的是区域生态系统在受到干扰时，发生生态环境问题的难易程度和可能性的大小。生态系统敏感性评价内容主要包括土壤侵蚀敏感性、沙漠化敏感性、石漠化敏感性等。

生态系统重要性指数是指区域各类生态系统的生态服务功能及其对区域可持续发展的作用与重要性。生态系统重要性选择生物多样性维持与保护、土壤保持、水源涵养等因素进行评价。

（2）维护人群环境健康指数

维护经济社会发展和人群聚居生活的环境健康指数可用理想环境容量指数、环境承载现状指数、环境质量指数、污染排放强度指数描述在维护人群环境健康方面环境功能的供给程度。

维护人群环境健康指数（P_2）计算方法如下：

$$P_2=f\left\{\text{理想环境容量指数、环境承载现状指数、环境质量指数、污染排放强度指数}\right.$$

$$\left.\frac{\min\left(\left[\text{可利用土地资源}\right],\left[\text{可利用水资源}\right],\left[\text{环境质量}\right]\right)}{\max\left(\left[\text{污染排放}\right],\left[\text{环境容量}\right]\right)}\right\}$$

$$=\sqrt{\frac{\left(\text{理想环境容量指数}^2+\text{环境承载现状指数}^2+\text{环境质量指数}^2+\text{污染排放强度指数}^2\right)}{4}} \tag{2-3}$$

式中：

理想环境容量指数是指在人类生存和自然生态系统不受威胁的前提下，某一环境所能容纳的污染物最大负荷量。理想环境容量指数选择大气传输扩散能力和理想水环境容量等因素进行评价。

环境承载现状指数是在区域污染物现状排放情况下，考虑区域剩余环境承载能力状况，反映自身环境禀赋与自身现状污染排放之间的对应关系。环境承载现状指数选择剩余大气环境容量、剩余水环境容量等因素进行评价。

环境质量指数是表述区域环境的优劣程度，指在一个具体的环境中，环境总体或某些要素对人群健康、生存和繁衍以及社会经济发展适宜程度的量化表达。环境质量指数选择区域的大气环境质量、大气污染物浓度模拟、水环境质量和土壤环境质量等因素进行评价。

污染排放强度指数是用来描述一个地区排入环境或其他设施的污染物排放强

度情况。污染排放强度指数选择大气污染物排放强度和水污染物排放强度等要素进行评价。

(3) 区域社会经济发展系数

区域社会经济发展系数可用人口集聚度和经济发展水平等指标来刻画。

社会经济发展系数（K_1）计算方法如下：

$$K_1=\sqrt{\frac{1}{2}\left([\text{人口集聚度}]^2+[\text{经济发展水平}]^2\right)} \tag{2-4}$$

式中：

人口集聚度是指一个地区现有人口集聚程度。人口集聚度通过人口密度和城镇化率等指标进行评价。

经济发展水平是指一个地区经济发展现状和增长活力。经济发展水平可以通过人均地区 GDP、地区 GDP 的增长率、单位开发面积产值、工业增加值和二、三产业比重等指标进行评价。

(4) 区域资源支撑能力系数

区域资源支撑能力系数（K_2）根据可利用土地资源指数、可利用水资源指数来确定。

$$K_2=\max\{[\text{可利用土地资源指数}],[\text{可利用水资源指数}]\} \tag{2-5}$$

式中：

可利用土地资源是指一个地区剩余或潜在可利用的土地资源对未来人口集聚、工业化和城镇化发展的承载力。可利用土地资源指数选择后备适宜建设用地的数量、质量、集中规模等要素进行评价。

可利用水资源是指一个地区剩余或潜在可利用水资源对未来社会经济发展的支撑能力。可利用水资源指数选择水资源丰度、可利用数量及利用潜力等要素进行评价。

2.7.3 环境功能指标评价分级

参照《环境功能区划编制技术指南》，结合四川省的实际情况，以 2012 年为基准年，评估各评价指标现状情况，考虑全省区域间的差异以及与全国平均水平的对比、先进地区的差距，建立环境功能一级、二级、三级指标的分级标准，其中，保障自然生态安全指数评价和维护人居环境健康评价分 5 级，分别赋值 1、2、3、4、5；社会经济发展评价和资源支撑能力评价分 5 级，分别赋值 0.8、0.9、1.0、1.1、1.2。各指标分级赋值情况具体见表 2－2、表 2－3。

表 2－2　自然生态安全评价及维护人居环境健康指数综合评价指标分级

一级指标	二级指标	三级指标	1 级	2 级	3 级	4 级	5 级
分级赋值			1	2	3	4	5
保障自然生态安全指数（P_1）			低	较低	一般	较高	高
	生态系统敏感性指数		低	较低	一般	较高	高
		土壤侵蚀敏感性	低	较低	一般	较高	高
		沙漠化敏感性	低	较低	一般	较高	高
		石漠化敏感性	低	较低	一般	较高	高
	生态系统重要性指数		低	较低	一般	较高	高
		水源涵养重要性	低	较低	一般	较高	高
		土壤保持重要性	低	较低	一般	较高	高
		生物多样性保护重要性	低	较低	一般	较高	高
		水生生态重要性	低	较低	一般	较高	高
维护人群环境健康指数（P_2）			强	较强	一般	弱	较弱
	理想环境容量指数		大	较大	一般	较小	小
		理想水环境容量（COD、氨氮）	大	较大	一般	较小	小
		大气传输扩散条件	强	较强	一般	较弱	弱
	环境承载现状指数		富余	较富余	一般	超载	严重超载

续表

一级指标	二级指标	三级指标	1级	2级	3级	4级	5级
分级赋值			1	2	3	4	5
		水环境承载现状（COD、氨氮）	富余	较富余	一般	超载	严重超载
		大气环境承载现状（TSP、SO_2、NO_2）	富余	较富余	一般	超载	严重超载
	环境质量指数		好	较好	一般	较差	差
		水环境质量	Ⅰ类	Ⅱ类	Ⅲ类	达标率50%～100%	达标率＜50%
		PM_{10}浓度现状/(mg/L)	＜0.04	0.04～0.05	0.05～0.07	0.07～0.10	＞0.10
		SO_2浓度现状/(mg/L)	＜0.03	0.03～0.04	0.04～0.5	0.5～0.06	＞0.06
		NO_2浓度现状/(mg/L)	＜0.025	0.025～0.03	0.03～0.035	0.035～0.04	＞0.04
	污染物排放强度指数		小	较小	一般	大	较大
		工业COD排放强度/(kg/万元)	＜0.5	0.5～1.0	1.2～2.0	2.0～3.0	＞3.0
		工业氨氮排放强度/(kg/万元)	＜0.01	0.01～0.03	0.03～0.06	0.06～0.15	＞0.15
		工业SO_2排放强度/(kg/万元)	＜1.0	1.0～3.0	3.0～10.0	10.0～15.0	＞15.0
		工业NO_2排放强度/(kg/万元)	＜0.5	0.5～1.5	1.5～5.0	5.0～10.0	＞10.0

表 2-3 社会经济发展及区域资源支撑能力综合评价指标分级

一级指标	二级指标	三级指标	1 级	2 级	3 级	4 级	5 级
分级赋值			0.8	0.9	1.0	1.1	1.2
区域社会经济发展系数（K_1）			低	较低	一般	较高	高
	人口聚集水平		低	较低	一般	较高	高
		人口密度/(人/km^2)	0～100	101～300	301～600	601～1 000	＞1 000
		城镇化率/%	＜20	20～30	30～40	40～50	＞50
	经济发展水平分级		低	较低	一般	较高	高
		人均 GDP/万元	＜1.5	1.5～2.3	2.3～2.9	2.9～3.5	＞3.5
		GDP 增长率/%	＜10.0	10.0～12.0	12.0～14.0	14.0～15.0	＞15.0
		单位国土面积产值/(万元/km^2)	＜100	100～500	500～1 000	1 000～2 000	＞2 000
		工业增加值/亿元	＜15	15～30	30～60	60～100	＞100
		二三产业比重/%	＜70	70～75	75～80	80～90	＞90
区域资源支撑能力系数（K_2）			小	较小	一般	较大	大
	可利用土地资源指数	人均可利用土地面积	缺乏	较缺乏	一般	较丰富	丰富
	可利用水资源指数	人均可利用水量	缺乏	较缺乏	一般	较丰富	丰富

2.8 环境功能分区识别

2.8.1 环境功能分区原则

按照生态环境资源的“禁止、有限、有度、优化、有偿”开发利用原则，划分自然生态保留区、生态功能保育区、食物环境安全保障区、聚居环境维护区、资源开发环境引导区5个环境功能一级区；按照环境服务功能和突出环境问题的侧重，划分二级分区（亚区）。其中，生态功能保育区划分为水土保持生态功能亚区、水源涵养生态功能亚区、生物多样性生态功能亚区；食物环境安全保障区划分为农产品环境安全保障亚区、牧产品环境安全保障亚区；聚居环境维护区分为聚居环境治理亚区、聚居环境优化亚区、聚居环境风险防范亚区。

2.8.2 环境功能分区识别方法

以各评价单元环境功能综合评价值为基础，考虑各类功能区识别的主导因素，划分各类环境功能区及其亚区。各类环境功能区及其亚区划分条件如下：

（1）Ⅰ类区——自然生态保留区

具有一定的自然文化资源价值的区域，包括有代表性的自然生态系统、珍稀濒危野生动植物物种的天然集中分布地，有特殊价值的自然遗迹所在地和文化遗迹等，以及受到人类活动破坏规模较小、资源储备不具备开发价值且暂时不再开发的区域。自然生态保留区不划分亚区，主要指依据法律法规，在国家层面划出一定面积予以特殊保护和管理的国家级、省级、市州级、县级自然保护区，世界自然和文化遗产地以及其他未来开发强度极弱、需要强化保护的原生态地域。该区域划分可参考《全国主体功能区规划》划定的禁止开发区。

（2）Ⅱ类区——生态功能保育区

该区为生态系统属于“比较重要”、区域生态调节功能属于“重要”、关系全省或较大范围区域生态安全的区域，所有的风景名胜区、地质公园、森林公园均纳入生态功能保育区进行管理。参考《全国主体功能区规划》划定的25个国家级重点生态功能区和《四川省主体功能区划》确定的重点生态功能区，生态功能保育区的亚区划分如下：

Ⅱ-1水源涵养生态功能亚区：重要河流上游和重要水源补给区、水源涵养生态功能重要性突出的地区，参考《全国主体功能区划》中的国家级重要水源涵养区划分以及《四川省主体功能区规划》对水源涵养区的识别。

Ⅱ-2 水土保持生态功能亚区：土壤侵蚀敏感性高、对下游的影响大、水土保持生态功能重要性突出的地区，参考《四川省主体功能区规划》对水土保持区的识别。

Ⅱ-3 生物多样性生态功能亚区：濒危珍稀动植物和水生生物的分布较广、典型的陆生生态系统分布较多的地区和重要水生生态系统的重要影响区，参考《全国主体功能区规划》划定的国家级生物多样性维持型重点生态功能区，以及《四川省主体功能区规划》对生物多样性维护重点区域的识别。

（3）Ⅲ类区——食物环境安全保障区

以确保食物初级生产重要地区的环境安全为主要目的，保障农牧产品生产安全的地区，参考主要粮食（油料、经济作物等优势农产品）主产地分布区、主要耕地分布地区、重点牧区、牧业县等地区，基本农田全部划入食物安全保障区。食物环境安全保障区的亚区划分如下：

Ⅲ-1 农产品环境安全保障区：具备较好的粮食（油料、经济作物等）生产条件、以提供农产品生产为主并保障农产品生产安全的地区，主体功能区划确定的基本农田区全部纳入，并参考农业部门确定的主要粮食（油料、经济作物等）产地分布区、国土部门划分的全国主要耕地分布地区。

Ⅲ-2 牧产品环境安全保障区：以畜牧生产为主的地区，参考农业部门确定的重点牧区、牧业县等范围。

（4）Ⅳ类区——聚居环境维护区

人口分布密度较高、城市化水平较高、区域开发建设强度较高、未来城镇化和工业化发展潜力较大的地区，是以维护人口聚居环境健康为主的区域，是人为干预最突出、污染治理最紧迫的地区。聚居环境维护区的亚区划分如下：

Ⅳ-1 聚居环境治理亚区：将城镇化和工业化规模较大、污染排放和环境风险防范压力较大、人口聚居度较高但污染较重、环境质量较差的地区划为环境治理区，参考相关规划确定的水污染防治优先控制单元、大气污染控制重点区城和土壤污染重点防控区等。

Ⅳ-2 聚居环境优化亚区：将城镇化和工业化潜力较大、人口聚居度较高，但污染排放不高、环境质量优良的地区划为环境优化区，参照主体功能区划中的重点开发区和重点开发城镇。

Ⅳ-3 聚居环境风险防范亚区：将重金属污染治理重点区、重要化工、石化产业现状布局和未来规划发展的重点区域定为环境风险防范区。

（5）Ⅴ类区——资源开发环境引导区

该区为各类矿产与能源储量丰富、具备较好的开发条件、需要引导资源开发活动、保障区城环境安全的地区。参考国土部门确定的能矿资源重点开发地区，以及《四川省主体功能区规划》确定为能源矿产资源点状开发的地区。

各类环境功能区空间范围的主要划分条件如表2-4所示。

表2-4　环境功能区类型区划分条件

分类	亚类	划分条件
Ⅰ类区——自然生态保留区		（1）依《自然保护区条例》划分的各级自然保护区，依《保护世界文化和自然遗产公约》纳入《世界遗产目录》的地区； （2）其他未来开发强度极弱、需要强化保护的原生态地域
Ⅱ类区——生态功能保育区	Ⅱ-1水源涵养区	重要河流上游和重要水源补给区；《全国主体功能区规划》确定的国家级水源涵养重点区；《四川省主体功能区规划》识别的重点水源涵养生态功能地区
	Ⅱ-2水土保持区	土壤侵蚀敏感性高，对下游的影响大；《四川省主体功能区规划》识别的水土保持重点区
	Ⅱ-3生物多样性保护区	濒危珍稀动植物的分布较广、典型的生态系统分布较多的地区；《全国主体功能区规划》列入国家级重点生态功能地区和《四川省主体功能区划》识别的生物多样性重点区
Ⅲ类区——食物环境安全保障区	Ⅲ-1农产品环境安全保障区	农业部门确定的主要粮食（油料、经济作物等）产地分布区；国土部门划分的全国主要耕地分布地区
	Ⅲ-2牧产品环境安全保障区	以放牧为主的草原地区；农业部门确定的重点牧区、牧业县等范围
Ⅳ类区——聚居环境维护区	Ⅳ-1聚居环境优化区	人口分布密度较高、城镇化水平较高、经济规模较大、综合实力较强、区域开发强度较高、环境问题较为突出的区域，参考《全国主体功能区规划》确定的重点开发区域
	Ⅳ-2聚居环境治理区	人口分布密度较高、城镇化水平较高、经济发展潜力大、区域开发强度较高、环境质量优良的城镇，参考《全国主体功能区规划》确定的重点开发区域和重点开发城镇
	Ⅳ-3聚居环境风险防范区	重要石化基地、化工产业布局的重点园区（区域），涉重金属加工产业发展区
Ⅴ类区——资源开发环境引导区		矿产资源具备开发的技术经济条件；参考国土部门确定的主要矿产资源分布地区；参考《四川省主体功能区规划》确定矿产资源点状开发的地区

第3章　环境功能综合评价

3.1　保障自然生态安全评价

3.1.1　生态系统敏感性

生态系统敏感性是生态系统在特定的时空尺度相对于干扰而具有的敏感反映和恢复状态，它是生态系统固有属性在干扰作用下的表现。生态系统敏感性用于表征区域现实生态环境敏感程度以及区域生态系统对工业化、城镇化的支撑能力。因此，生态系统敏感性评估在整个资源环境承载力评估和环境功能区域划分工作中具有重要的地位和作用。

生态系统敏感性主要由土壤侵蚀、沙漠化、石漠化等要素构成，通过土壤侵蚀敏感性、沙漠化敏感性、石漠化敏感性等级指标来反映。针对四川省的实际情况，以水土流失为主的土壤侵蚀问题最为突出，沙漠化主要发生在西北部高海拔区域，面积较小，石漠化在川南和攀西地区的一定区域有发生，故在生态系统敏感性评价时考虑土壤侵蚀敏感性、沙漠化敏感性和石漠化敏感性。

3.1.1.1　评价方法及技术路线

生态系统敏感性评价技术路线见图3－1。在土壤侵蚀敏感性评价的基础上，结合土壤侵蚀现状分别进行水力侵蚀敏感性、风力侵蚀敏感性和冻融侵蚀敏感性评价，再进行综合土壤侵蚀敏感性评价；利用沙漠化和石漠化现状图分别进行沙漠化和石漠化敏感性评价；利用土壤侵蚀、沙漠化和石漠化三要素敏感性评价结果，建立判别模型实现自然单元的生态系统敏感性评价；依据自然单元评价的结果，结合行政区划，获取各县域的评价结果。

计算方法如下：

［系统敏感性］＝max｛［土壤侵蚀敏感性］，［沙漠化敏感性］，［石漠化敏感性］｝　(3－1)

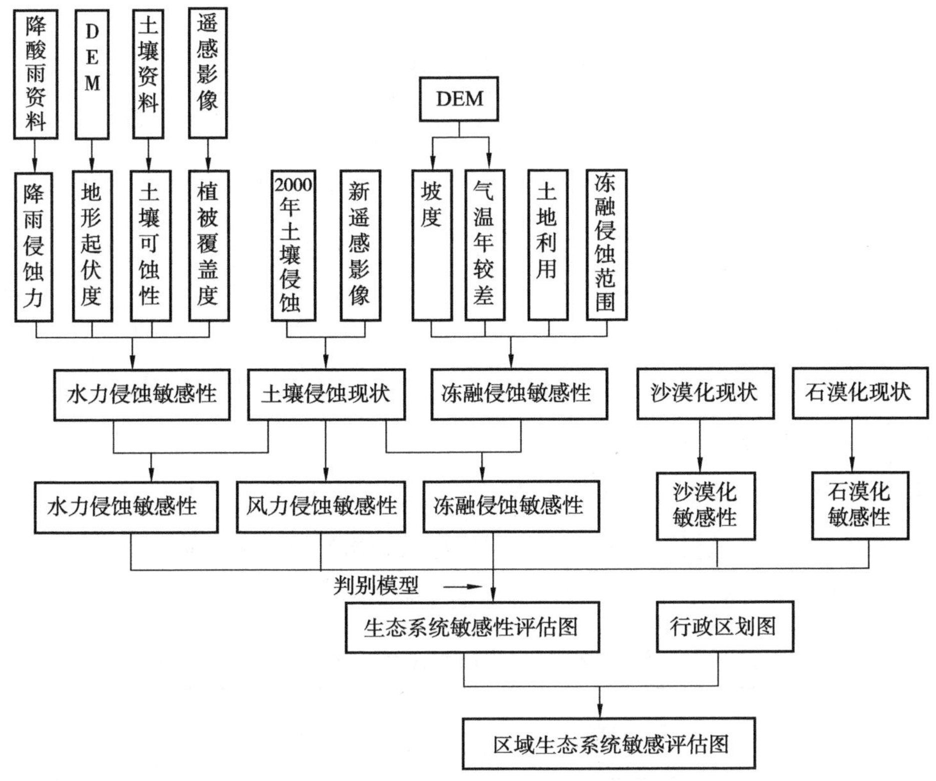

图 3－1　生态系统敏感性评价技术路线

（1）土壤侵蚀敏感性计算方法

在水力、冻融侵蚀敏感性评价基础上，在 ERDAS 支持下建立判别模型，实现土壤侵蚀敏感性综合评价。

［土壤侵蚀敏感性］＝max｛［水力侵蚀敏感性］，［冻融侵蚀敏感性］｝(3－2)

1）水力侵蚀敏感性计算方法。

将降雨侵蚀力、地形起伏度、土壤可蚀性和植被覆盖各单因子图在 ERDAS 软件支持下应用图像运算功能进行计算，计算式如下：

$$S_j = \sum_{i=1}^{n} W_i C_{ij} \tag{3-3}$$

式中：S_j——j 空间单元土壤侵蚀敏感性综合评价值；

W_i——i 因素的权重，根据因子分析得到降雨侵蚀力、地形起伏度、土壤可蚀性和植被覆盖度的权重值分别为 0.286 7、0.2987、0.242 0、0.172 6；

C_{ij}——i 因素在 j 空间单元敏感性等级值。

通过运算获得水力侵蚀敏感性综合评价值，再结合土壤侵蚀现状图，根据表 3－1

的指标建立判别模型实现水力侵蚀敏感性评价。

表 3-1　水力侵蚀敏感性评价指标

评价因子	不敏感	轻度敏感	中度敏感	较敏感	高度敏感
降雨侵蚀力/[(mJ·mm/(hm^2·h)]	<250	250～1 000	1 000～2 500	2 500～4 000	>4 000
土壤可蚀性 k 值	<0.15	0.15～0.2	0.2～0.25	0.25～0.3	>0.3
地形起伏度/m	0～50	50～100	100～200	200～300	>300
植被覆盖度	≥80%	60%～80%	40%～60%	20%～40%	<20%
分级赋值（C）	1	2	3	4	5

2）冻融侵蚀敏感性计算方法。

利用气温年较差、土地利用、坡度和土壤侵蚀现状图在 ERDAS 软件支持下建立判别模型，获得冻融侵蚀敏感性，按照冻融侵蚀敏感性极度、高度、中度、轻度、微度分别赋值 5 分、4 分、3 分、2 分、1 分（表 3-2）。

表 3-2　冻融侵蚀敏感性评价指标

气温分级/℃	土地利用类型	坡度/(°)				
		<5	5～15	15～25	25～35	>35
11～15	高覆盖度草地、灌木、林地	微度	微度	微度	轻度	中度
	中覆盖度草地	微度	微度	轻度	中度	高度
	低覆盖度草地、耕地	微度	轻度	中度	高度	极度
	裸土地	轻度	中度	高度	极度	极度
	裸岩	微度	微度	微度	轻度	中度
15～19	高覆盖度草地、灌木、林地	微度	微度	轻度	中度	高度
	中覆盖度草地	微度	轻度	中度	高度	极度
	低覆盖度草地耕地	轻度	中度	高度	极度	极度
	裸土地	中度	中度	高度	极度	极度
	裸岩	微度	微度	轻度	中度	高度
19～23	高覆盖度草地、灌木、林地	微度	轻度	中度	高度	极度
	中覆盖度草地	轻度	中度	中度	高度	极度
	低覆盖度草地、耕地	轻度	中度	高度	极度	极度
	裸土地	中度	高度	高度	极度	极度
	裸岩	微度	轻度	中度	高度	极度

（2）沙漠化敏感性计算方法

沙漠化敏感性指数计算方法：

$$DS_j = \sqrt[4]{\prod_{1}^{4} D_j} \tag{3-4}$$

式中：DS_j——j 空间单元沙漠化敏感性指数；

D_j——j 因素敏感性等级值（表 3－3）。

表 3－3 沙漠化敏感性分级指标

敏感性指标	不敏感	轻度敏感	中度敏感	高度敏感	极敏感
湿润指数	＞0.65	0.5～0.65	0.20～0.50	0.05～0.20	＜0.05
冬春季大于 6m/s 大风的天数	＜15	15～30	30～45	45～60	＞60
土壤质地	基岩	黏质	砾质	壤质	沙质
植被覆盖（冬春）	茂密	适中	较少	稀疏	裸地
分级赋值（D）	1	2	3	4	5

（3）石漠化敏感性计算方法

石漠化主要表现是自然植被长期丧失，风蚀和水蚀致使土壤物质流失，导致大片区域岩石裸露。不合理的垦殖是这些地区发生石漠化的重要原因。

石漠化敏感性主要根据其是否为喀斯特地形及其坡度与植被覆盖度来确定的。石漠化敏感性评价标准如表 3－4 所示，按照敏感性等级将敏感、较敏感、一般敏感、略敏感和不敏感分别赋值 5 分、4 分、3 分、2 分、1 分，若是属于喀斯特地貌，则敏感等级提高一级，赋值分值加 1 分。

表 3－4 石漠化敏感性分级

石漠化强度等级	基岩裸露/%	土被覆盖/%	坡度/(°)	植被＋土被覆盖/%	敏感性等级	赋值/分	若是喀斯特地貌
强度石漠化	＞80	＜10	＞25	＜20	敏感	5	5
中度石漠化	＞70	＜20	＞22	20～35	较敏感	4	5
轻度石漠化	＞60	＜30	＞18	35～50	一般敏感	3	4
潜在石漠化	＞40	＜60	＞15	50～70	略敏感	2	3
无明显石漠化	＜40	＞60	＜15	＞70	不敏感	1	2

3.1.1.2 土壤侵蚀敏感性综合评价

（1）水力侵蚀敏感性评价

经评价，四川省无水力侵蚀极高度敏感区，主要以水力侵蚀的中度、轻度敏感为主。全省水力侵蚀较突出的区域主要分布在川东北的广元、巴中、达州，川北的绵阳西北部，川中的乐山、雅安，川南的泸州、宜宾长江以南的区域，以及甘孜和凉山较大面积（图 3－2）。

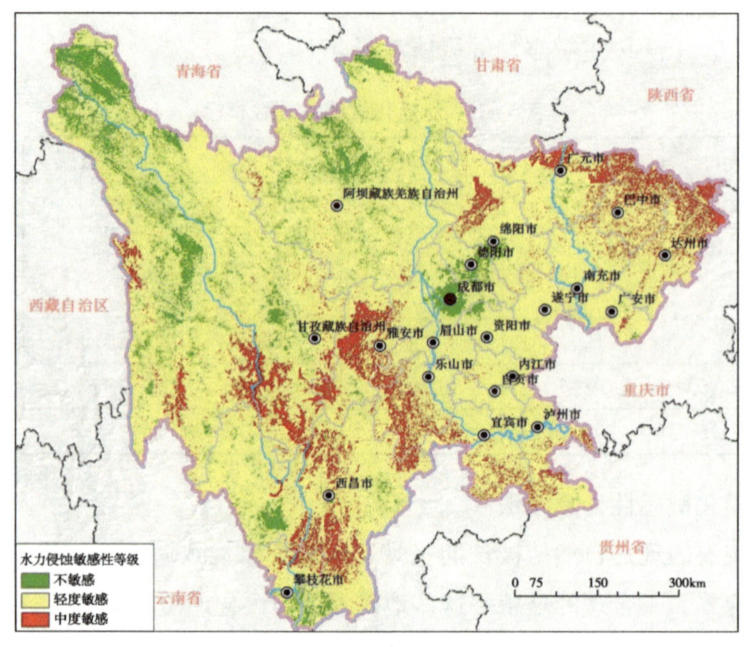

图 3－2　四川省水力侵蚀敏感性分类图

（2）冻融侵蚀敏感性评价

由于冻融侵蚀的发生需要一定的气压和海拔高度，根据张建国和刘淑珍等发表的《基于 GIS 的四川省冻融侵蚀界定与评价》，首先将四川省可能发生冻融侵蚀的区域提取出来再分析。四川省在川西高原处产生冻融侵蚀，由此将四川省冻融侵蚀敏感性分为不敏感区、轻度敏感区、中度敏感区、高度敏感区和极敏感区 5 个区域。全省冻融侵蚀极敏感区面积约为 9 864 km^2，约占 0.02%，主要分布在甘孜州、阿坝州；冻融侵蚀的高度敏感区面积约为 16 615 km^2，约占 0.034%，主要分布在甘孜州的石渠县，甘孜州的大部分地区有少量的高度敏感区；中度敏感区面积约为 20 167 km^2，占 0.04%，分布在甘孜阿坝高原区；轻度敏感区面积约为 8 362 km^2，约占 0.017%，分布在甘孜阿坝高原区，其余地区为不敏感区，约占四川面积的 89%（图 3－3）。

（3）综合评价结果

四川省是全国水土流失严重地区之一，全省土壤侵蚀总面积 22.13 万 km^2，土壤侵蚀总量 8.35 亿 t/a，土壤侵蚀极敏感区主要分布在盆周山地及川西南局部区域；高度敏感区主要分布在川西北高山和盆地深丘地区；中度和轻度敏感区主要分布在川西高原及盆地浅丘地区；四川盆地成都平原及宽谷平坝为不敏感区域，其余大部

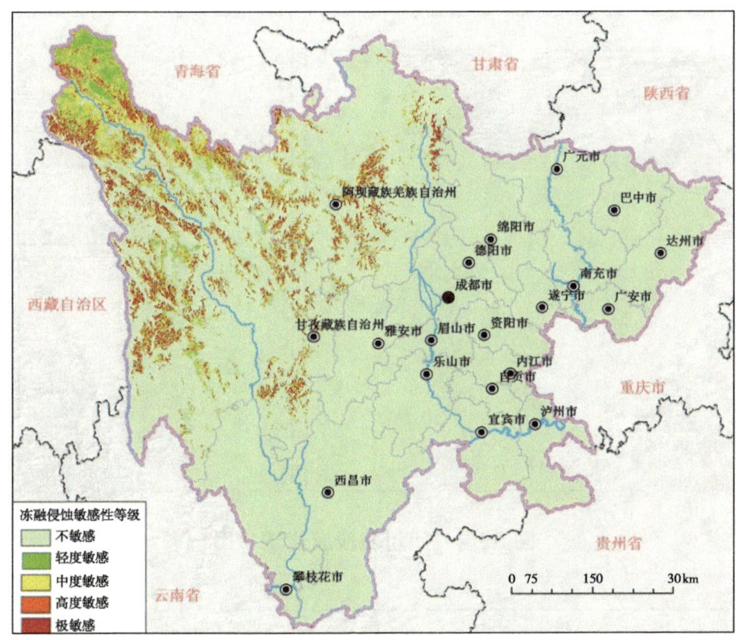

图 3－3　四川省冻融侵蚀敏感性分类图

分区域属于轻度敏感区。随着水土流失带走大量土壤养分，使土层变薄，土地生产力降低。近年实施的天然林保护工程、退耕还林还草以及采取的水土流失治理措施，取得了一定的成效。

3.1.1.3　沙漠化敏感性评价

四川省沙化土地面积 50.68 km^2，占全省总面积的 0.1%。其中流动沙地面积为 36.75 km^2，主要分布在川西北高原阿坝州干旱区；半固定沙地 5.18 km^2、固定沙地 8.75 km^2，分布在川南的凉山州和攀枝花少部分地区，以木里、盐源分布较多（图 3－4）。

四川省沙漠化敏感程度以轻度敏感和不敏感为主，无高度敏感和极敏感区。全省沙漠化中度敏感性区域面积约 20 760 km^2，占 4.28%，分布在甘孜州北部的部分草原，阿坝州北部、西北部小部分地区，凉山州西南部与攀枝花交界的小部分地区（图 3－5）。

3.1.1.4　石漠化敏感性评价

石漠化主要表现是自然植被长期丧失，风蚀和水蚀致使土壤物质流失，导致大片区域岩石裸露。不合理的垦殖是这些地区发生石漠化的重要原因。目前，四川省

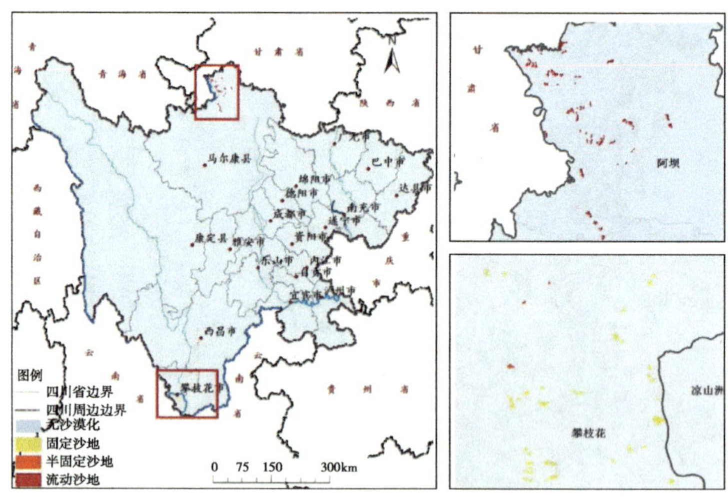

图 3－4　四川省沙漠化现状图

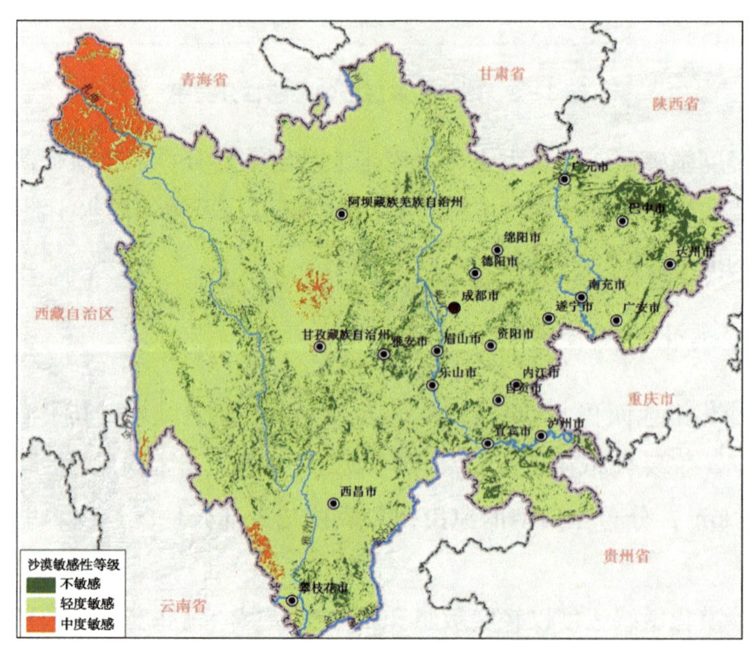

图 3－5　四川省沙漠敏感性分布

石漠化土地总面积 77.49 万 hm^2，占全省幅员面积的 1.6%，主要发生在川南与云南、贵州交界处，川东华蓥山喀斯特地貌区局部地区以及川西高山地区。

四川省石漠化敏感程度以不敏感、略敏感和一般敏感区为主，较敏感及敏感区很少。全省石漠化略敏感区域面积为 45 045 km^2，占全省幅员面积的 9.2%，主要分布于四川西部及南部；一般敏感区面积为 50 353 km^2，占 10.38%，主要分布于

四川西部及北部；较敏感区域土地总面积为 602 km²，占 0.1%，主要分布于甘孜州东部及北部、川南喀斯特地貌区；敏感区域土地总面积为 418 km²，占 0.09%，主要分布在阿坝州东北部及南部、泸州和宜宾的少部分区域（图 3－6）。

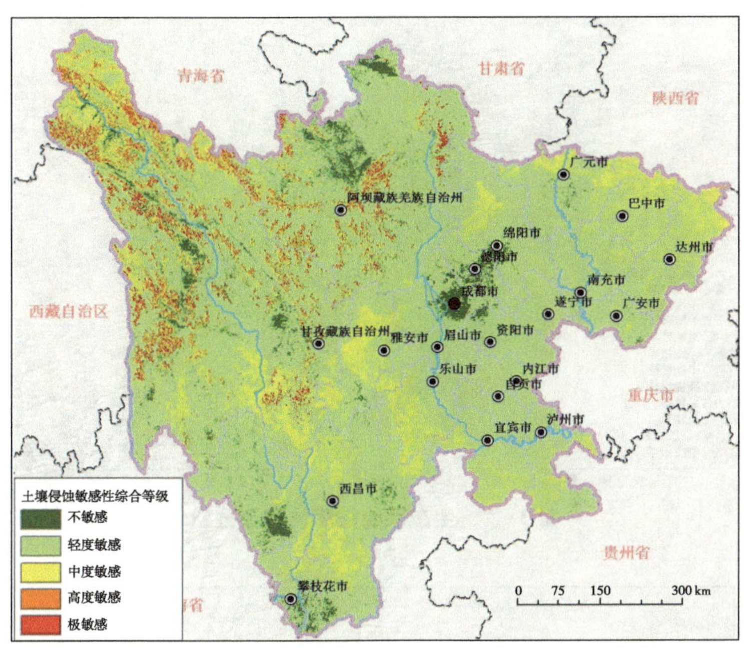

图 3－6　土壤侵蚀敏感性等级

3.1.1.5　生态系统敏感性评价结果

四川省生态环境敏感性评价主要包括土壤侵蚀敏感性、沙漠化敏感性、石漠化敏感性。不同敏感性分等级评价的综合结果见图 3－7。

按照《环境功能区划编制技术指南（试行）》中要求：［系统敏感性］＝max｛［土壤侵蚀敏感性］，［沙漠化敏感性］，［石漠化敏感性］｝，将敏感性评价等级分为极敏感、高度敏感、中等敏感、轻度敏感、不敏感 5 级，分别赋值打分为 5 分、4 分、3 分、2 分、1 分。生态系统敏感性评价结果见图 3－8。

通过分析，四川省大部分区域属于生态系统轻度敏感区，面积约为 389 787 km²，占 80.1%；极敏感区分布在川西高原甘孜州、阿坝州，主要是冻融侵蚀比较敏感，伴随有少量的水力侵蚀敏感和沙漠化敏感，面积约为 10 034 km²，仅占 0.02%；高敏感区也主要分布在川西高原，相较极敏感区域面积比较大，而且分布也比较均匀。在盆地地区的绵阳、乐山、雅安，盆地周边的广元、巴中、达州、宜宾、泸州，攀西地区的凉山州都有一定的中度敏感区分布。除四川成都平原属于微度敏感区外，

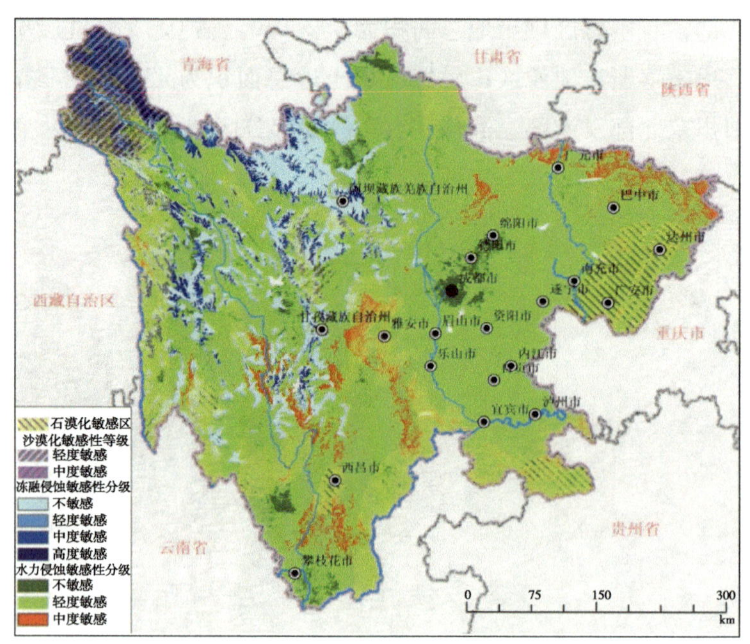

图 3－7　生态系统敏感性综合分析

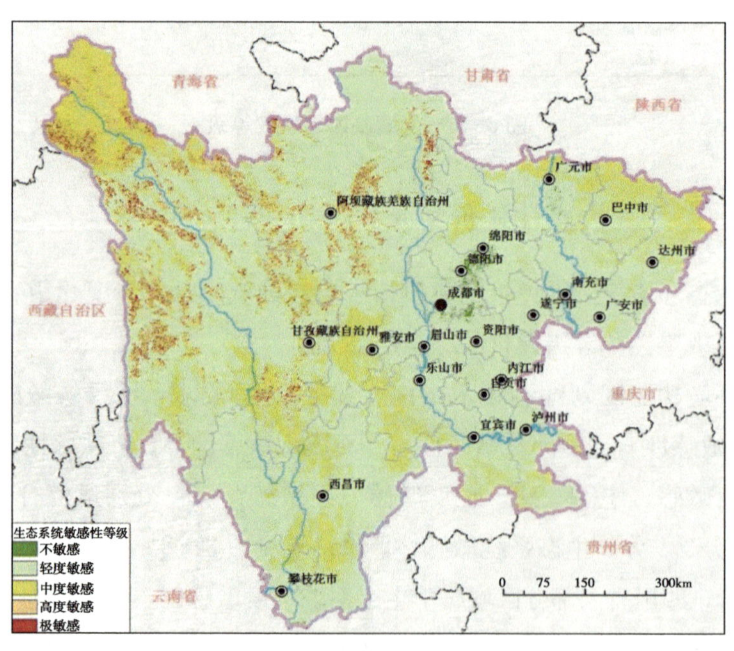

图 3－8　生态系统敏感性分布

四川大部分区域属于轻度敏感区。

四川省由于山地地形起伏较大、降雨集中及土壤抗侵蚀能力较弱等原因，形成生态系统总体比较敏感的特点，且不同区域生态系统敏感性形成原因有所不同，敏感性强弱差异明显。极敏感、高敏感、中度敏感、轻度敏感、微度敏感区域面积占总面积分别为2.06%、3.51%、13.98%、80.11%、0.34%，极敏感、高敏感、中度敏感区域面积合计占了总面积的19.55%。四川盆地边缘山地、西南山地具有较强的敏感性，主要是由于该区域地势高差较大、降雨量大、坡耕地比例大，土壤侵蚀严重，植被破坏导致山地灾害频繁发生，滑坡、泥石流危害严重。盆地丘陵区微度敏感和轻度敏感分布也较广，主要是由于紫色土抗侵蚀能力较弱、降雨量较大，在强降雨条件下易产生土壤侵蚀；同时该区域人口密度大、人均耕地少、森林覆盖率低，导致水土流失面积大、强度高。西部山区及高原区虽以轻度和中度敏感为主，高敏感区域插花状分布其中，该区域地势平缓、降雨量较低，多数区域植被较好，生态系统敏感性较强；长期对天然林的采伐，导致被采伐区森林生态环境受到极大破坏，该区草场面积大，超载放牧、牲畜过度啃食和践踏，导致草场退化、产草量降低、草质变坏，加之当地气候寒冷、恢复困难，容易发生沙化；该区耕地虽然面积小，但多分布于河谷地带，坡耕地面积大，坡耕地土壤侵蚀严重；滥挖虫草、贝母等药材，造成地表结构破坏、草场退化，产生沙化和土壤侵蚀、草地鼠虫危害严重。成都平原区由于地势平坦，以微度敏感为主。

各县敏感性评估统计结果中不敏感和轻度敏感县共有37个，占总数的20.1%，以成都平原的县区为主，为成都的城区、青白江区、双流、新津、温江、郫县、新都、德阳市的旌阳区、广汉市，眉山地区的彭山县，内江地区的内江市；轻度度敏感县有12个，占总数的6.7%，为成都的邛崃、崇州、蒲江、龙泉驿区，眉山的彭山，德阳的罗江，绵阳的涪城区，雅安的名山，泸州的泸州市、纳溪，阿坝州的若尔盖；中度敏感县有133个，占总数的73.5%，主要为四川盆地丘陵区的县及四川西北部的石渠县；高敏感县有36个，占总数的19.9%，主要分布于西部山区的甘孜州、阿坝州，东北部的巴中地区、达州地区、广安地区，南部的泸州地区、宜宾地区及丘陵区部分县；极敏感县仅有一个石渠县（图3-9）。

3.1.2 生态系统重要性

四川省生态服务功能重要性评价主要包括生物多样性维持和保护功能、水源涵养与水文调蓄功能、土壤保持功能、沙漠化控制功能等。

生态服务功能重要性评价等级共分5级，分别依次为极重要、重要、中等重要、一般、不重要。生态服务功能重要性从国家、四川省和局部区域3个层面分析评价。

3.1.2.1 生物多样性重要性评价

生物多样性是指在一定时间和一定地区所有生物（动物、植物、微生物）物种

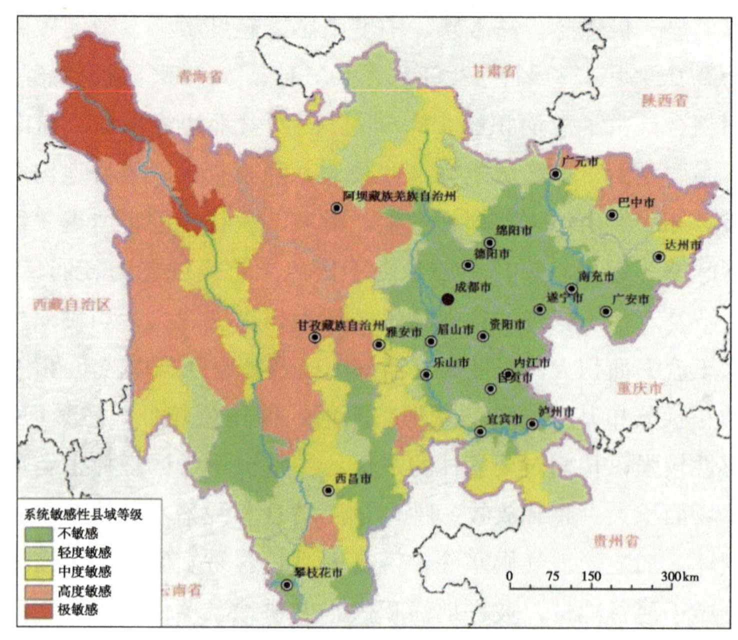

图 3－9　四川省各县敏感性评估统计

及其遗传变异和生态系统的复杂性总称。它包括基因多样性、物种多样性和生态系统多样性 3 个层次。四川省生物多样性维持和保护重要性评价以野生动植物物种数量及优先生态系统类型数量为指标。生物多样性是人类社会赖以生存和发展的基础。我们的衣、食、住、行及物质文化生活的许多方面都与生物多样性的维持密切相关。对于四川省生物多样性重要性的评价将有利于更好地利用四川省的自然资源、保护珍稀物种及挽救濒危物种。

(1) 生物多样性评价方法

生物多样性(BI)＝归一化后的野生高等动物丰富度×0.2＋归一化后的野生维管束植物丰富度×0.2＋归一化后的物种多样性×0.15＋归一化后的植被垂直层谱的完整性×0.05＋归一化后的物种特有性×0.20＋(100－归一化后的外来物种入侵度)×0.10＋(100－归一化后的物种受威胁程度)×0.10　　(3－5)

物种多样性指数(S)＝BI(针叶林)×0.05＋BI(针阔混交林)×0.2＋BI(阔叶林)×0.5＋BI(竹林)×0.05＋BI(灌丛)×0.05＋BI(草地)×0.03＋BI(草甸)×0.03＋BI(稀疏植被)×0.02＋BI(沼泽)×0.03＋BI(荒漠生态系统)×0.01＋BI(农业生态系统)×0.03　　(3－6)

物种特有性＝(中国特有的野生高等动物种数/654＋中国特有的野生维管束植物

种数/4 353)/2　(3－7)

物种受威胁程度＝(受威胁的野生高等动物种数/654＋受威胁的野生维管束植物种数/4 353)/2　(3－8)

评价指标的归一化方法为：

归一化后的评价指标＝归一化前的评价指标×归一化系数　(3－9)

归一化系数＝100/$A_{最大值}$　(3－10)

$A_{最大值}$指某指标归一化处理前的最大值。部分指标的$A_{最大值}$见表3－5。

表3－5　相关评价指标的最大值

指　标	$A_{最大值}$
野生维管束植物丰富度	4 353
野生高等动物丰富度	654
生态系统类型多样性	124
植被垂直层谱的完整性	100

采用专家咨询法确定各评价指标的权重（表3－6）。

表3－6　各指标权重

评价指标	权重
野生维管束植物丰富度	0.20
野生高等动物丰富度	0.20
生态系统类型多样性	0.15
植被垂直层谱的完整性	0.05
物种特有性	0.20
外来物种入侵度	0.10
物种受威胁程度	0.10

Water_SP＝max([rec_forest1],[rec_forest2],[rec_forest3],[rec_riverlake],[rec_riparian],[rec_other])　(3－11)

式中：Water _ SP——水源涵养安全格局评价指数；

[rec _ forest1]——常绿阔叶林、常绿落叶阔叶混交林、常绿针阔混交林、常绿针叶林生态系统评价指数；

[rec _ forest2]——落叶阔叶林、经济林、针阔混交林生态系统评价指数；

[rec _ forest3]——灌丛生态系统评价指数；

[rec _ riverlake]——河流、湖库湿地生态系统评价指数；

[rec _ riparian]——河岸带、湖滨带生态系统评价指数；

[rec _ other]——农田及其他生态系统评价指数。

(2) 生物多样性指标组成

1) 野生高等动物丰富度。

野生高等动物丰富度指被评价区域内已记录的野生高等动物的物种数（若存在亚种，则以亚种为分类单位，野生高等动物的特有性和受威胁程度同此），用于表征野生动物的多样性。

统计范围为野生哺乳类、鸟类、爬行类、两栖类、淡水鱼类。迁徙鸟类和洄游鱼类，只要出现在本地，不论其是否在本地繁殖，均纳入统计范围。在江（河）、海之间洄游的鱼类、生活在咸淡水交汇处的河口性鱼类可视为淡水鱼类。仅在人工生境生长家养动物不在统计范围，如鱼塘中的养殖鱼类、养殖场的动物、动物园中的动物等。

动物物种的分类依据《中国动物志》，如对《中国动物志》未记载的物种（亚种）分类地位存有异议，由工作技术组协调后统一口径。

全国野生高等动物名录由环保部南京环境科学研究所提供。

2) 物种多样性指标。

物种的多样性是生物多样性的关键，它既体现了生物之间及环境之间的复杂关系，又体现了生物资源的丰富性。物种多样性是指地球上动物、植物、微生物等生物种类的丰富程度。本书以 1 km×1 km 网格，计算以生态系统类型为依托的物种多样性指数。

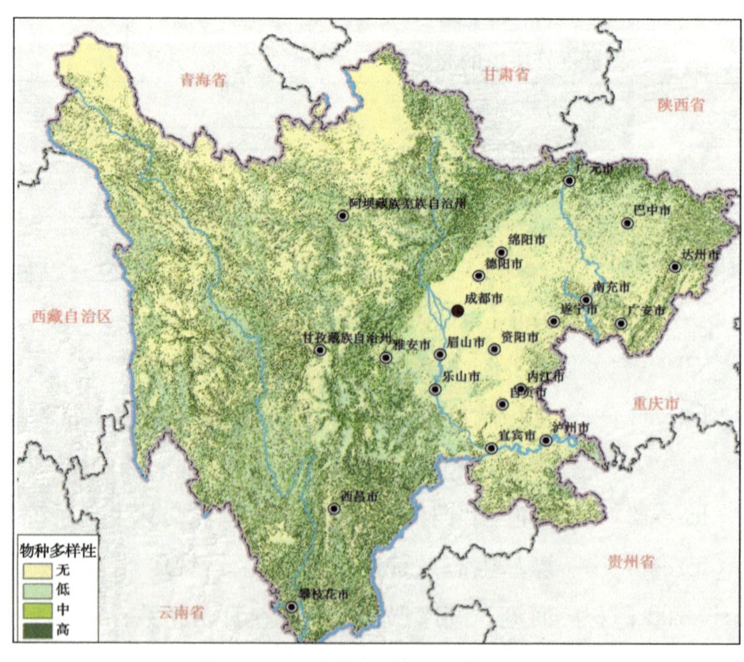

图 3-10　四川省物种多样性分布

四川省生物多样性不明显的区域主要分布在东部的四川盆地包括成都、德阳、资阳、绵阳、内江的部分地区、川北若尔盖草原地区、甘孜北部地区等，面积约为 251 042 km^2，约占 51.6%；生物多样性低的区域主要分布在川西高原山地、雅砻江中游等地，面积约为 121 214 km^2，约占 24.9%；生物多样性中等的区域主要分布在盆周东部的广元、雅安等部分区域，凉山东部、雅砻江下游等地，面积约为 4 573 km^2，约占 0.9%；其余区域都属于生物多样性高等级的区域，面积约为 109 284 km^2，约占 22.5%（图 3－10）。

3）野生维管束植物丰富度。

野生维管束植物丰富度指被评价区域内已记录的野生维管束植物的物种数（若存在亚种、变种和变型等种下单位，则以这些种下单位为分类单位，野生高等植物的特有性和受威胁程度同此），用于表征野生植物多样性。

植物物种的分类采用哈钦松系统，依据《中国植物志》确定分类地位，如对《中国植物志》未记载的物种（种下单位）分类地位存有异议，由工作技术组协调后统一口径。

4）植被垂直层谱的完整性。

指被评价区域内植被群落垂直分层结构的完整程度，如乔木层（2～3 层）、灌木层、草本层，用于表征生态系统的在垂直方面的多样性和稳定性。不同生态系统的植被垂直层谱完整性系数是不同的，一个县级行政区域内植被垂直层谱完整性系数是该区域内所有生态系统类型的植被垂直层谱完整性系数的最大值（表 3－7）。

表 3－7　植被垂直层谱完整性系数

植被垂直层谱完整性	系数
有 5 个以上（含 5 个）植被分布层	100
有 4 个植被分布层	80
有 3 个植被分布层	60
有 2 个植被分布层	40
只有 1 个植被分布层	20
无植被分布	0

5）物种特有性。

物种特有性指被评价区域内我国特有的野生高等动物和野生维管束植物的相对数量，用于表征物种的特殊价值。其中，654 和 4 353 分别是我国县级行政区域中野生高等动物和野生维管束植物的最大物种数。我国特有物种名录由环保部南京环境科学研究所提供。

6）外来物种入侵度。

外来物种入侵度指被评价区域内外来入侵物种数与本地野生高等动物和野生维管束植物种数的和之比，用于表征生态系统受到外来物种干扰程度。

外来入侵物种名录可参考徐海根等主编的《〈生物多样性公约〉热点研究：外来物种入侵、生物安全、遗传资源》和《中国外来入侵物种编目》。

7）物种受威胁程度。

受威胁物种是指《IUCN 物种红色名录濒危等级和标准》中收录的属于极危、濒危、易危、近危的物种。

受威胁物种名录可参考：IUCN 标准 ver 3.1（2001）；“2006 Global Species Assessment”数据库。

（3）生物多样性维护重要性综合评价

根据生物多样性指数（BI），将生物多样性状况分为五级，即高、较高、中、一般和低（表 3－8）。

表 3－8　生物多样性维护重要性评价

生物多样性等级（重要性）	赋值	生物多样性指数	生物多样性状况
高（极重要）	5	BI≥60	物种高度丰富，特有属、种繁多，生态系统丰富多样
较高（重要）	4	50≤BI＜60	物种丰富，特有属、种较多，生态系统类型多，部分地区生物多样性高度丰富
中（较重要）	3	40≤BI＜50	物种较丰富，特有属、种较多，生态系统类型较多，局部地区生物多样性高度丰富
一般（一般重要）	2	30≤BI＜40	物种较少，特有属、种不多，局部地区生物多样性较丰富，但生物多样性总体水平一般
低（不重要）	1	BI＜30	物种贫乏，生态系统类型单一、脆弱，生物多样性极低

四川省大部分地区属于生物多样性重要性区域，极重要区域主要分布在盆周西部山地及川西北高原局部地区，多数区域已被划为省级以上自然保护区；重要区域和一般重要区域主要分布在川西高山高原区域及盆周南部山地；盆地平原及浅丘大部分为重要性较低区域（图 3－11）。

1）生物多样性维护重要性评价结果为“极重要”的县域共 9 个，占总县数的 4.97%，主要分布于横断山区、秦巴山区；

2）生物多样性维护重要性评价结果为“重要”的县域共 118 个，占总县数

的65.19%；

3）生物多样性维护重要性评价结果为“一般”的县域共49个，占总县数的27.07%，大多分布四川盆地丘陵区；

4）生物多样性维护重要性评价结果为“低”的县域共5个，占总县数的2.7%，大多分布于四川盆地平原及丘陵区。

各县（市、区）生物多样性维护重要性评价结果见图3－11。

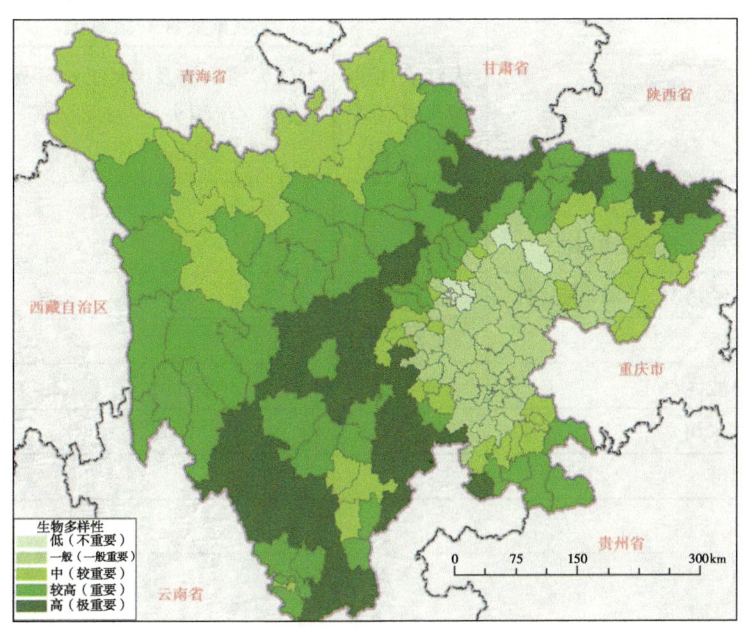

图3－11　生物多样性评价结果

3.1.2.2　水源涵养重要性评价

涵养水源是生态系统的重要服务功能之一。水源涵养能力与植被类型和盖度、枯落物组成和现存量、土层厚度、土壤物理性质等密切相关，是植被和土壤共同作用的结果。生态系统涵养水分功能主要表现为截留降水、增强土壤下渗、抑制蒸发、缓和地表径流和增加降水等功能。在时间上，它可以延长径流时间，或者在枯水位时补充河流的水量，或者减缓洪水的流量，起到调节河流水位的作用；在空间上，生态系统能够将降雨产生的地表径流转化为土壤径流和地下径流，或者通过蒸发、蒸腾的方式将水分返回大气，进行大范围的水分循环，对大气降水在陆地进行再分配。区域生态系统水源涵养能力由地表覆盖层涵水能力和土壤涵水能力构成。

（1）水源涵养重要性指标

根据不同生态系统的水源涵养能力来评价区域生态系统水源涵养的重要性。以水源涵养重要性的不同来划分5级。基于保护和提高区域水源涵养能力的目标，在构建水源涵养安全格局时对不同类型的生态系统进行限制要素叠加法（取最大值），确立四川省水源涵养重要性分布（表3－9、图3－12）。

表3－9　水源涵养安全格局分级赋值标准

生态系统类型	安全重要性等级赋值			
	大江大河的源头区（含所有支流）	大江大河上游及重要支流源头区和上游区	大江大河及主要支流中下游	大江大河中下游的其他小支流
常绿阔叶林、常绿落叶阔叶混交林、常绿针阔混交林、常绿针叶林	5	5	4	3
落叶阔叶林、经济林、针阔混交林	5	4	3	2
灌丛草地	4	3	2	1
农业区及其他地区	3	2	1	1
河流、湖库、冰川	5	4	3	2
河岸带、湖滨带	5	3	2	1

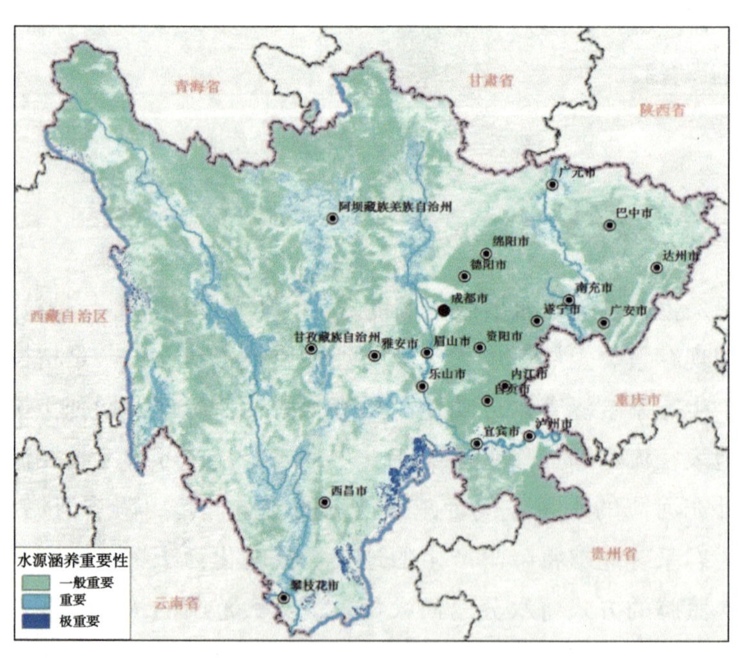

图3－12　四川省水源涵养重要性分布

(2) 水源涵养重要性评价结果

水源涵养功能极重要区域主要分布在川西高山高原、盆西南长江流域中游、川南山地、长江流域下游，面积约为3 106 km^2，约占0.99%；重要区域主要分布在盆地内嘉陵江、渠江、涪江、沱江流域上游、雅砻江中下游、岷江中上游以及川中山地地区，面积约为1 454 km^2，约占4.67%；一般重要区域主要分布在四川盆地、川东南山地、川北山地、雅砻江上游、金沙江中上游地区，面积约为12 949 km^2，约占42.53%；其余为水源涵养功能不重要区域，面积约为16 461 km^2，约占52.80%。

水源涵养重要性等级的分布规律为：四川盆地区水源涵养重要性较低，该区域以农业为主，垦殖率高，农田植被为主要植被类型；盆周山地区及金沙江、雅砻江、大渡河、岷江两岸山地水源涵养重要性高，该区域多高山峡谷，森林植被发育较好，水源涵养功能较强；北部红原和若尔盖区域，湿地分布面积大，是重要的水源涵养区；西北部高原区，以草原植被为主，其水源涵养重要性多属中等。

3.1.2.3 土壤保持重要性评价

土壤保持是指对于土壤和土壤质量的保护。土壤保持具有重要意义，世界人口数量的快速增长导致对食物的大量需求，但是事实上可耕种的土地数量有限，所以土壤保持尤为重要。土壤属于可更新资源，但是土壤成分改变的过程是极度缓慢的，如果不施加任何的管理，需要花费数个世纪才能将土壤成分恢复到几年前的状态；而在精心管理下，也不能完全确定能够尽快恢复。

(1) 土壤保持重要性评价指标

在土壤侵蚀敏感性分析的基础上，分析土壤侵蚀对下游江河及水资源的危害程度，特别是对可能造成三峡水库未来的正常运行及长江中、下游水资源的危害程度进行评价。考虑容易形成土壤侵蚀区域，以及不同土壤侵蚀区域对水体的影响危害程度，在评判土壤保持重要性时应用判别分析法，通过其组合关系对土壤保持重要性进行定性判别，从而获得各类土壤保持功能区土壤保持重要性等级，共划为5个等级，按照重要性，分别赋值5分、4分、3分、2分、1分（表3－10）。

表3－10 土壤保持重要性分级赋值标准

影响水体	重要性等级分级赋值/分				
	极敏感	高度敏感	中度敏感	轻度敏感	不敏感
长江干流水体	5	5	4	3	2
1～2级支流及大中城市水源水体	5	4	3	2	1
3级支流及小城市水源水体	4	3	2	1	1

(2) 土壤保持重要性评价结果

土壤保持功能极重要区域主要分布在川西北若尔盖草原、川南山地、川西高原山地及甘孜州部分地区，面积约为 10 369 km²，约占四川省总面积的 2.13%；重要区域主要分布在川西高山和盆地深丘、川南干热河谷、盆周南部地区，面积约为 27 692 km²，约占四川省总面积的 5.69%；其余地区为一般重要区域（图 3－13）。

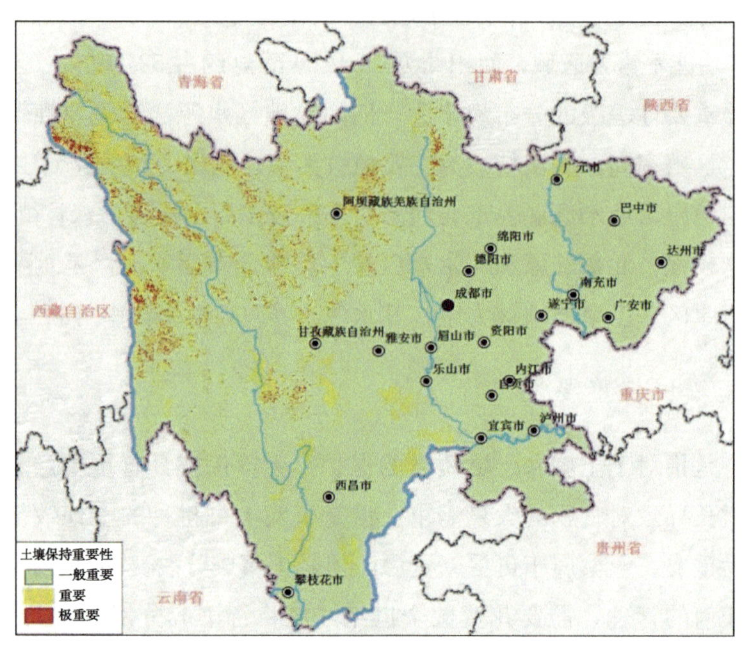

图 3－13 土壤保持重要性评价

3.1.2.4 生态系统重要性评价结果

四川省生态服务功能重要性评价主要包括生物多样性维持和保护功能、水源涵养功能、土壤保持功能等。生态功能重要性评价等级共分 5 级，分别依次为极重要、重要、较重要、一般重要、不重要。

四川省生态系统重要性总体较高，且由于生态系统分布的区域差异导致其重要性区域差异显著（图 3－14）。

生态重要性评价结果为“重要”的县域共 8 个，占总县数的 4.42%，面积为 34 579.9 km²，约占四川省总面积的 0.7%，这些县大多分布于盆西和盆西南横断山区，以及川南山区，山地地势高差较大、生态系统多样，主要生态系统是森林生态系统、草地生态系统和农田生态系统，境内森林覆盖率为 30%～50%，是西南林区的重要组成部分，其中盆西特有的森林类型有：木荷-丝栗林、冷杉林、岷江冷

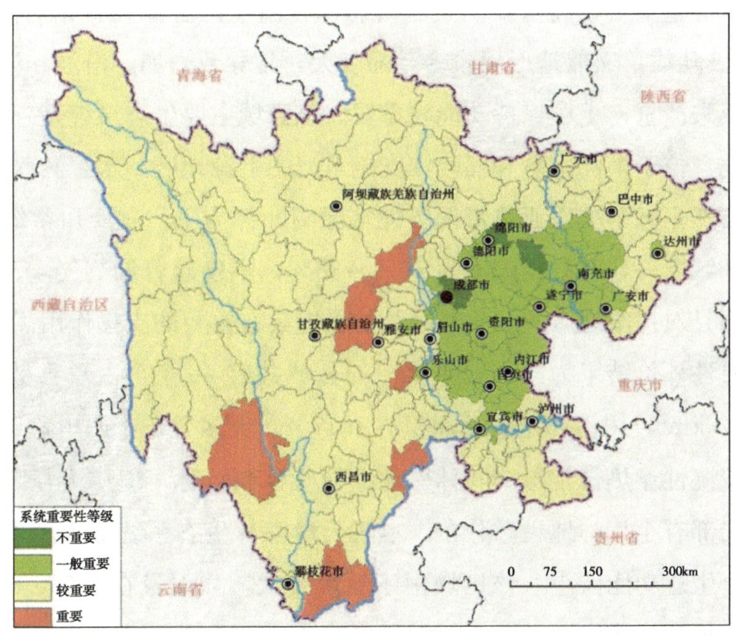

图 3－14　生态系统重要性评价

杉林、铁杉林，这些区域是岷江、青衣江、涪江、沱江等河流及其支流的发源地，因此该区森林对于调节气候、涵养水源、保持水土具有重要意义，对成都平原及盆地丘陵区的农业生态系统起着重要的支持和保障作用。生物多样性及野生动植物资源极为丰富，残存着较多的天然林，其间保存着为数众多的珍稀濒危物种和孑遗植物，是我国大熊猫的集中分布区，也是我国自然保护区分布较密集的地区，同时汶川特大地震造成大量重力侵蚀，其松散堆积物为泥石流形成创造了物源条件。盆西南金沙江两岸山高坡陡为高山峡谷，再往两侧过渡为高原丘陵。除高山区域外，林区多系次生幼林，植被稀疏，林下植被极差，同时广大地区红壤及其厚层风化壳的团聚体间黏结力弱，故常造成强烈侵蚀，沟蚀显著，是长江上游最严重的侵蚀区、长江泥沙策源地，是土壤保持主体功能区。区域新构造运动活跃、岩石破碎、地势陡峻、降水集中，且多暴雨，加之人为砍伐森林等对环境的破坏使该区山洪、泥石流、滑坡非常普遍。

生态重要性评价结果为“较重要”的县域共 117 个，占总县数的 64.64%，分布于四川大部分地区，其中川西高原区受海拔高、温度低的影响，本区基本上是无林区或少林区，本区东南部低矮的谷坡内有少量森林分布。由于大部分地方森林难以生长，本区广大地表均被灌丛草甸占据，以高山、亚高山灌丛与草甸分布最广，沼泽湿地较发育，主要生态系统为草地生态系统，水源涵养、土壤保持、生物多样性维护多属中等重要至较高重要。大巴山北部区由于河谷深切，相对高差达 800～1 200 m，谷坡陡峻，又兼地形雨较多，强度大，常导致岩崩、滑坡和泥石流等灾害发生，水土流失严重，土壤保持功能较重要。该区域主要生态系统是森林生态系统、草地生态系统，位于渠江水系和嘉陵江支流东河的上源地区，水源涵养功能较重要。川南山地区自然生态系统以亚热带偏湿性常绿阔叶林为主，是四川常绿阔叶林分布面积最大的区域之一，森林覆盖率为 20％～38％，不仅起着调节气候、涵养水源的重要作用，而且对川南地区农业生态系统的稳定具有重要的支撑作用。

生态重要性评价结果为“一般重要”的县域共有 48 个，占总县数的 26.52％，面积 56 987.3 km^2，约占四川省总面积的 1.17％，大多分布于四川盆地丘陵区。地带性植被为偏湿性亚热带常绿阔叶林、常绿针叶林和竹林。但广大丘陵区均已辟为农田，只有局部有小片林地星散分布。本区天然森林生态系统被人工农业生态系统替代，大部分生态功能低下。该区域由于坡度较大，降雨量在 1 000 mm 左右，且多为大暴雨，地表出露岩石又以紫红色砂泥岩为主，易于风化、侵蚀，侵蚀敏感性高，加之人类活动，坡耕地广为分布，水力侵蚀较严重，土壤保持重要。

生态重要性评价结果为“不重要”的县域共有 8 个，占总县数的 4.42％，面积为 5 362.81 km^2，约占四川省总面积的 0.1％，分布于四川盆地平原区，主要为成都、德阳、绵阳的主城区。这些区域地势平坦，以城镇、平原耕地为主，无明显水土流失，生物多样性指数低。

3.1.3 自然生态安全评价结果

四川省自然生态环境以三级安全为主，具体分布如图 3－15 所示。其中一级安全地区分布在四川盆地、成都平原地区，共有 52 个县，占总县数的 28.73％，面积约为 968 km^2，占四川省总面积的 0.2％；二级安全的地区主要分布在盆东北地区，共有 5 个县，占总县数的 2.76％，面积约为 60 718.5 km^2，占四川省总面积的 12.44％；四级安全的地区主要分布在阿坝州、甘孜州若尔盖草原地区、甘孜州东北地区起伏山地地区，共有 21 个县，占总县数的 11.60％，面积约为 51 517.4 km^2，占四川省总面积的 10.56％；五级安全的地区分布在四川中部及南部，共有 8 个县，占总县数的 0.04％，面积约为 10 033.9 km^2，占四川省总面积的 10.56％；其余区域为三级安全的地区，共有 95 个县，占总县数的 52.49％，面积约为 364 142 km^2，占四川省总面积的 74.65％（图 3－15）。

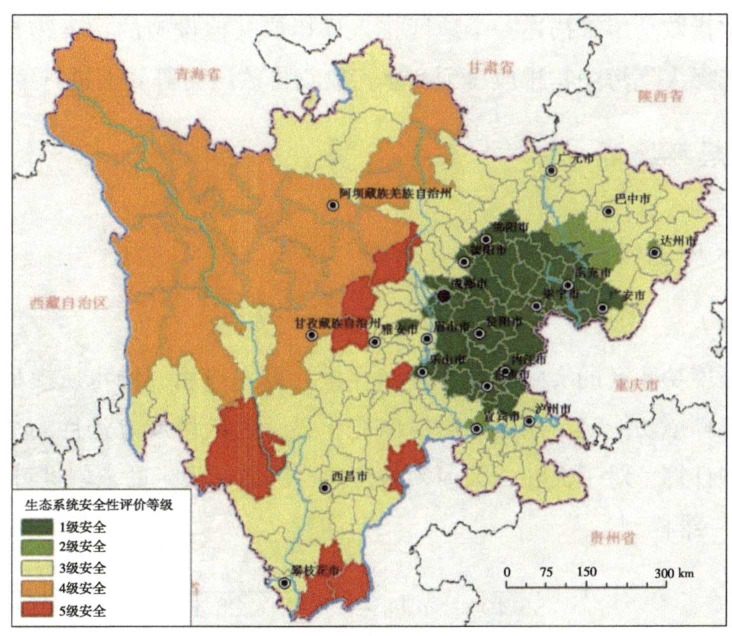

图 3－15　自然环境生态安全评价

3.2　维护人群环境健康评价

维护人群环境健康可用理想环境容量、环境承载现状、环境质量、污染排放强度描述区域环境功能利用情况和环境作为一种资源的开发程度。维护人群健康环境评价指数（P_2）计算方法如下：

$$P_2 = \mathrm{f}\{\text{理想环境容量指数、环境承载现状指数、环境质量指数、污染排放强度指数}\}$$

$$= \{\text{理想环境容量指数}\wedge 2 + \text{环境承载现状指数}\wedge 2 + \text{环境质量指数}\wedge 2 + \text{污染排放强度指数}\wedge 2\ \frac{\min\{[\text{可利用土地资源}],[\text{可利用水资源}],[\text{环境质量}]\}}{\max\{[\text{污染排放}],[\text{环境容量}]\}}/4\}\wedge 0.5 \quad (3-12)$$

式中：

理想环境容量是指在人类生存和自然生态系统不受威胁的前提下，某一环境所能容纳的污染物最大负荷量，理想环境容量指数选择大气环境容量和水环境容量等因素进行评价；

环境质量表述环境优劣程度，指在一个具体的环境中，环境总体或某些要素对人群健康、生存和繁衍，以及社会经济发展适宜程度的量化表达。环境质量指数选择区域的大气环境质量、水环境质量和土壤环境质量进行评价；

污染排放指数是用来描述一个地区排入环境或其他设施的污染物排放情况。污染排放指数选择大气污染物排放压力和水污染物排放压力等要素进行评价。

3.2.1 理想环境容量

3.2.1.1 水环境容量

（1）计算方法

根据水环境功能区的实际情况，环境容量计算一般用一维水质模型。对有重要保护意义的水环境功能区、断面水质横向变化显著的区域或有条件的地区，可采用二维水质模型计算。对于大江、大河须结合混合区或污染带的范围进行容量计算。

1）干流一维模型：

$$[w]=Q\times\left[\rho_s-\rho_0\times\exp\left(\frac{-k\times l}{86\ 400\times u}\right)\right]\times\exp\left(\frac{k\times l}{2\times 86\ 400\times u}\right)\times 31.54 \qquad (3-13)$$

式中，w——计算单元的环境容量，t/a；

Q——计算单元的平均流量，m^3/s；

ρ_S——计算单元出水质量浓度，mg/L；

ρ_0——计算单元来水质量浓度，mg/L；

k——降解系数，d^{-1}；

l——计算单元河道长度，m；

u——计算单元平均流速，m/s。

2）大江、大河二维模型模拟计算。

对于大江、大河河道水面宽大于 200 m 时的水环境容量计算必须要采用二维混合区长度控制法进行计算。

四川省有金沙江、长江、大渡河干流部分属于大江、大河，涉及地区有泸州、宜宾、攀枝花、乐山、雅安和凉山州。在本次水环境容量核定中，四川省针对上述水域进行了二维模型模拟计算，见式（3－14）。

$$W=[\rho(x,y)-\rho_0]H\sqrt{u\pi xE_y}\exp\left(\frac{y^2u}{4E_yx}+k\frac{x}{u}\right) \qquad (3-14)$$

式中：W——水环境容量，t/a；

$\rho(x,y)$——控制点（混合区下边界）的水质标准，mg/L；

ρ_0——排污口上游污染物质量浓度，mg/L；

k——污染物综合降解系数，d^{-1}；

H——设计流量下污染带起始断面平均水深，m；

x——沿河道方向变量，m；

y——沿河宽方向变量，m；

u——设计流量下污染带内的纵向平均流速，m/s；

E_y——横向混合系数，m^2/s；

其中，$E_y=(0.058H+0.0065B)\sqrt{ghJ}$

将各个参数的单位换算系数代入公式后得：

$$W=8.64\times 3.65\times[\rho(x,y)-\rho_0]H\sqrt{u\pi x E_y}\exp\left(\frac{y^2u}{4E_yx}+k\frac{x}{86\,400u}\right)\quad(3-15)$$

（2）理想水环境容量评价结果（COD、氨氮）

全省 COD 理想水环境容量计 201.5 万 t/a，其中长江干流及金沙江容量为 65.5 万 t/a，占 32.5%；岷江流域容量为 71.1 万 t/a，占 35.3%；沱江流域容量为 15.1 万 t/a，占 7.5%；嘉陵江流域容量为 49.8 万 t/a，占 24.7%。

全省氨氮理想水环境容量计 8.2 万 t/a，其中长江干流及金沙江容量为 2.6 万 t/a，占 31.7%；岷江流域容量为 2.5 万 t/a，占 29.3%；沱江流域容量为 0.5 万 t/a，占 6.1%；嘉陵江流域容量为 2.6 万 t/a，占 31.7%（图 3－16）。

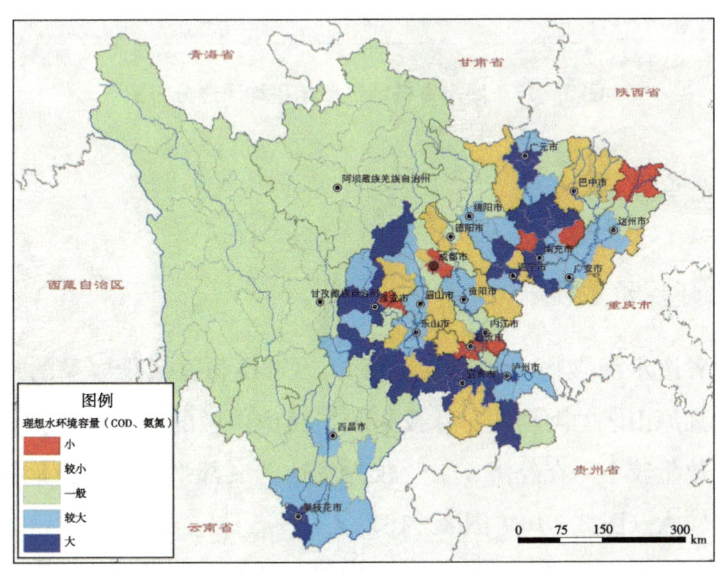

图 3－16　四川省理想水环境容量（COD、氨氮）分级图

3.2.1.2　大气污染传输稀释能力

近地面（小于 200 m）风速是影响四川省大气污染稀释扩散能力的最主要因素，从四川省多年平均风速分布情况看，风速最大的区域位于川西北的石渠县、甘孜县、德格县等地，川西经济区的阿坝州、甘孜州、凉山州，以及攀西经济区的西昌、攀枝花的风速均较大，成都平原区和盆周地区风速较小，大成都经济区和川南经济区是风速最小的区域。风速较小导致大气稀释扩散能力较差，主要分布在成都经济区的成都、雅安、眉山、乐山，川南经济区的宜宾、泸州、自贡，川东北的达州、南充、广安和巴中等区域。

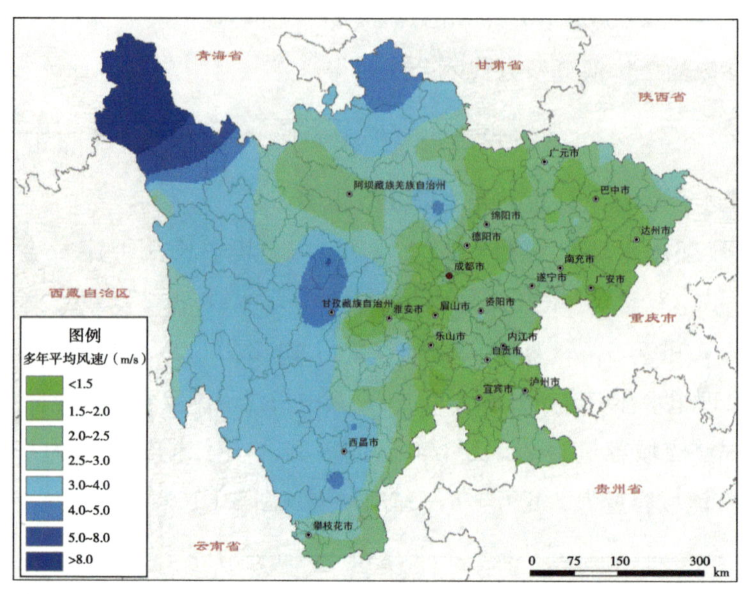

图 3－17 四川省各地区多年平均风速分布图

3.2.2 环境承载现状

3.2.2.1 水环境承载现状

根据四川省废水污染物现状排放量可知，COD 和氨氮排放量的地域性差别较大。在川西北高原山区的阿坝州、甘孜州和川西南山区的凉山州等大部分地方废水污染物现状排放量较小，在经济、工业较为发达的成都平原、川南地区的废水污染物现状排放量较大（图 3－18、图 3－19）。

由于四川省理想水环境容量分布极不均匀，且部分地区污染严重，造成全省剩余环境容量较小。因此，四川省水环境承载现状在地域上也具有一定的差异。COD 和氨氮承载现状程度分级详见 3－20、图 3－21。

就全流域而言，长江及金沙江流域、嘉陵江流域、岷江流域总体尚存在一定的剩余环境容量，但流域中游和部分支流已无氨氮容量；沱江流域 COD 和氨氮均无剩余环境容量，突出表现为沱江成都以下河段，该流域需进一步削减点源污染物排放量。

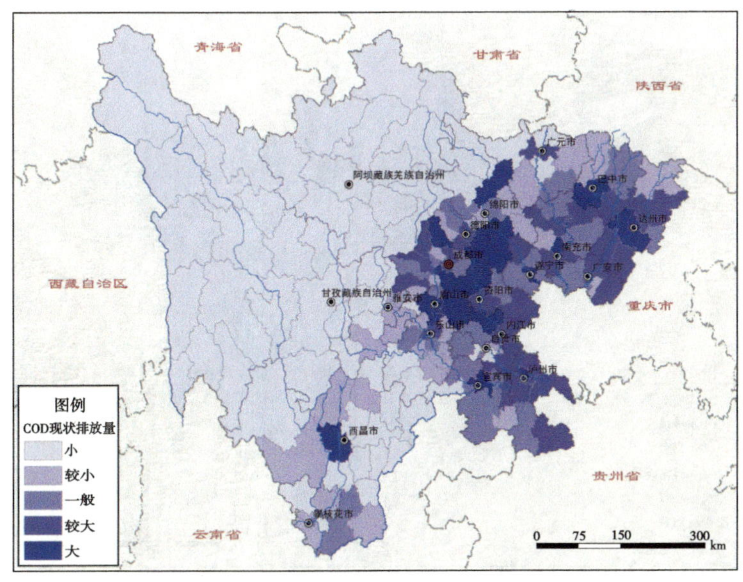

图3-18　四川省COD现状排放量分区图

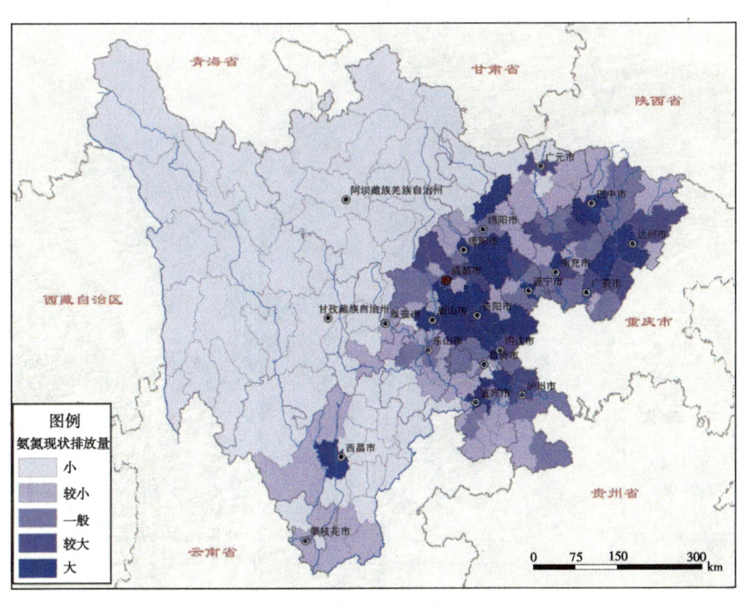

图3-19　四川省氨氮现状排放量分区图

四川省各地市尚存在COD剩余环境容量的是绵阳、德阳、自贡、乐山、宜宾、眉山、泸州、雅安、资阳、阿坝、凉山、甘孜、攀枝花、广元、南充、广安、遂宁、达州；COD剩余环境容量为负值的地区是成都、内江、巴中，表明这些地区需进一步削减点源COD排放量。

四川省各地市尚存在氨氮剩余环境容量的是绵阳、乐山、宜宾、雅安、阿坝、

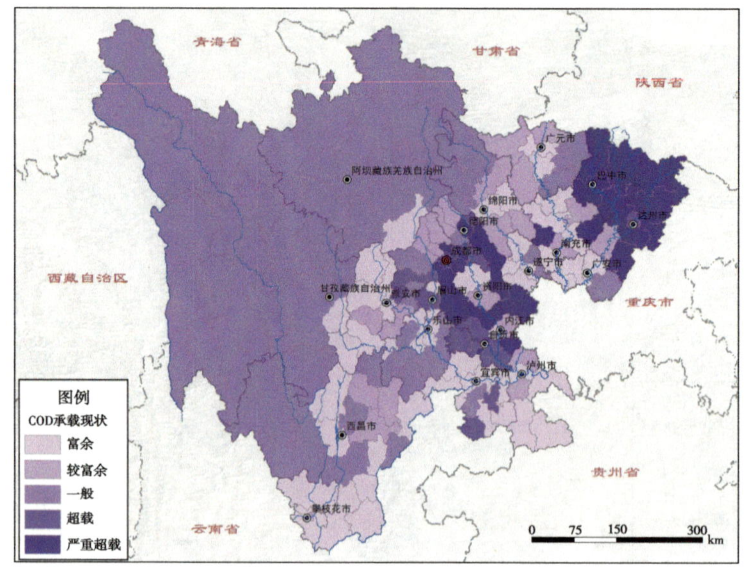

图 3－20 四川省 COD 承载现状评价结果

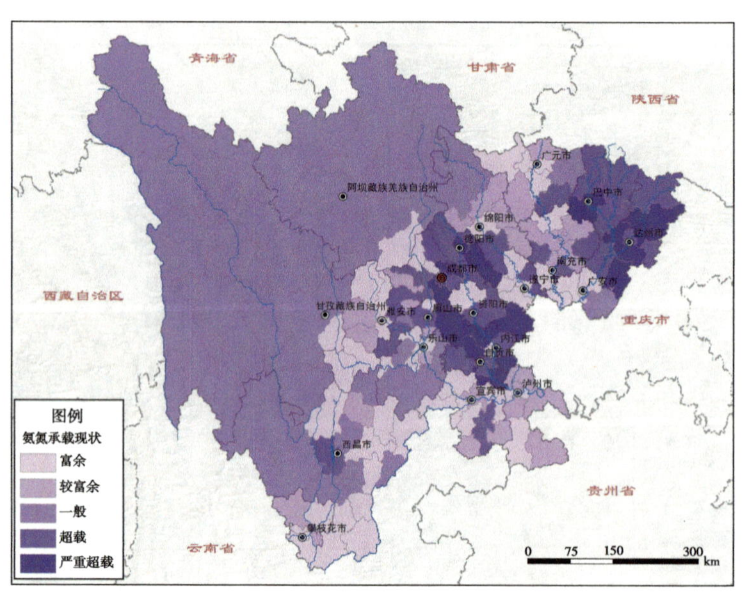

图 3－21 四川省氨氮承载现状评价结果

凉山、甘孜、广元、广安、遂宁；氨氮剩余环境容量为负值的地区是成都、德阳、自贡、眉山、泸州、资阳、内江、攀枝花、南充、达州、巴中，表明这些地区需进一步削减点源氨氮排放量（工业污染源和城市生活污染源）。

3.2.2.2 大气环境承载现状

将全省作为一个整体，采用 CALPUFF 大气扩散模型建立全省范围内各市（州）

各类排放源的排放量与大气环境控制点空气质量浓度之间的响应关系，建立线性规划模型求解，以环境污染源为依据，基于现状污染源分布及排放等参数，以满足约束条件的各污染源最大允许排放量作为各市（州）的 SO_2 大气环境容量。优化模型如下：

目标函数：$\max F(Q) = \sum_{i=1}^{N} Q_i$　　(3-16)

Ⅰ类约束：$\sum_{i=1}^{N} a_{ij} Q_i \leqslant D_j$　　$j = 1 \cdots\cdots L$

Ⅱ类约束：$Q_i \geqslant (1 - k_i) Q_{0i}$　　$i = 1 \cdots\cdots N$

Ⅲ类约束：$Q_i \leqslant m_i Q_{0i}$　　$i = 1 \cdots\cdots N$

式中：

Q_i——第 i 排放单元的 SO_2 年最大允许排放量；

$\max F$（Q）——区域 SO_2 最大允许排放量；

a_{ij}——影响传递函数，即第 i 排放单元排放单位数量 SO_2 对第 j 个控制点浓度的贡献；

D_j——第 j 个控制点的 SO_2 浓度控制标准，$j = 1 \cdots\cdots L$；

Q_{0i}——第 i 排放单元基准年 SO_2 年排放量；

k_i——第 i 排放单元相对基准年 SO_2 排放总量的最大削减率；

m_i——第 i 排放单元相对基准年 SO_2 排放总量的最大排放率。

评价结果见图 3-22 至图 3-24。

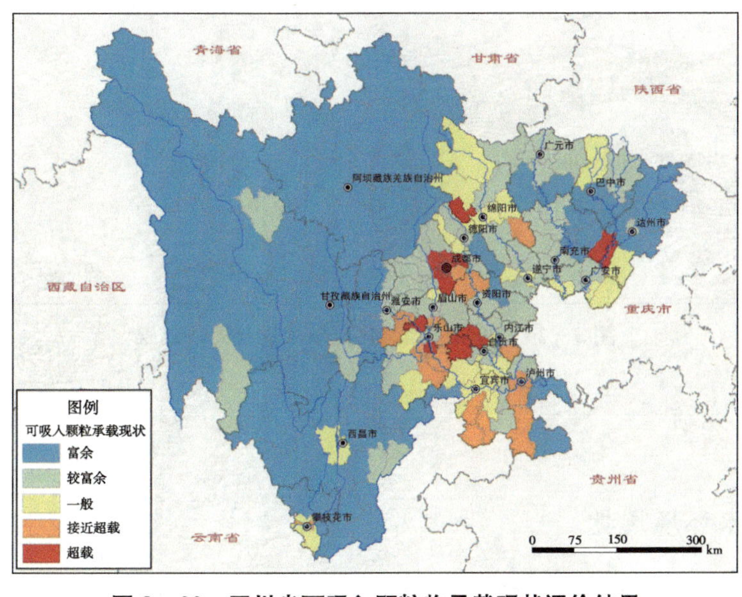

图 3-22　四川省可吸入颗粒物承载现状评价结果

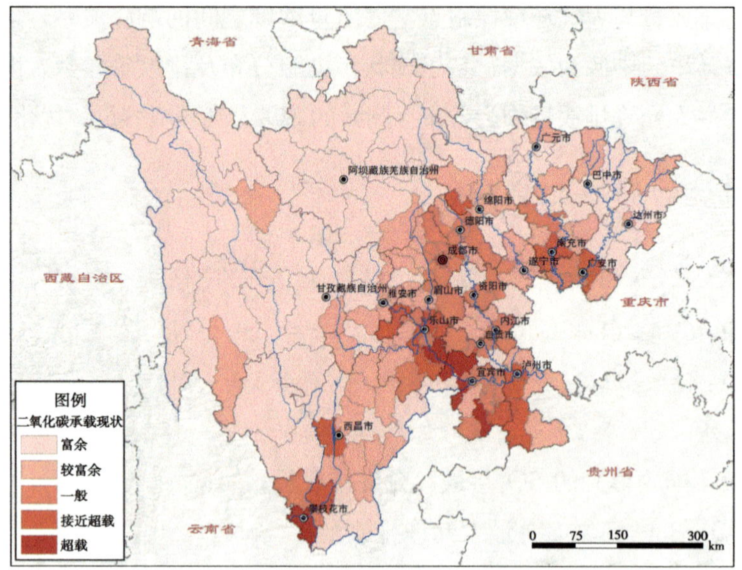

图 3－23　四川省二氧化硫承载现状评价结果

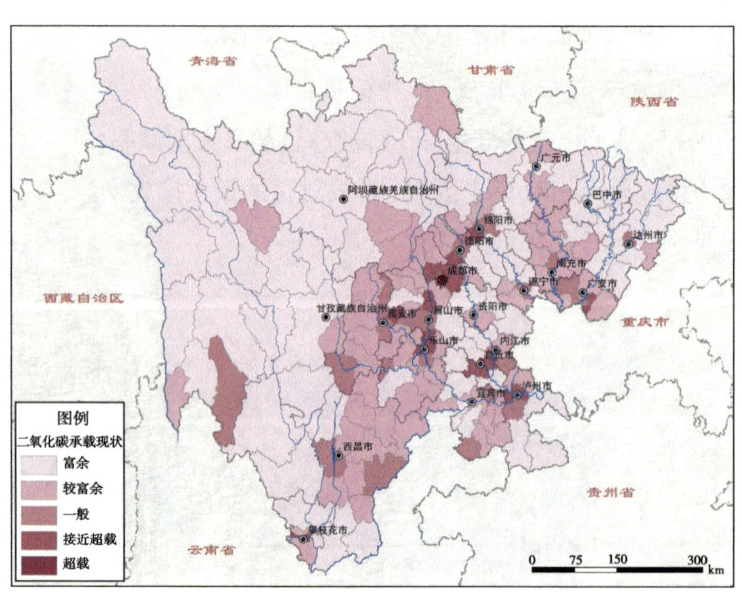

图 3－24　四川省二氧化氮承载现状评价结果

3.2.3　环境质量

3.2.3.1　水环境质量

根据四川省地表水水体水质现状、空间分布特征和水质变化趋势，可以得出水环境质量较差的区域如图 3－25 所示。

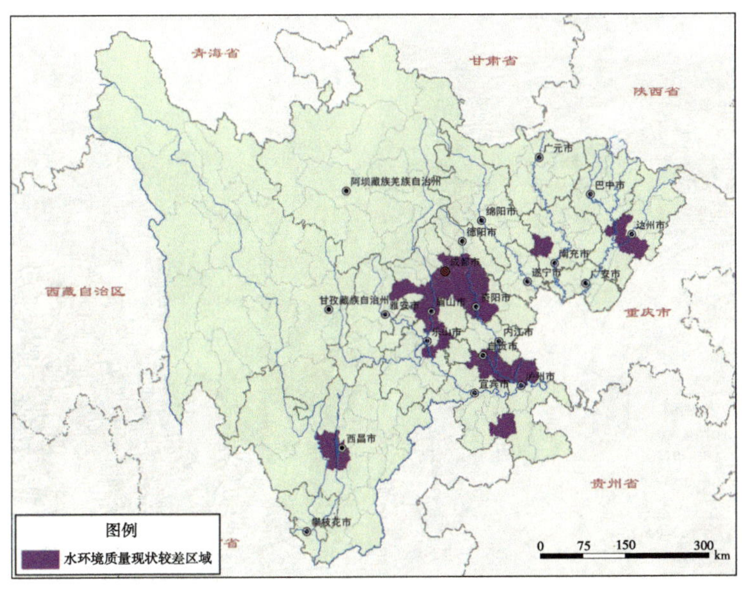

图 3－25　四川省水环境质量较差区域分布图

四川省水环境质量较差区域分布范围较小，占全省国土面积的 5.2%，主要集中在成都平原和川南地区，其余零星分布于川东北、川西南地区，共计 30 个县市区，占全省区县总数的 16.6%。

3.2.3.2　大气环境质量

根据四川省各区县 PM_{10}、SO_2、NO_2的监测数据，按浓度大小分别划分为 5 个等级，各等级分布情况详见图 3－26 至图 3－28。

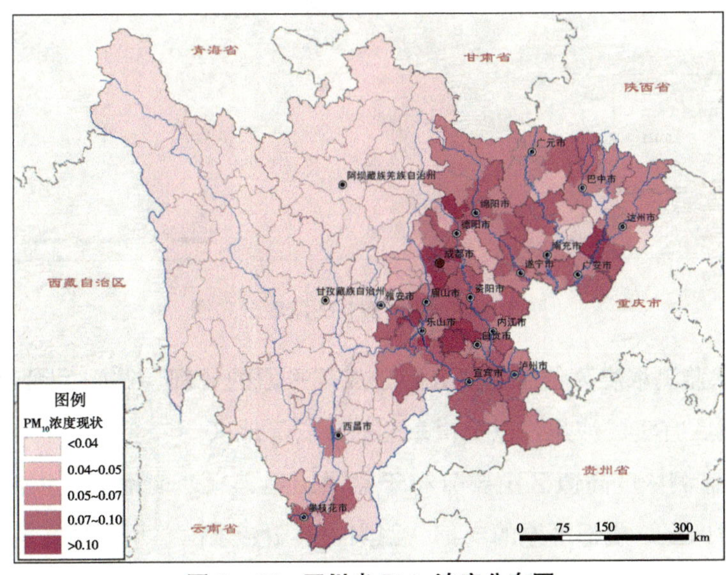

图 3－26　四川省 PM_{10} 浓度分布图

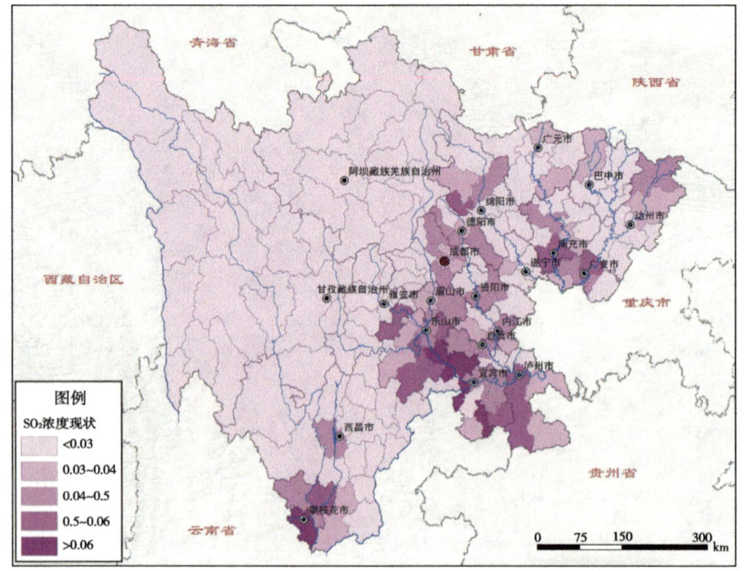

图 3－27 四川省 SO_2 浓度分布图

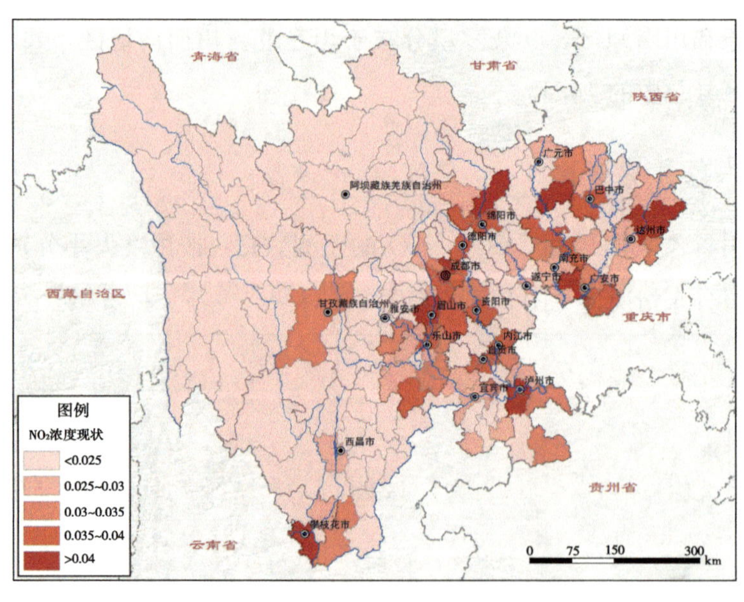

图 3－28 四川省 NO_2 浓度分布图

PM_{10} 现状监测浓度高值区主要分布于成都平原的成都、德阳、绵阳、乐山，川南地区的自贡、宜宾、泸州，以及川东北的广安等地区。

SO_2 现状监测浓度高值区主要分布于盆周山地、川西南地区、川南地区以及川东北红层丘陵山区。成都平原的成都、德阳、绵阳、乐山，川南地区的自贡、宜宾、泸州，以及川东北的广安等为较发达的县（市、区）。

NO_2现状监测浓度高值区分布范围较小，主要位于成都平原及盆周山地地区，如成都、绵阳、眉山、广元、达州、广安、泸州、攀枝花部分地区等。

因此，综合 PM_{10}、SO_2、NO_2现状监测浓度较高等级评价结果，可以得出四川省空气质量较差区域分布图（图 3－29）。四川省空气质量较差区域分布面积较小且相对分散，主要集中在成都平原的成都、眉山、德阳、乐山等，川南地区的自贡、宜宾、泸州等，川东北地区的达州、广安和川西南地区的攀枝花，共计 31 个县（市、区），占全省区县总数的 17.1%。

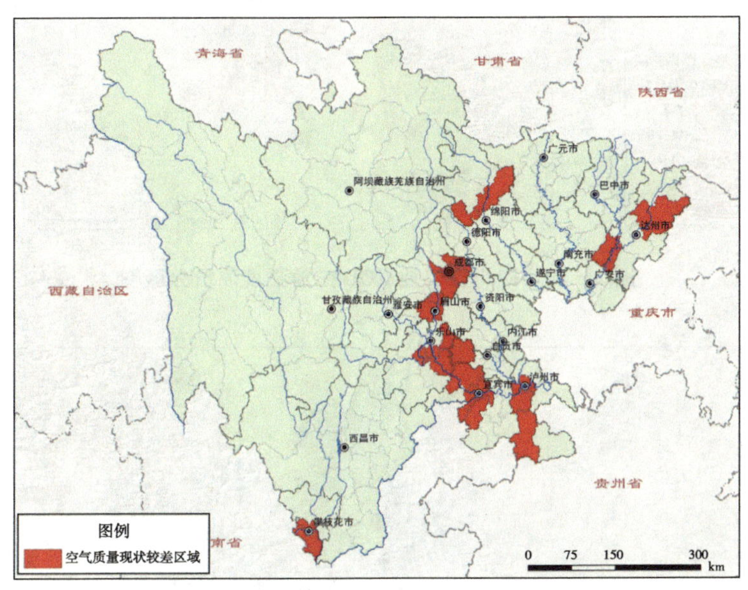

图 3－29　四川省空气质量较差区域分布图

3.2.4　污染物排放强度

3.2.4.1　水污染物排放强度

$$[水污染物排放强度]=\max\{[COD 排放强度],[氨氮排放强度]\} \tag{3-17}$$

$$[COD 排放强度]=[工业废水中 COD 排放量]/[工业增加值] \tag{3-18}$$

$$[氨氮排放强度]=[工业废水中氨氮排放量]/[工业增加值] \tag{3-19}$$

经过评价，COD、氨氮排放强度分布情况基本一致，主要分布在川西北经济相对落后地区，川南重化工布局区以及成都平原和攀西地区初加工和废水污染类行业集中的区域（图 3－30、图 3－31）。

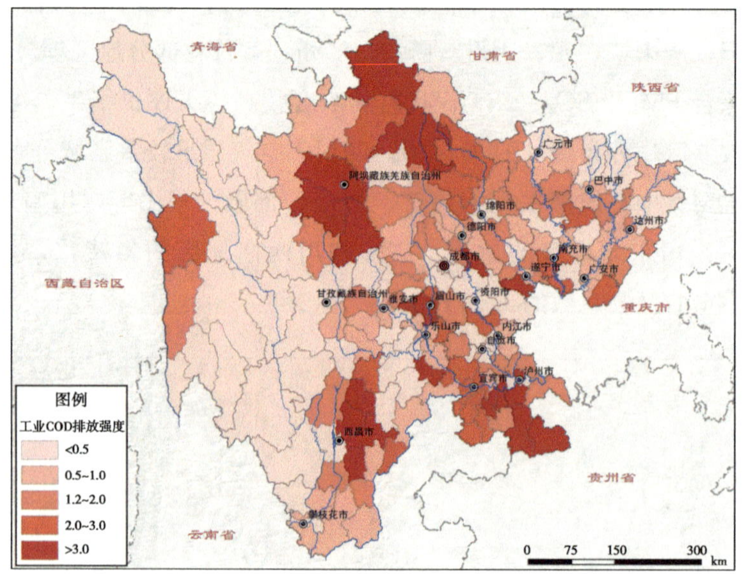

图 3－30　四川省工业 COD 排放强度评价分区图

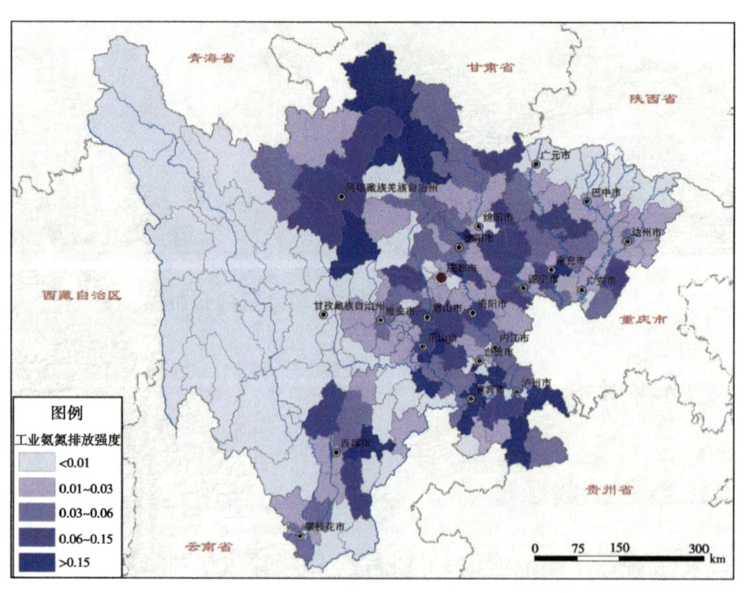

图 3－31　四川省工业氨氮排放强度评价分区图

3.2.4.2　大气污染物排放强度

[大气污染物排放强度]＝max{[二氧化硫排放强度],[二氧化氮排放强度]}　(3－20)

[二氧化硫排放强度]＝[工业废气中二氧化硫排放量]/[工业增加值]　(3－21)

[二氧化氮排放强度]＝[工业废气中二氧化氮排放量]/[工业增加值]　(3－22)

经过评价，二氧化硫和二氧化氮排放强度分布情况基本一致，主要分布在火电、钢铁、水泥等大气污染行业集中的区域，如成都平原区的江油、金堂、乐山，川东北的广安、旺苍、达县，川南地区的内江、宜宾等地（图 3－32、图 3－33）。

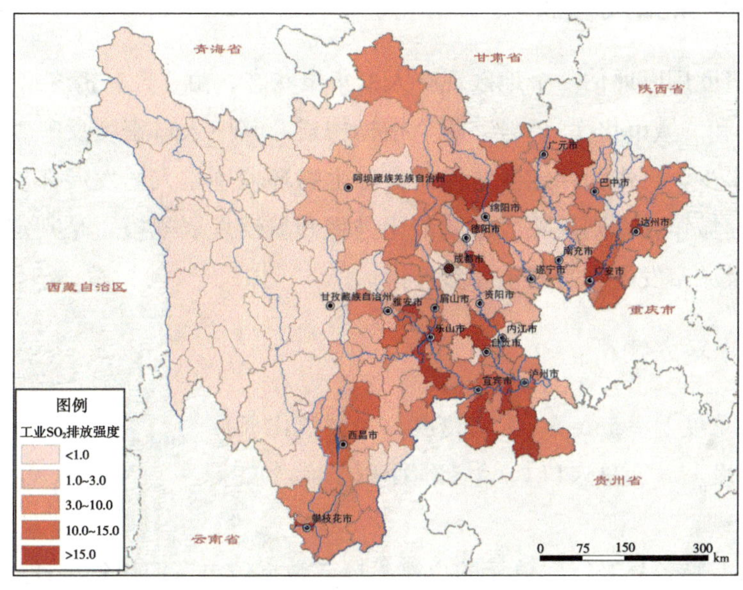

图 3－32　四川省工业 SO_2 排放强度评价分区图

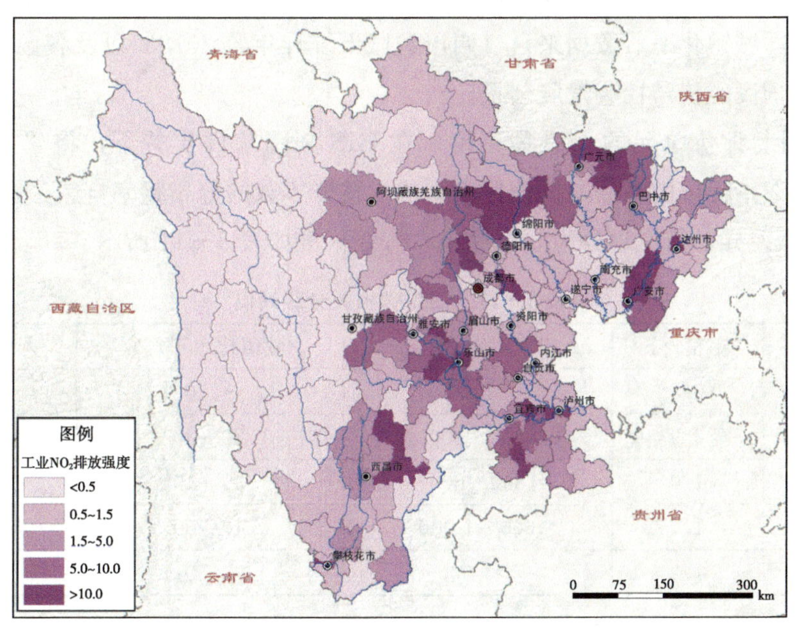

图 3－33　四川省工业 NO_2 排放强度评价分区图

3.3 社会经济发展评价

3.3.1 人口集聚度评价

人口集聚度用以评估一个地区现有人口集聚状态，由“人口密度（人/平方千米国土面积)”和“城市化率（%)”两个指标构成。其中人口密度反映整个区域人口居住数量的多少，可作为判定区域偏向自然生态环境还是人居发展环境的一个重要参考指标。而城镇化率则反映区域城市化进程和城镇发展规模，是判定人口向城市聚集能力以及城市发展水平的重要参考指标。

3.3.1.1 计算方法

[人口集聚度] =min｛[人口密度]，[城镇化率]｝ (3－23)

[人口密度] ＝ [总人口] / [土地面积] (3－24)

式中：

[总人口] 指各县级行政单元的户籍人口，数据源自《四川省统计年鉴 2012》；

[土地面积] 指各县级行政区域土地面积，数据源自《四川省统计年鉴 2012》。

[城镇化率] ＝ [城镇常住人口] / [总人口]， (3－25)

式中：[城镇化率] 数据来自《四川省城市统计年鉴 2012》以及各区（市、县）的 2012 年国民经济与社会发展公报。

首先计算评价单元的人口集聚度，在 GIS 制图软件支持下，将“人口密度”“城镇化率”指标值由高值向低值排序，依次按样本数的分布频率自然分等，按人口聚集度高低差异，依次划分为 5 个等级，分级标准如表 3－11 所示。

表 3－11 四川省相关分级阈值

等级	赋值/分	人口密度/(人/km²)	城镇化水平/%	人口聚集度
1	0.8	＜100	＜20	低
2	0.9	100～300	20～30	较低
3	1.0	300～600	30～40	一般
4	1.1	600～1 000	40～50	较高
5	1.2	＞1 000	＞50	高

3.3.1.2 人口密度评价

四川人口分布极不平衡，人口多集中在成都平原，沱江下游和宜宾—泸州长江沿

岸一带，渠江流域中游。人口密度最小的是石渠县和稻城县，人口密度仅为 4 人/km²；最大的是成都市武侯区，人口密度为 12 787 人/km²，二者相差近 3 200 倍。按各县级评价单元人口密度分布频率自然分等，四川省人口密度划分为 5 级，分级结果见表 3－12、图 3－34。

表 3－12 四川省人口密度评价结果

人口聚集水平	等级	县（市、区）数量/个	平均人口密度/（人/km²）	人口总数/万人	人口比重/%	国土面积/km²	国土面积比例/%
人口高度密集区	5	21	1 613	1 143.4	12.6	7 087	1.4
人口密集区	4	35	724	2 933	32.4	40 538	8.3
人口一般稠密区	3	49	454	3 377.1	37.3	74 315	15.1
人口较稀少区	2	26	163	1 028.7	11.4	63 155	12.9
人口稀疏区	1	50	19	576.2	6.4	305 817	62.3

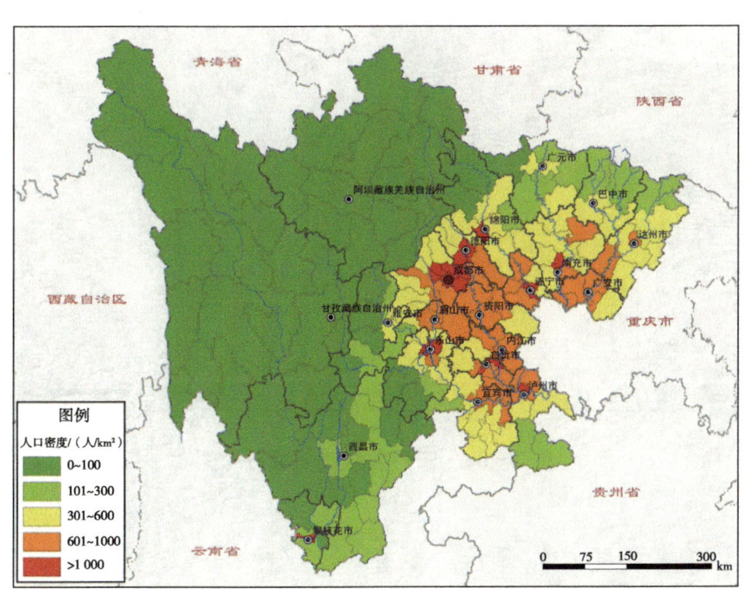

图 3－34 四川省人口密度分布图

3.3.1.3 城镇化率评价

四川省各县（市、区）城镇化发展极不平衡，城镇化水平最高的区域集中在成都平原周围，城镇化水平最高的是成都市中心城区，城镇化率达到了 100%，其次是攀枝花市的东区和西区，均达到 90%以上；最低的是甘孜州石渠县，城镇化水平不足 5%。按照分布频率自然分等，四川省城镇化水平划分为 5 级，分级结果见表 3－13、图 3－35。

表 3－13　四川省城镇化率评价结果

区域	等级	县（市、区）数量/个	人口总数/万人	城镇常住人口/万人	城镇化率/%
城镇化水平高	5	20	940.3	940.3	80.9
城镇化水平较高	4	26	629.7	629.7	46.7
城镇化水平一般	3	31	550.9	550.9	35.4
城镇化水平较低	2	46	663.1	663.1	26.1
城镇化水平低	1	58	399.5	399.5	16.3

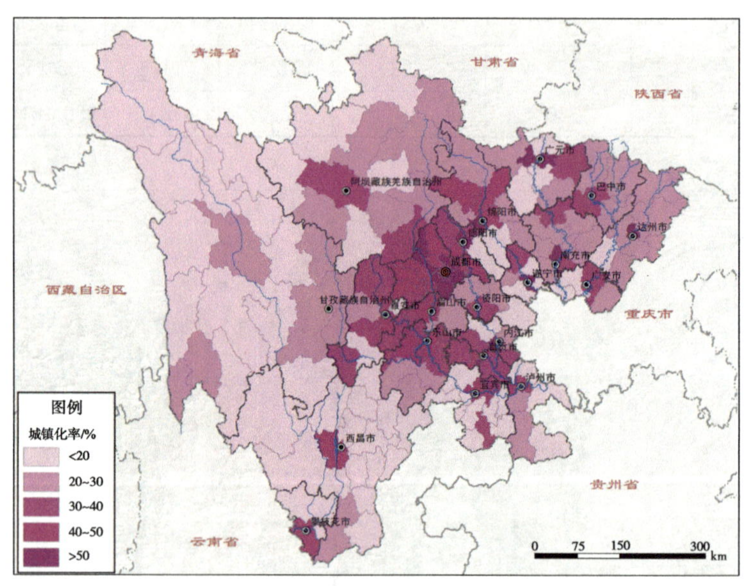

图 3－35　四川省城镇化率分布图

3.3.1.4　人口集聚度总体评价

综合评判人口密度和城镇化率两项指标，按照各县（市、区）人口密度和城镇化率指标的评价分级，两者取其中的小值，分析人口集聚度高低差异。其中，人口密度和城镇化率指标均较高的地区为人口聚集度高的地区，是未来城镇发展和环境污染治理的重要区域，人口密度和城镇化率指标均较低的地区，应偏重为生态维护、强化生态保护与建设。

（1）人口集聚度分级

四川省人口集聚度各等级的空间分布和基本特征见表 3－14、图 3－36。

表 3-14 人口聚集度分级评价结果

等级	人口聚集度赋值	县（市、区）数量	面积/km²	面积占全省比例/%	人口数/万人	人口占全省比例/%	城镇化率/%
5	1.2	16	5 426	1.1	915.6	10.1	85.2
4	1.1	24	22 604	4.6	1 476.2	16.3	48.9
3	1.0	29	36 618	7.5	1 763.6	19.5	37.3
2	0.9	30	58 395	11.9	2 179.3	24.1	28.8
1	0.8	82	366 142	74.8	2 701.4	29.9	14.7

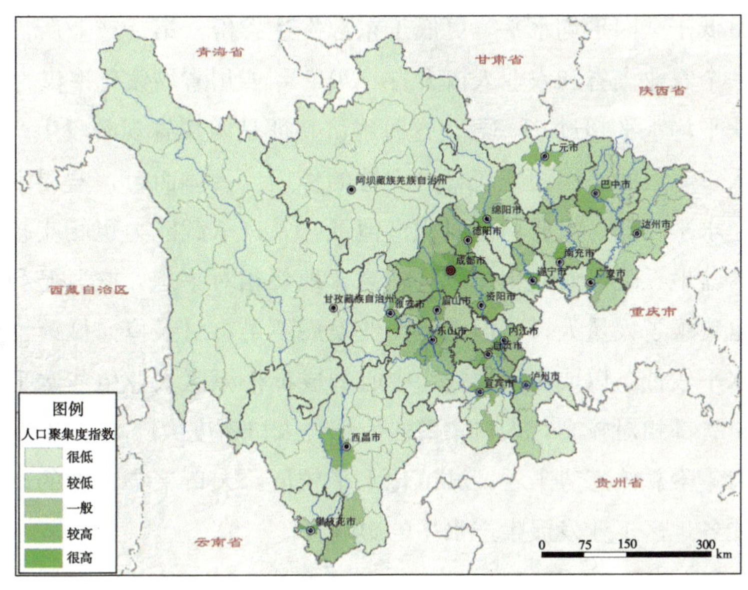

图 3-36 四川省人口聚集度评价结果

（2）人口集聚特征

1）地形地貌对人口集聚水平具有重大影响。

四川全省绝大多数人口集中在龙门山以东的地区，西半部人口稀少。在垂直方向上，平原、丘陵地区人口稠密，随山势增高人口渐少。四川省介于我国三级阶梯中的一级、二级阶梯之间，是多山省份之一，山地、高原和丘陵约占全省土地面积的 95%以上。从全省范围看，地势西高东低，以龙门山为界分为两大地形单元，西部是川西高山高原区，东部是四川盆地。平原和丘陵是四川省人口的主要分布区，四川省人口绝大部分都集中在四川盆地西部的成都平原和盆中丘陵地带，形成了以青川—北川—都江堰—雅安—马边—山县为界的人口线，界东以盆地为主体的东部地区，土地面积不足全省的 1/4，但集中了全省 4/5 的人口；界西以高山、高原为主体地区，占全省 3/4 的地域面积却只居住着不足 1/5 的人口。

全省除四川盆地底部的平原和丘陵外，大部分地区岭谷高差均在 500 m 以上，在垂直方向上，呈现出平原区人口密集，由平原向周围的丘陵、高原和山地，存在随地势增高人口递减的规律。四川省人口主要居住在500～1 000 m的高程带，平均海拔600 m以下的四川盆地低平地区是人口最稠密的地带，随着海拔的上升，人口容量减小，人口密度迅速下降，这个趋势非常明显。四川西部海拔2 000 m以上的高层带为四川省藏族、彝族、羌族等少数民族聚居区，人口密度很小。

2）城镇化水平总体较低，人口集聚受工业发展和农业生产双重影响。

由于四川省工业化水平仍然相对滞后，基本处在工业化中后期阶段，第二产业、第三产业比重低于全国平均水平，更低于东部发达省份，第一产业所占比重相对较高，仍然是一个农业大省和农业人口大省，2011年四川省城镇化率仅为41.8%，同期全国城镇化平均水平超过51.3%。这种经济特征是四川省现阶段生产力发展水平的表征，对人口聚集的基本面貌起着决定性的作用。具体而言，盆周山地和高原区工业发展生产水平较低、农业单位面积产值低，人口承载能力也相应较低，人口聚集能力不强。盆地丘陵区农业生产水平较高、地势相对平坦，交通便利，人口承载能力增强，也集聚了大量人口，但工业产业发展不足，对人口向城镇集聚的能力不强，城镇化水平较低。以成德绵眉资为中心的成都平原区农业生产水平和工业产业发展水平在全省都相对较高，人口集聚能力强，人口密度大、城镇化水平高。因此，从全省的人口集聚总体态势来看，城镇化水平较低，人口聚集程度的地域差异在很大程度上仍受各地区工业发展生产水平的影响。

3.3.2 经济发展水平评价

经济发展水平是评估一个地区经济发展现状和增长活力的综合性指标，由人均地区生产总值、地区生产总值年均增长率、单位国土面积产值、工业增加值、非农产业比重5个三级指标来综合评价。从四川省现在和未来10年的发展水平来看，经济发展水平仍与环境治理治理水平、污染排放呈正相关性。经济发达的地区往往污染排放导致的环境问题比较突出，经济欠发达的地区生态退化导致的生态问题较突出。

3.3.2.1 计算方法

经济发展水平评估的计算方法如下：

[经济发展水平]=f{[人均GDP],[GDP增长率],[单位国土面积产值],[工业增加值],[非农产业比重]}　　(3-26)

[人均GDP]=[GDP]/[总人口]　　(3-27)

式中：

[GDP] 指的是各县级空间单元的地区 GDP 总量。

$$[\text{GDP 增长率}]=\{[\text{GDP}_{2011}]/[\text{GDP}_{2007}]\}^{1/5}-1 \tag{3-28}$$

式中：[GDP 增长率] 指 2007—2011 年，各评价单元的地区 GDP 的增长率，其中 GDP 均为 2007 年可比价。

$$[\text{单位国土面积产值}]=[\text{GDP}]/[\text{土地面积}] \tag{3-29}$$

$$[\text{非农产业比重}]=[\text{二三产业产值}]/[\text{GDP}] \tag{3-30}$$

$$[\text{经济发展水平}]=\{\{[\text{人均 GDP}]^2+[\text{GDP 增长率}]^2+[\text{单位国土面积产值}]^2+[\text{工业增加值}]^2+[\text{非农产业比重}]^2\}/5\}\wedge 0.5 \tag{3-31}$$

计算县级行政地域单元的经济发展水平，在 GIS 制图软件支持下，将“人均 GDP”“GDP 增长率“单位国土面积产值”“工业增加值”“非农产值比重”5 个指标值由高值样本区向低值样本区，依次按样本数的分布频率自然分等，5 个指标的分级阈值见表 3－15。

表 3－15　相关分级阈值

分级	1	2	3	4	5
人均 GDP/万元	<1.5	1.5～2.3	2.3～2.9	2.9～3.5	>3.5
GDP 增长率/%	<10.0	10.0～12.0	12.0～14.0	14.0～15.0	>15.0
单位国土面积产值/（万元/km²）	<100	100～500	500～1 000	1 000～2 000	>2 000
工业增加值/亿元	<15	15～30	30～60	60～100	>100
非农产值比重/%	<70	70～75	75～80	80～90	>90
经济发展水平	低	较低	一般	较高	高
赋值	0.8	0.9	1.0	1.1	1.2

3.3.2.2　人均 GDP 评价

四川省人均 GDP 地区分布极不平衡，以成都平原为中心，沿主要交通干线呈团块状分布。人均 GDP 最小的是甘孜州德格县，为 6 513 元/人；最高的是成都市锦江区，人均 GDP 为 87 483 元/人，二者相差 13 倍之多。按样本数的分布频率自然分等，四川省人均 GDP 空间分布划分为 5 级，各县（市、区）人均 GDP 分级如图 3－37 所示。

就四川全省人均 GDP 的总体空间分布格局而言，总体经济实力较强的区域，人均 GDP 较高，在空间分布上，占据了分级序列的高端区。但是，人均 GDP 高的区域未必是总体经济实力较强的区域，二者没有必然的联系。在高原、山区县，这种现象尤为突出。凭借某种资源优势，这些区域以高强度开发的方式形成某一独大的单一产业，获得了较高的人均 GDP，如列入最高等级的攀枝花市盐边县（二滩水电开发）、雅安石棉县、宝兴县（水电开发）、阿坝州的汶川县（水电开发及高耗能产业）等，这些区域社会经济发展还是比较落后的。

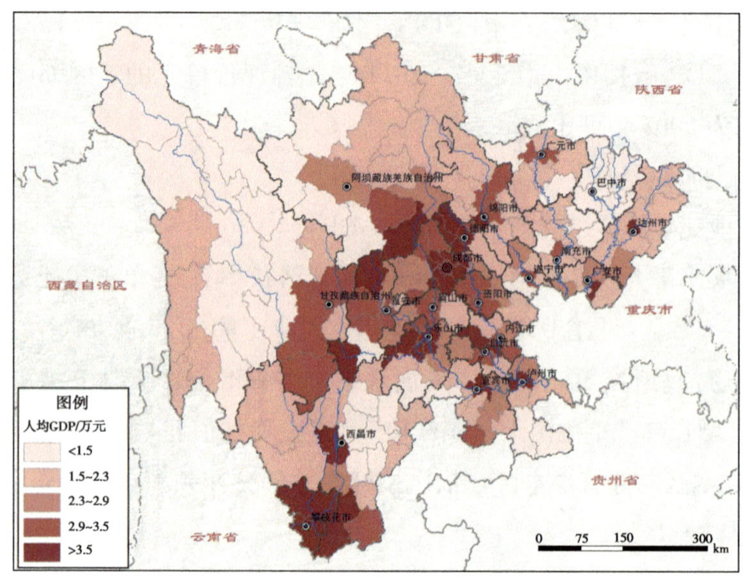

图 3－37　四川省人均 GDP 评价结果

3.3.2.3　GDP 增长率评价

四川省各县（市、区）的 GDP 增长率差异较大，增长最快的是阿坝州茂县，增长率为 36.2%；增长最慢的是阿坝州阿坝县，增长率为 6.6%，二者相差 29.6 个百分点。按评价单元的分布频率自然分等，四川省人均 GDP 空间分布划分为 5 级，详见图 3－38。

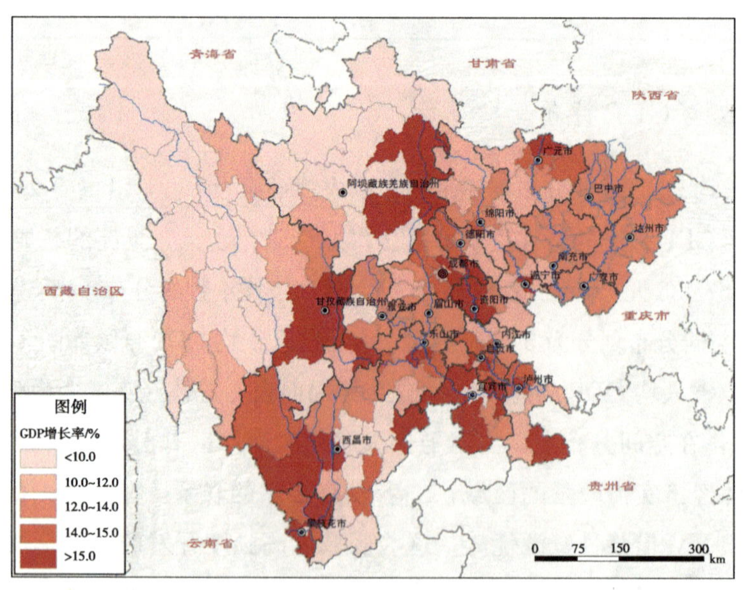

图 3－38　四川省 GDP 增长率评价结果

3.3.2.4　单位国土面积产值评价

单位国土面积产值反映地区经济活动的效率和土地利用的密集程度，是表征经济发展水平的重要指标，对于地形复杂多样的四川省，单位国土面积产值从另一个层面刻画了经济发展水平的区域差异。四川省单位国土面积产值分布极不平衡，最小的是甘孜州石渠县，仅为 2 万元/km²；最高的是成都市青羊区，地均 GDP 为 104 350 万元/km²，二者相差 52 175 倍之多。按样本数的分布频率自然分等，四川省单位国土面积产值划分为五级，各县（区、市）的单位面积产值等级见图 3－39。

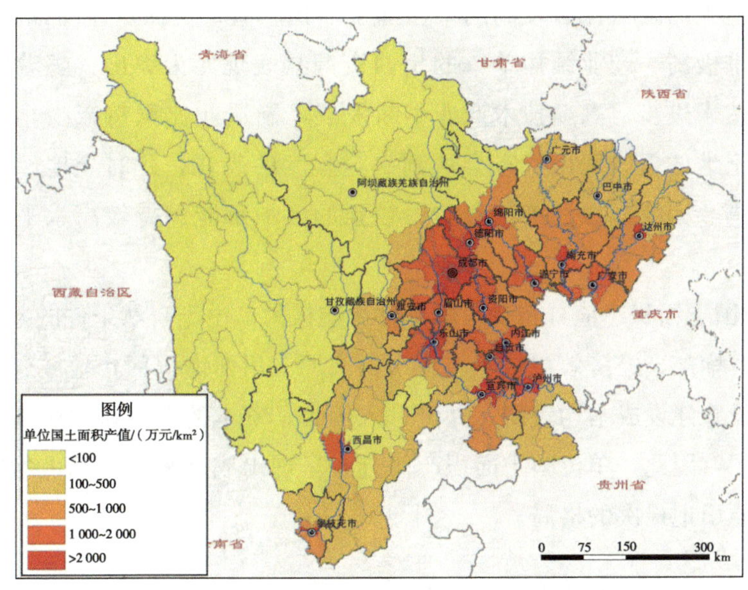

图 3－39　四川省单位国土面积评价结果

四川省单位国土面积产值在空间格局上表现出如下特征：

1）总体上，沿龙门山一线分为川东、川西两大区域。四川东部地区自然条件优越，交通方便，开发历史悠久，经济基础较好，其中，成都市是四川的最核心城市。沿着宝成铁路分布的绵阳、德阳，川南的泸州、宜宾、自贡、内江等老工业区、川西南的攀枝花市、川东北的工业基础较好的南充市、达州市、广安市组成了四川省相对发达的地区，四川西部地区由于历史原因及受自然条件限制，经济发展较为落后。

2）在四川东部地区，单位国土面积产值因经济结构、规模的差异而存在从核心到外围的梯度递减规律。这个圈层结构的核心是成都平原，由内向外渐次减少，在地形分异的作用下，圈层结构局部变形明显，在龙门山一线，随山势的抬升，地均GDP衰减的幅度较大。

3）在四川东部地区，形成了以成都为中心的多核城市群，成都市平原区进入地均GDP的最高等级，城市群内不同圈层具有不同的单位国土面积产值，各地级市的中心城区处于单位国土面积产值排序的高端区域。

4）在其他条件一定的情况下，经济活动的规模、水平以及结构的变化是影响单位国土面积产值的重要因素。经济活动的规模越大，土地的经济密度基本也越大。而经济发展的水平决定其经济结构和土地利用方式。与第二、第三产业相比，农业的比较效益较低，因此，第一产业比重大的区域，单位国土面积产值较低，第二产业比重大的区域保有较高的单位国土面积产值，这在一些高强度资源开发、第二产业比重极高、产业结构单一的川西资源县表现尤为突出；随着经济发展水平的提升、技术进步、高新技术产业不断发展，制造业比重将减少，现代服务业比重增加，土地的粗放利用状态会得到一定程度的改观，此时土地经济密度会得到进一步提高。因此，在经济综合实力较强的区域都能保持较高水平的单位国土面积产值。

5）单位国土面积产值分布受自然条件影响极大。由于自然条件的差异，山区土地利用的成本增加，经济效益减少。在川西高原、川西南山区，地域辽阔，铁路和公路等基础设施建设成本均较高，外资进入困难，资本的自我积累难度很大，工业基础极为薄弱，因此，单位国土面积产值分布呈现出成都平原最高、盆中丘陵区次之、川西高原山地最次的格局。

3.3.2.5 工业增加值评价

四川省整体处于工业化中期阶段，仍是加快工业化的关键时期，因此，工业增加值是经济发展水平的重要表征因素。工业发达的地区，经济发展水平相对高。四川省各县（市、区）的工业增加值差距很大，最少的是甘孜州石渠县，仅为0.06亿元；最多的是成都市龙泉驿区，工业增加值为308亿元，二者相差5 492倍之多。按评价单元分布频率自然分等分为五级，各县（区、市）工业增加值等级见图3－40。

3.3.2.6 非农产值比重评价

非农产值比重是评价经济发展阶段的重要因素，能够很好地反映经济发展水平。按评价单元分布频率自然分等分为五级，各县（区、市）的工非农产值比重见图3－41。

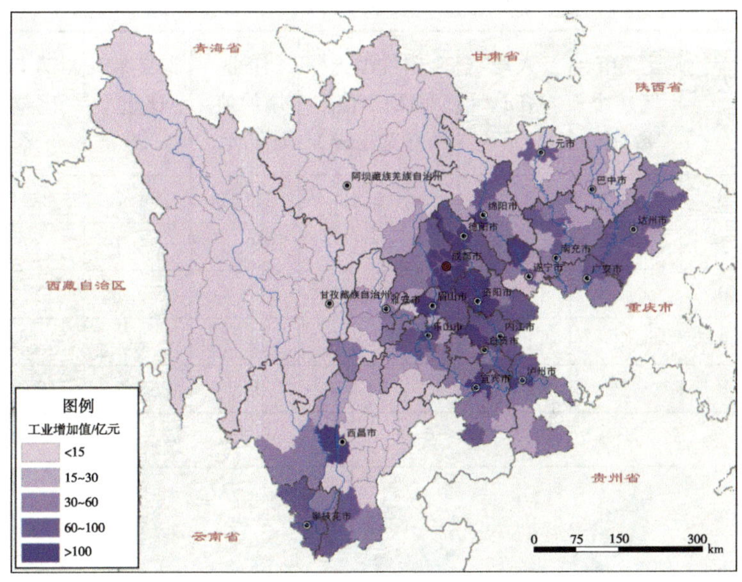

图3-40 四川省单位工业增加值评价结果

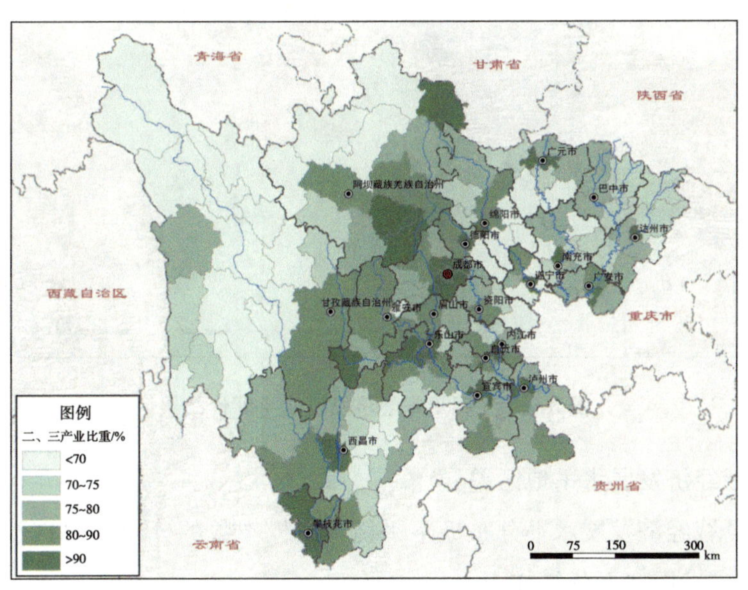

图3-41 四川省单位非农产值比重评价结果

3.3.2.7 经济发展水平总体评价

综合人均国内生产总值、GDP年均增长率、单位国土面积产值、工业增加值、非农产业比重5个三级指标，按照经济发展水平高低差异，依次划分为5个等级评价四川省各县（市、区）经济发展水平，见表3-16、图3-42。

表 3－16　各个等级经济发展水平区域经济社会发展状况统计

等级	经济发展水平赋值	县（市、区）个数/个	人均GDP/元	单位国土面积产值/（万元/km^2）	工业增加值/亿元	非农产值比重/%	人口比重/%	面积比重/%
5	1.2	35	50 200	4 611	150.9	94.7	21.9	4.4
4	1.1	34	22 962	941	68.6	85.1	16.5	7.4
3	1.0	47	15 059	386	42.4	77.2	37.2	26.8
2	0.9	43	11 122	155	16	71	21.5	28.3
1	0.8	22	8 472	14	3.4	63.7	2.9	33.1

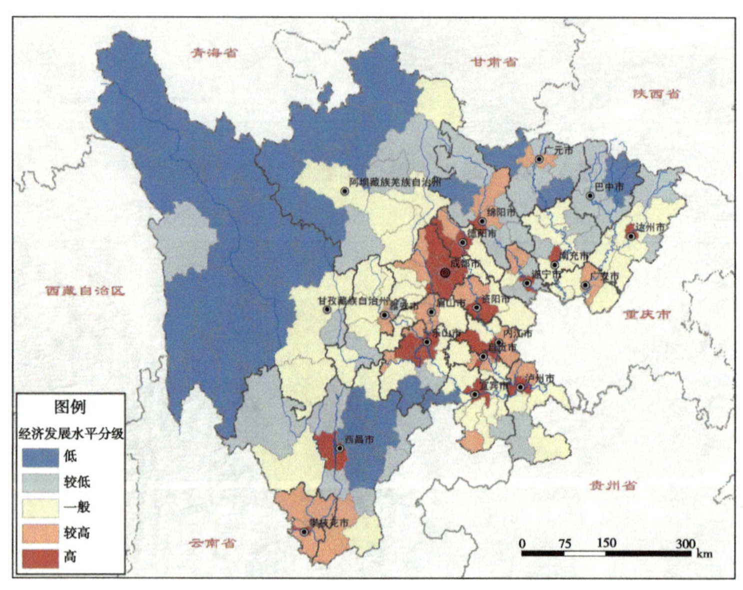

图 3－42　四川省经济发展水平评价结果

（1）县域经济发展水平地区差异

四川省县域经济发展水平分布极不平衡，按样本数的分布频率自然分等，各县（区、市）经济发展水平分级如下。

总体而言，四川省县域经济发展水平基于大地貌类型差异，东西部差异显著。经济发展水平高的区域集中在成都平原附近，以省会成都为中心，构成了全省的经济发达地区，较发达地区主要分布于川东南部、西南部，中等水平地区位于东北部，与经济欠发达的西北部地带构成四川两大经济带。因此，四川省经济发展水平的总趋势是成都平原最高，向东南部、东北、西南、西北部随地势增高，经济发展水平渐次降低，在龙门山沿线下降幅度增大，第 5 级地块与第 1 级、第 2 级地块直接相连。

（2）经济发展水平地区差异成因分析

影响区域经济增长的因素主要有自然资源条件、劳动力资源、资本、技术进步、制度和区际贸易等。就四川省区域经济发展实际情况而言，经济发展水平地区差异主要源于以下几个方面：

1）自然条件、资源禀赋的差异。

自然条件、资源禀赋是经济发展的重要基础，对生产方式和生产力布局影响很大。一般来说，初始条件和资源禀赋越好，区域经济发展水平就越高。成都经济区所属各市的区位优势突出，土地肥沃、灌溉发达、工业基础雄厚，是西南地区重要经济中心。川南经济区依托资源开发建成了四川省能源和重化工生产基地。攀西经济区具有独特的水能、矿产、生物等资源优势，中心城市攀枝花是我国重要的钢铁基地，虽然城市规模受限、环境因子很差，但其经济效益水平很高，居全省之冠。川东北经济区大部分县（市、区）因为资源缺乏，经济发展相对较慢，虽然天然气资源丰富，但现有的资源管理机制限制了资源对本地产业的支撑作用。因此，川东北经济区一直是经济发展水平较低的区域。

2）中心城市功能和城镇化水平的差异。

在城镇化进程中，中心城市的集聚效应和扩散效应，会使周边地区的经济发展水平和中心城市的经济发展水平高度相关。中心城市的经济发展水平、城镇化水平会显著影响辖区内县域经济发展水平。中心城市的经济发展水平越高，人口、产业聚集功能越强大，其所辖县域城市化水平越高，经济发展水平越高，反之则越低。四川省城镇化水平差异很大，成都市是西部重要的金融、交通中心，区域带动能力强，辐射范围广，成都经济区城镇化水平高，城市密集、人口集中，经济发展水平很高；而川东北经济区没有形成区域性的中心城市，各地级市的中心城市功能较弱，总体城镇化水平低，农村剩余劳动力多，人均GDP处于四川省中下游水平，经济发展水平较低，形成了经济发展水平的低地。

3）经济结构与经济效益水平的差异。

在工业化进程当中，经济发展水平很大程度上取决于工业发展水平，二者呈正相关的关系，四川省县域处在不同的经济发展阶段，区域产业构成的差异主要表现为第二、第三产业之间的差异，经济结构和经济效益水平的差异直接导致了区域经济的增长速度不同，进一步影响了区域经济的发展水平和空间布局。成都经济区综合经济实力强，基础设施完善，工业化水平高，经济发展水平处于最高层次，川东北经济区以农业为主，工业基础薄弱，经济发展水平较低。

（3）不同区域承载的经济功能和未来发展定位

1）经济发展水平最高的区域。

该区域是四川人口、经济、城市最密集，工业化水平最高，农业发达，交通运输，现代化程度高的地区。其未来发展定位是：借助灾后重建，国家实施新一轮西部大开发战略、建设成渝经济区和设立统筹城乡综合配套改革试验区的机遇，全面改善投资环境，加快生产要素聚集，承接人口转移，以改革试验示范促进跨越发展。建成中西部地区综合实力最强、优势产业集聚最多、城镇化水平最高、创业环境最优、城乡差距最小、辐射带动力最明显的大都市圈，要建成保障国家经济安全，辐射带动中西部发展的重要增长极，西部地区重要的科教、商贸、金融中心和交通、通信枢纽。

2）经济发展水平较高的区域。

该区域自然条件优越，拥有丰富的水能、煤炭、黑色金属、多金属矿产等资源和较好的工业基础，基础设施相对完善，城镇相对密集。其未来发展定位是：利用自身优势，整合优质资源，发展特色产业，优化空间布局，提升城市功能，改善生态环境，放大整体优势；同时，作为成渝经济区、成都都市圈的腹地基础较好的区域，积极承接产业转移，加速人口和产业集聚，增强竞争力、辐射力和发展活力，成为四川省经济发展新的增长极。

3）经济发展水平中等的区域。

该区域水能、矿产等资源较为丰富，有相当好的工业基础，基础设施基本完善、城镇较少。其未来发展定位是：加快资源开发，调整产业结构，形成优势特色产业，发展腹地经济，提高工业化和城镇化水平，成为成渝经济区具有较大发展潜力的支撑点。

4）经济发展水平较低的区域。

该区域农业相对发达，部分区域具有工业后发优势。其未来发展定位是：农业经济区，成渝经济区北部腹地。

5）经济发展水平最低的区域。

该区域是四川省自然条件恶劣、开发程度低、封闭闭塞的落后地区，与全省的平均水平相差甚远。地广人稀，生态环境脆弱，开发难度大，为江河源头，是长江上游生态屏障建设的重要部分。其未来发展定位是：以生态环境建设为中心，集约开发生态产业，着力建设长江上游生态屏障。

3.3.3　社会经济发展水平总体评价

3.3.3.1　计算方法

社会经济发展水平总体情况可以利用区域人口集聚度和经济发展水平两个指标

来进行描述，具体的计算方法如下：

$$社会经济发展水平=\sqrt{\frac{(人口集聚度)^2+(经济发展水平)^2}{2}} \tag{3-32}$$

式中：人口集聚度是代表一个地区现有人口集聚程度，人口集聚度通过人口密度和人口流动强度等指标进行评价；

经济发展水平是代表一个地区经济发展现状和增长活力。经济发展水平受人均地区GDP、GDP增长率、单位国土面积产值、工业增加值、非农产值比重共同影响决定。

计算县级行政地域单元的社会经济发展水平，在GIS制图软件支持下，将“人口集聚度”“经济发展水平”两个指标值由高值样本区向低值样本区，依次按样本数的分布频率自然分等，两个指标的分级阈值见表3－17。

表3－17 四川省相关分级阈值

等级	赋值	人口聚集度	经济发展水平/%	社会经济发展水平
1	0.8	低	低	低
2	0.9	较低	较低	较低
3	1.0	一般	一般	一般
4	1.1	较高	较高	较高
5	1.2	高	高	高

3.3.3.2 总体评价

综合人口聚集度和经济发展水平两个指标，按上述方法进行计算，按照社会经济发展水平高低差异，依次划分为5个等级。四川省各县（市、区）社会经济发展水平评价结果详见图3－43。

总体而言，四川省县域社会经济发展水平有较大差异，其中东西部的差异最为显著。社会经济发展水平高的区域主要集中在成都平原附近，以省会成都为中心，构成了全省的经济发达地区；川东南、川西南为较发达地区；川东北为中等发达地区；西北部社会经济发展水平最低。对于组成社会经济发展水平的两个指标而言，一般规律为：人口聚集度较低的地区，经济发展水平较低；人口聚集度较高的地区，经济发展水平较高。但也有部分区县例外，如汶川、石棉、筠连、江安等区县，虽然人口聚集度为最低等级，但依靠独特的区位优势和资源优势（水能、旅游、矿产等），其经济发展水平均为较高等级和高等级。

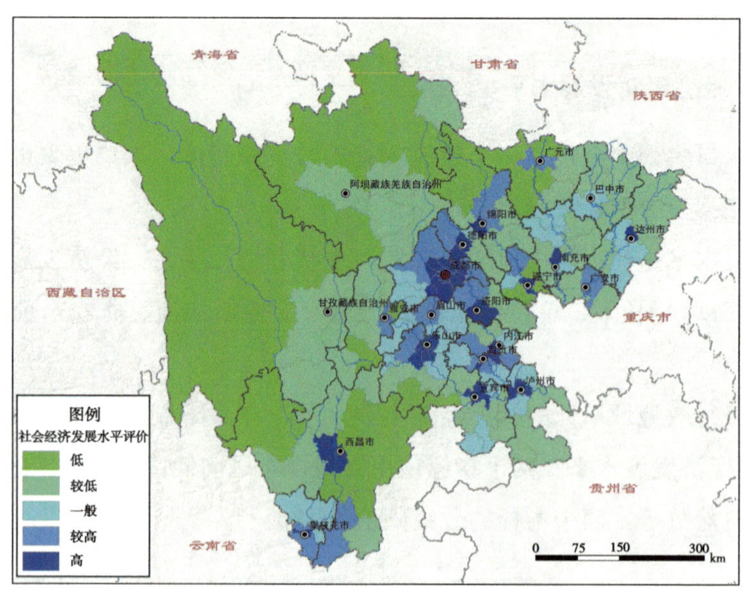

图 3－43 四川省社会经济发展水平评价结果

3.4 区域资源承载能力评价

3.4.1 人均可利用土地资源

可利用土地资源是评价一个地区剩余或潜在可利用土地资源对未来人口集聚、工业化和城镇化发展的承载能力。它由后备适宜建设用地的数量、质量、集中规模 3 个要素构成，具体通过人均可利用土地资源指标或可利用土地资源指标来反映。

3.4.1.1 评价方法

(1) 评价范围

以县（市、区）为单位，对全省 181 个县（市、区）人均可利用土地资源进行评价。评估工作现状水平年为 2012 年。

(2) 评价指标及计算方法

本次评价选取评价指标为人均可利用土地资源，具体计算公式如下：

[人均可利用土地资源]=[可利用土地资源]/[常住人口] (3－33)

[可利用土地资源]=[适宜建设用地面积]－[已有建设用地面积]－[基本农田面积] (3－34)

[适宜建设用地面积]={[地形坡度]∩[海拔高度]}−[所含河湖库等水域面积]−[所含林草地面积]−[所含沙漠戈壁面积]−[冰川面积]　(3−35)

[已有建设用地面积]=[城镇用地面积]+[农村居民点用地面积]+[独立工矿用地面积]+[交通用地面积]+[特殊用地面积]+[水利设施建设用地面积]　(3−36)

[基本农田面积]={[适宜建设用地面积]内的耕地面积}×β　(3−37)

其中：β的取值范围为 [0.8，1)。

(3) 评价标准

采用人均可利用土地资源潜力为评价指标，确定<0.2 亩/人为可利用土地资源缺乏，0.2～0.4 亩/人为可利用土地资源较缺乏，0.4～0.6 亩/人为可利用土地资源中等，0.6～1.0 亩/人为可利用土地资源较丰富，≥1.0 亩/人为可利用土地资源丰富。

表 3−18　四川省可利用土地资源分级标准

级别	人均可利用土地资源面积/(亩/人)	可利用土地资源面积/万亩
丰富	>1.0	>50
较丰富	0.6～1.0	30～50
中等	0.4～0.6	15～30
较缺乏	0.2～0.4	5～15
缺乏	<0.2	<5

(4) 技术流程

在可利用土地资源评价中，基于数字地形图、土地利用现状图等空间数据采用 GIS 的空间信息方法提取相关信息，并进行空间叠加分析与运算，最后根据相关分级标准，以县级为基本单位进行可利用土地资源的分级评价。具体技术路线如图 3−44 所示。

3.4.1.2　适宜建设用地评价

四川省地处我国第一、第二级阶梯的过渡区域，地跨青藏高原、云贵高原、横断山脉、秦巴山地、四川盆地等几大地貌单元。全省海拔高度≥3 000 m 的区域占幅员面积的 49.45%，特别是≥4 500 m 的不适宜人居的区域所占比重达到 10.18%。再从坡度分级而言，全省坡度≥15°区域所占比重为 51.57%，特别是≥25°区域所占比重高达 39.12%，这一地貌背景条件决定了四川省适宜建设用地资源相对不足的格局。

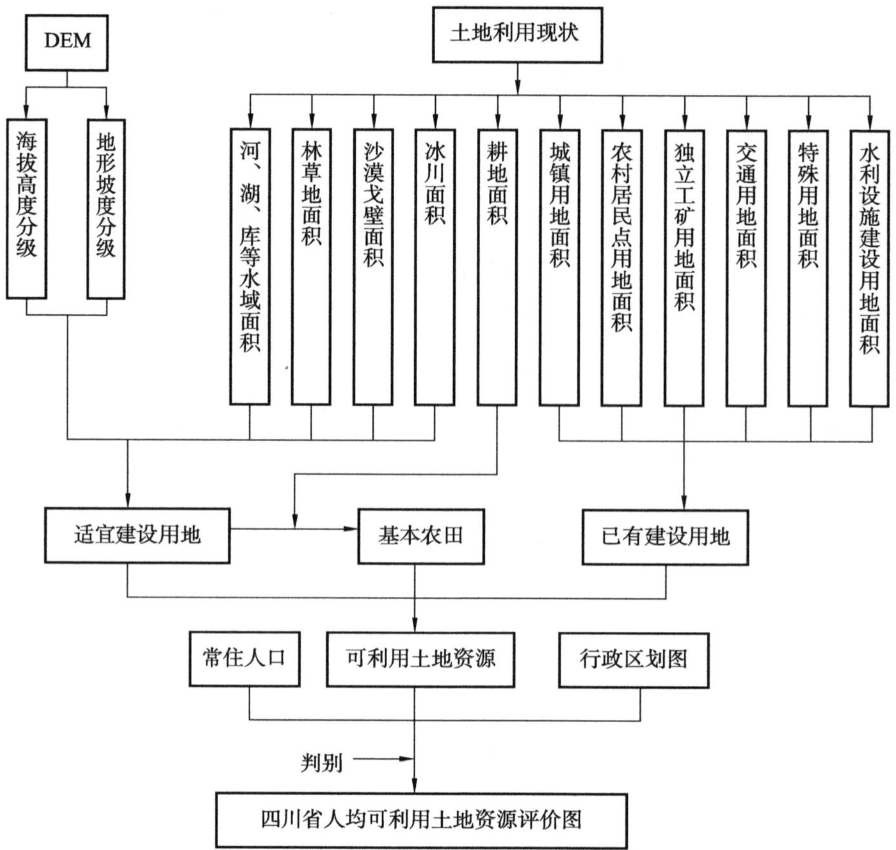

图 3－44　可利用土地资源评价技术路线

评价结果显示，2012 年四川省适宜建设用地 16 665.48 万亩，占全省国土面积的 22.63％。主要分布于海拔较低、地势相对平坦的成都平原区和盆地丘陵区，其中南充、成都适宜建设用地面积最大，分别为 1 420.6 万亩、1 303.65 万亩，两个市适宜建设用地占全省总量的 16.35％。阿坝州和甘孜州适宜建设用地面积最小，均小于 100 万亩，两个州适宜建设用地占全省总量 0.93％（图 3－45）。

表 3－19　适宜建设用地评价结果

级别	分级标准/万亩	县（市、区）数量/个	适宜建设用地面积/万亩	国土面积/km^2	占国土面积比例/％
1	0～10	36	187.49	229 037	0.55
2	10～50	33	1 015.46	78 862	8.58
3	50～100	45	3 256.93	49 797	43.6
4	100～200	45	6 600.91	81 276	54.14
5	＞200	22	5 604.70	51 940	71.94

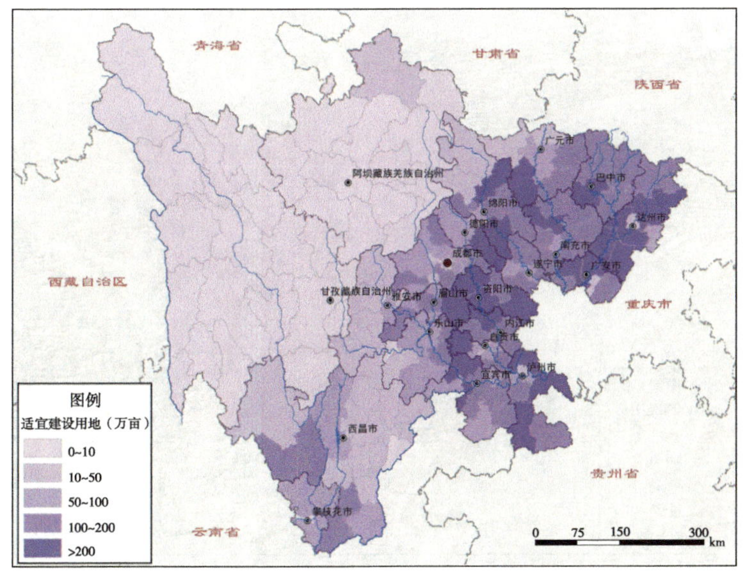

图 3－45　适宜建设用地分布图

3.4.1.3　已有建设用地评价

2012 年全省已有建设用地 2 405.2 万亩，占全省国土面积的 3.27%。从全省建设用地空间格局来看，由于自然条件和经济社会发展水平的差异，建设用地在省内空间分布不均衡，主要集中于地势较为平坦、经济发达的成都经济区和川东北经济区，成都和南充的建设用地面积最大，分别占全省建设用地总面积的 12.49%和 8.49%，建设用地面积最小的是甘孜州，仅占全省建设用地总面积的 1.14%。

将全省 181 个县（市、区）按已有建设用地面积划分为 5 个等级，各等级的空间分布和基本特征如表 3－20 所示。

表 3－20　已有建设用地评价结果

级别	评价标准/万亩	县（市、区）数量/个	已有建设用地面积/万亩	国土面积/km²	占国土面积比例/%
1	0～3	36	64.61	226 466	0.19
2	3～10	42	260.27	98 544	1.76
3	10～15	39	480.20	56 494	5.67
4	15～25	39	752.31	55 641	9.01
5	＞25	25	847.81	53 767	10.51

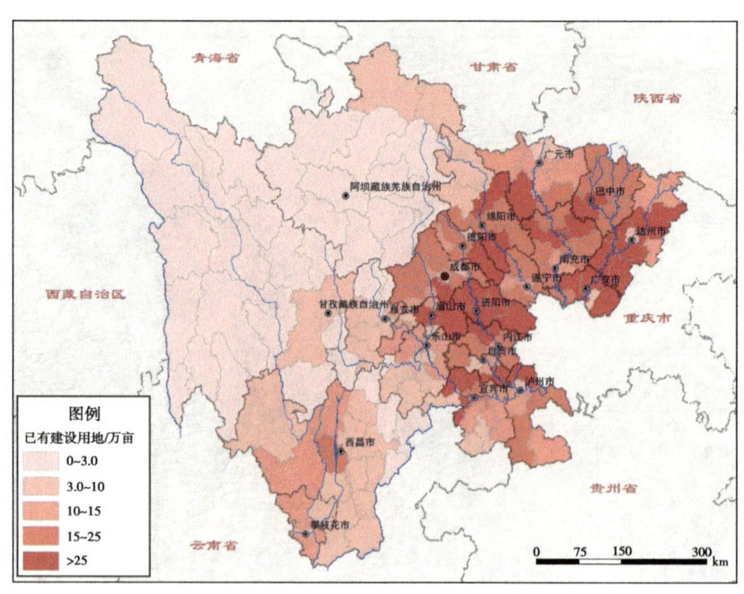

图 3－46　已有建设用地分布图

3.4.1.4　耕地评价

四川省幅员辽阔，但山地高原占全省幅员面积的 50％以上，适宜耕作的土地数量少。评价结果显示，2012 年四川省共有耕地面积 398.26 万 hm^2，仅占国土面积的 8.11％，主要集中分布于盆地底部地区，占全省耕地的 70％以上。

全省各等级的空间分布和基本特征如表 3－21 所示。

表 3－21　耕地状况评价结果

耕地评级	分级标准/万 hm^2	县（市、区）数量/个	耕地面积/万 hm^2	国土面积/km^2	占区域国土面积的比例/％
1	0～0.5	33	9.06	151 397	0.60
2	0.5～1.5	47	49.66	148 524	3.34
3	1.5～2.5	37	69.97	56 709	12.34
4	2.5～4.0	36	117.23	74 945	15.64
5	＞4.0	28	152.34	59 337	25.67

3.4.1.5　基本农田评价

2012 年四川省划定基本农田面积 509.17 万 hm^2。受自然条件的制约，基本农田分布不均，主要分布于四川盆地底部丘陵、平原区，其次是盆周山地和川西南山区，川西北高原地区分布较少。基本农田分布最多的为安岳县、宜宾县和三台县，

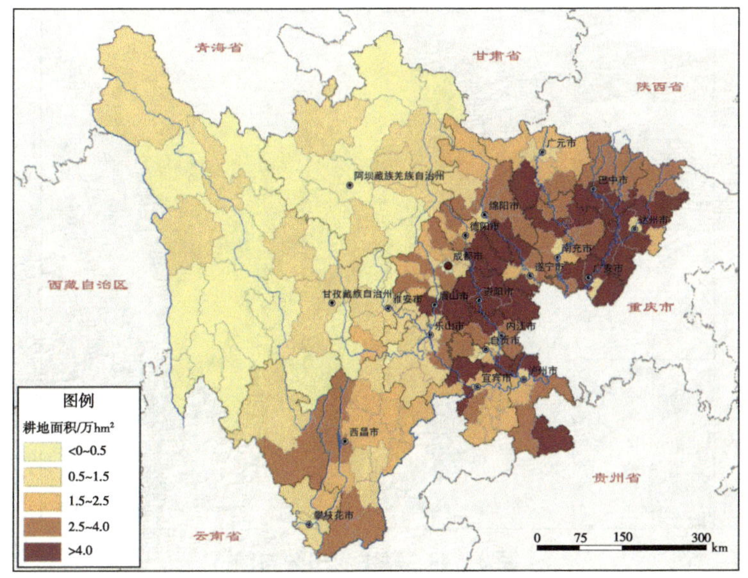

图 3－47 耕地分布图

分别为 127 779 hm²、102 354 hm² 和 98 738 hm²。作为全省政治、经济、文化中心，成都市的锦江区、青羊区、金牛区、武侯区、成华区 5 个区基本农田面积为 0，红原县由于特殊的自然条件和湿地保护，基本农田面积为 0（表 3－22、图 3－48）。

表 3－22 基本农田评价结果

级别	评价标准/万 hm²	县（市、区）数量/个	基本农田面积/万 hm²	国土面积/万 hm²	占国土面积比例/%
1	0～0.5	35	7.79	1 954.01	0.4
2	0.5～1.5	31	32.84	901	3.64
3	1.5～2.5	34	63.64	481.85	13.21
4	2.5～4	32	98.99	542.29	18.25
5	>4	49	305.91	1 029.54	29.71

3.4.1.6 可利用土地资源评价

以适宜建设用地、已有建设用地、基本农田用地评价结果为依据，综合评价可利用土地资源。评价结果表明，2012 年四川省可利用土地资源总量为 4 867.72 万亩，占全省国土总面积的 6.7%。受自然条件和经济社会发展水平影响，全省可利用土地资源分布很不均匀。全省可利用土地资源面积最大的是宜宾市、达州市和泸州市，分别占全省总量的 9.16%、8.93%和 8.39%，可利用土地面积总量最小的为

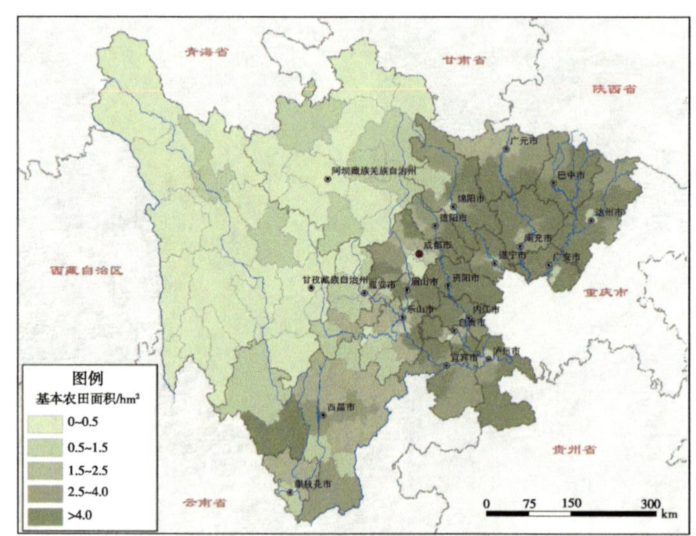

图 3－48　基本农田分布图

阿坝州和甘孜州，分别仅占全省总量的1.07%和1.21%（表3－23、图3－49）。

表 3－23　四川省可利用土地资源评价结果

级别	评价标准/万亩	县（市、区）数量/个	可利用土地资源/万亩	国土面积/km²	占区域国土面积比例/%
缺乏区	<5	34	81.84	155 905	0.35
较缺乏区	5～15	42	438.83	138 922	2.11
中等区	15～30	39	878.75	57 890	10.12
较丰富区	30～50	39	1 510.75	59 219	17.01
丰富区	>50	27	1 957.56	78 976	16.52

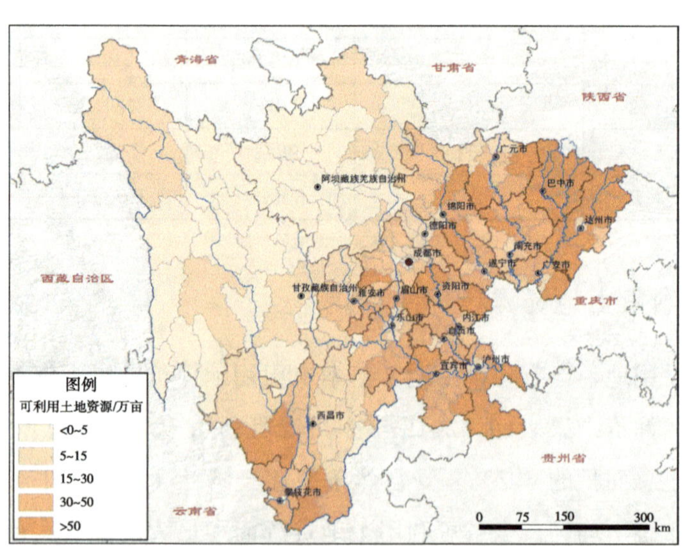

图 3－49　可利用土地资源分布图

3.4.1.7 人均可利用土地资源总体评价

评价结果表明，2012年四川省人均可利用土地资源为0.54亩/人，可利用土地资源为中等水平。受自然条件、社会经济发展水平的影响，全省各地区人均可利用土地资源差异较大，盆周山地区人均可利用土地资源较丰富，四川盆地平原地区人均可利用土地资源缺乏。各市（州）人均可利用土地资源均不丰富，最多为攀枝花市，人均为0.9亩，达到中等级别，最低为成都市，仅为攀枝花市的26.28%（表3－24、图3－50）。

表3－24 人均可利用土地资源评价结果

级别	评价标准/（亩/人）	县（市、区）数量/个	可利用土地资源/万亩	常驻人口数量/万人	人均可利用土地资源/（亩/人）	占全省平均水平比例/%
缺乏区	＜0.2	18	112.26	1 010.2	0.11	20.77
较缺乏区	0.2～0.4	46	986.99	3 060.5	0.32	60.27
中等区	0.4～0.6	48	1 289.61	2 642.7	0.49	91.20
较丰富区	0.6～1.0	36	871.25	1 187.3	0.73	137.14
丰富区	＞1.0	33	1 607.61	1 196.7	1.34	251.07

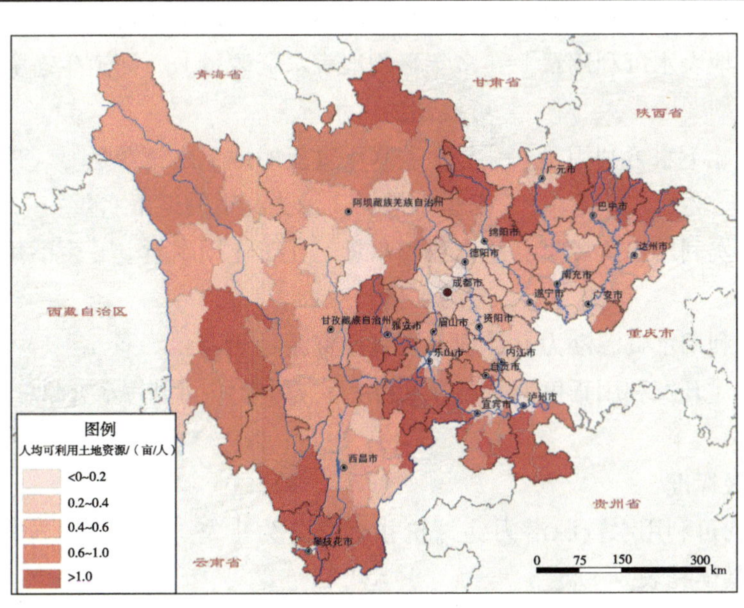

图3－50 人均可利用土地资源分布图

3.4.2 人均可利用水资源

人均可利用水资源是评价一个地区剩余或潜在可利用水资源对未来社会经济发展的支撑能力，由水资源丰度、可利用数量及利用潜力3个要素构成，具体通过人均可利用水资源潜力数量来反映。

3.4.2.1 评价方法

（1）评价范围

以县（市、区）为单位，对全省181个县（市、区）人均可利用土地资源进行评价。评估工作现状水平年为2012年。

（2）评价指标及计算方法

可利用水资源是评价一个地区剩余或潜在可利用水资源对于未来社会经济发展支撑能力的重要指标，由水资源丰度、可利用数量及利用潜力3个要素构成，最终通过人均可利用水资源潜力数量来反映。其计算公式如下：

[人均可利用水资源潜力]=[可利用水资源潜力]/[常住人口]　(3-38)

[可利用水资源潜力]=[本地可开发利用水资源量]-[已开发利用水资源量]+[可开发利用入境水资源量]　(3-39)

[本地可开发利用水资源量]=[地表水可利用量]+[地下水可利用量]　(3-40)

[地表水可利用量]=[多年平均地表水资源量]-[河道生态需水量]-[不可控制的洪水量]　(3-41)

[地下水可利用量]=[与地表水不重复的地下水资源量]-[地下水系统生态需水量]-[无法利用的地下水量]　(3-42)

[已开发利用水资源量]=[农业用水量]+[工业用水量]+[生活用水量]+[生态用水量]　(3-43)

[入境可开发利用水资源潜力]=[现状入境水资源量]×γ　(3-44)

[开发利用程度]=[已开发利用水资源量]/[可利用水资源总量]×100%　(3-45)

（3）分级标准

采用人均可利用水资源潜力为评价指标，分为丰富、较丰富、中等、较缺乏、缺乏五级，具体见表3-25。

表3-25 人均水资源潜力分级标准表

人均可利用水资源潜力/（m^3/人）	>5 000	2 000～5 000	1 000～2 000	500～1 000	<500
丰度分级	丰富	较丰富	中等	较缺乏	缺乏

(4) 评价技术流程

第一步：计算可开发利用水资源。

1）计算各县级行政单元1956—2000年多年平均水资源量；根据各河流水文和生态特征，按照水资源评价技术大纲，计算河道生态需水和不可控制洪水量，最后得出地表水可利用量。

2）计算各县级行政单元1956—2000年多年平均地下水资源量；根据各水文地质单元的水文特征，计算地下水系统生态需水量和无法利用的地下水量，最后得出地下水可利用量。

3）将地表水可利用量和地下水可利用量相加得到本地可开发利用水资源量。

第二步：调查统计各县级行政单元农业、工业、居民生活、城镇公共的实际用水量和生态用水量，计算已开发利用水资源量。

第三步：分析计算区域河流上游邻近水文站近10年实测的年平均流量数据作为多年平均入境水资源量，并根据γ值计算入境可开发利用水资源潜力。

第四步：根据公式计算可利用水资源潜力和人均可利用水资源潜力，并进行分级：丰富、较丰富、中等、较缺乏、缺乏。

3.4.2.2　本地可开发利用水资源评价

水资源可利用量是指在可预见的时期内，在统筹考虑生活、生产和生态环境用水的基础上，通过经济合理、技术可行的措施在当地水资源中可一次性利用的最大水量。本地可开发利用水资源量由地表水可利用量及地下水可利用量组成。评价结果显示，2012年四川省本地可开发利用水资源量为550.73亿m^3。各地区分布差异较大，主要分布于川西北高原、盆周山地区和盆中丘陵区，可开发利用水资源量最大为甘孜州，最小为遂宁市，仅有4.44亿m^3，为甘孜州的6.71%。五大流域中可开发利用水资源量最大依次为岷江、金沙江、嘉陵江，均在140亿m^3以上，三者总量占到全省总量的82.35%（表3－26、图3－51）。

表3－26　本地可开发利用水资源量评价结果

本地水资源分级	分级标准/亿m^3	县（市、区）数量/个	本地可开发利用水资源量/亿m^3	占全省总量的比例/%
1	0～1	38	20.25	3.68
2	1～2	37	57.83	10.50
3	2～4	61	172.78	31.37
4	4～6	24	119.98	21.79
5	＞6	21	179.89	32.66

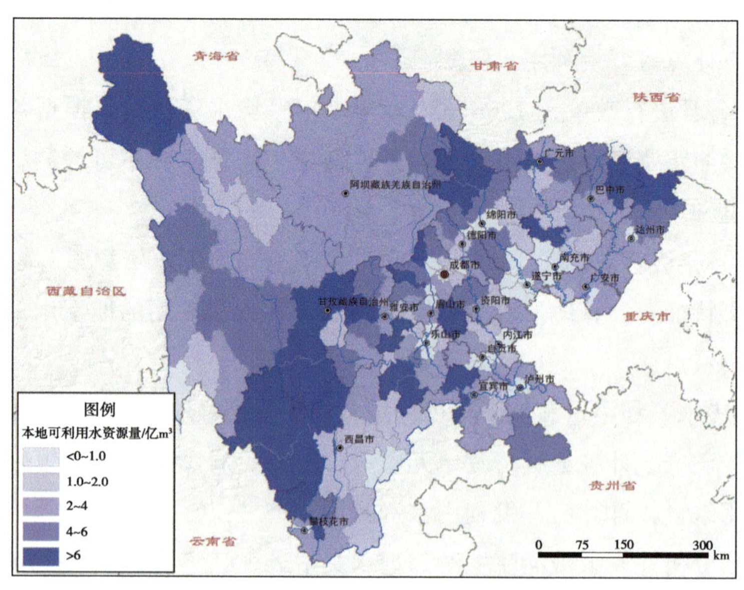

图 3－51　本地可开发利用水资源分布图

3.4.2.3　入境水可利用水资源评价

入境水资源量从河流水系上游至下游按县级行政区逐级推算，县级行政区的多年平均入境水资源量由其入境水计算断面控制的集水面积与参证站所控制的集水面积比乘以参证站多年平均水资源量得到。评价结果显示，2012 年四川省入境水可利用水资源量为 2 917.74 亿 m³，集中分布于雅砻江、金沙江、大渡河、岷江下游干流河段及长江干流全段沿岸，入境水可利用水资源量最大依次为宜宾市、凉山州、泸州市、乐山市、攀枝花市，5 市（州）总量占全省总量的 44.44%。部分区县的入境水资源量很小，27 个县市区甚至为 0（表 3－27、图 3－52）。

表 3－27　入境水可开发利用水资源量评价结果

入境水可开发利用水资源分级	分级标准/亿 m³	县（市、区）数量/个	入境水可开发利用水资源量/亿 m³	占全省总量的比例/%
1	0～1	56	9.39	0.32
2	1～5	28	71.1	2.44
3	5～10	29	200.55	6.87
4	10～20	30	404.41	13.86
5	＞20	38	2 232.29	76.51

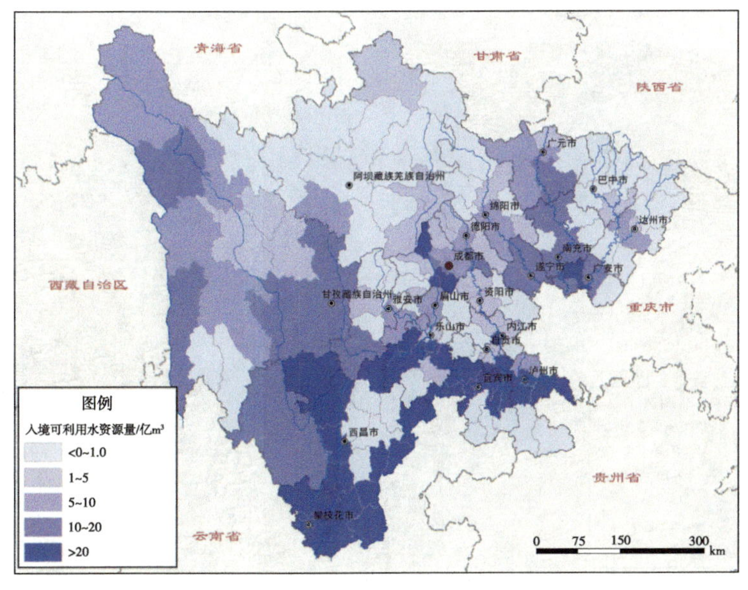

图 3－52　入境水可利用水资源分布图

3.4.2.4　可开发利用水资源总量评价

统计结果显示，2012 年四川省可开发利用水资源总量为 3 964.47 亿 m³，金沙江、长江干流、岷江可开发利用水资源总量分布较为均衡，嘉陵江、沱江流域总量较少。各市（州）中，可开发利用水资源总量最大依次为宜宾市、凉山州、泸州市、乐山市、成都市，占全省总量的 62.29%，内江市、巴中市、资阳市最小，可开发利用水资源总量不足 50 亿 m³（表 3－28、图 3－53）。

表 3－28　可开发利用水资源量评价结果

分级	分级标准/亿 m³	县（市、区）数量/个	可开发利用水资源总量/亿 m³	占全省总量的比例/%
1	1～2	21	75.67	1.91
2	2～10	59	430.75	10.87
3	10～20	54	772.67	19.49
4	20～50	28	864.94	21.82
5	＞50	19	1 820.44	45.92

3.4.2.5　已开发利用水资源评价

已开发利用水资源量包括农业用水量、工业用水量、生活用水量、生态用水量。

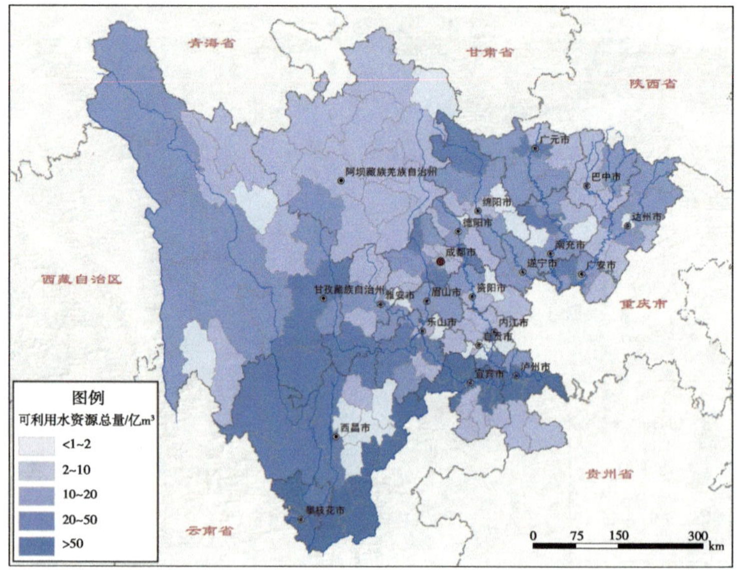

图 3-53　已开发利用水资源总量分布图

统计结果显示，2012 年四川省已开发利用水资源量为 212.36 亿 m³，占可开发利用水资源总量的 5.36%，主要集中在岷江、沱江、嘉陵江流域平原和丘陵地区，已开发利用水资源量由大到小依次为成都市、德阳市、绵阳市、眉山市、乐山市、凉山州，占全省总量的 60.78%（表 3-29、图 3-54）。

表 3-29　已开发利用水资源量评价结果

已开发利用水资源量分级	分级标准/亿 m³	县（市、区）数量/个	已开发利用水资源量/亿 m³	占全省总量的比例/%
1	0～0.5	54	10.99	5.18
2	0.5～1	54	38.97	18.35
3	1～1.5	32	39.61	18.65
4	1.5～2.5	19	35.44	16.69
5	>2.5	22	87.35	41.13

3.4.2.6　水资源开发利用程度评价

地区水资源开发利用程度用已开发利用水资源量与可开发利用水资源总量的比率表示。评价结果显示，2012 年四川省水资源开发利用程度为 5.63%。全省水资源开发利用程度的空间差异巨大，水资源开发利用程度较高的区域主要集中于岷江、沱江流域的四川盆地底部地区，开发利用程度较低的区域为西部高原区、盆周山区和拥有丰富入境水量的长江干流沿线区域。各市州中，水资源开发利用程度由高到

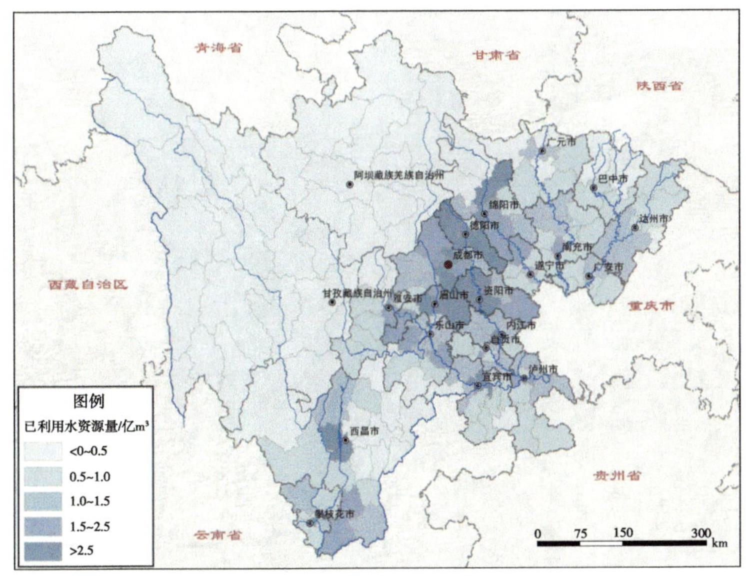

图 3－54　已开发利用水资源分布图

低依次为德阳市、资阳市、眉山市、内江市、绵阳市，其中资阳市、内江市可开发利用水资源总量较少，德阳市、眉山市、绵阳市已开发利用水资源总量较大（表 3－30、图 3－55）。

表 3－30　水资源开发利用程度评价结果

分级	分级标准/%	县市区数量/个	可开发利用水资源总量/亿 m³	已开发利用水资源量/亿 m³	水资源开发利用程度/%	与全省水平相比较/%
1	0～3	62	2 484.26	27.82	1.12	20.91
2	3～8	39	784.39	38.13	4.86	90.75
3	8～15	32	347.04	37.28	10.74	200.54
4	15～30	29	189.71	40.29	21.24	396.48
5	>30	19	159.07	68.84	43.28	807.91

3.4.2.7　可利用水资源潜力评价

本地可开发利用水资源量与可开发利用入境水资源量之和减去已开发利用水资源量（现状实际用水量）即得可利用水资源潜力。统计结果显示，2012 年四川省的本地可开发利用水资源量为 550.73 亿 m³，入境水可开发利用资源量为 2 917.74 亿 m³，已开发利用水资源量为 212.36 亿 m³，可利用水资源潜力为 3 256.27 亿 m³，主要集中在金沙江流域的川西南山地区和岷江流域、长江干流流域的盆中丘陵地区，可利用水资

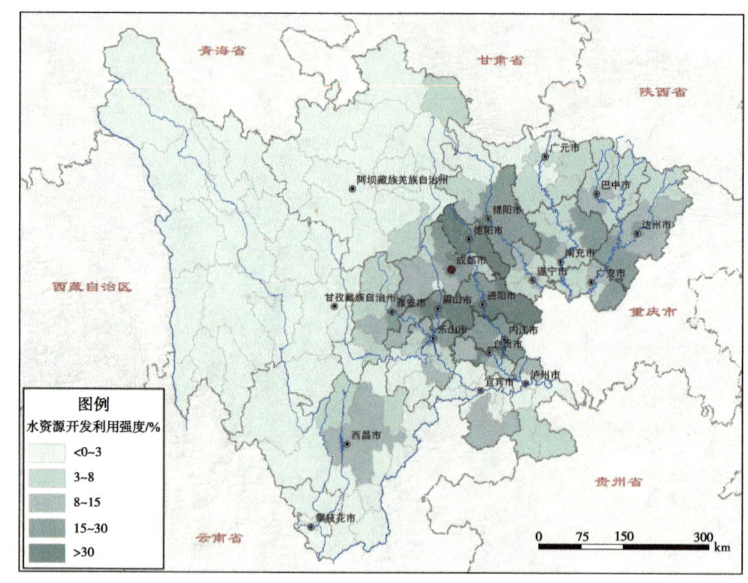

图 3－55　水资源开发利用程度分布图

源潜力由大到小依次为宜宾市、凉山州、泸州市、乐山市、攀枝花市，占全省总量的 68.61%，最小的资阳市为 9.43 亿 m³，仅占全省总量的 0.29%（表 3－31、图 3－56）。

表 3－31　可利用水资源潜力评价结果

可开发水资源利用潜力分级	分级标准/亿 m³	县（市、区）数量/个	本地可开发利用水资源量/亿 m³	可开发利用入境水/亿 m³	已开发利用水资源量/亿 m³	可开发水资源利用潜力/亿 m³	占全省总量的比例/%
1	0～2	31	54.08	32.41	49.36	37.13	1.14
2	2～5	46	129	76.41	47.65	157.75	4.84
3	5～10	28	108.27	121.99	39.54	190.77	5.86
4	10～20	33	100.65	371.59	24.54	447.7	13.75
5	＞20	43	158.73	2 315.34	51.27	2 422.89	74.41

3.4.2.8　人均可利用水资源潜力总体评价

可利用水资源潜力除以常住人口即为人均可利用水资源潜力。统计结果显示，2012 年四川省人均可利用水资源潜力为 3 579 m³，达到“较丰富”级别。人均可利用水资源潜力“较丰富”和“丰富”地区主要分布于川西高原，攀枝花市全境，凉山州雅砻江、金沙江、大渡河沿岸、川南长江干流、岷江下游沿岸区域，人均可利用水资源潜力缺乏和较缺乏地区主要分布在成都平原区、川中丘陵区和川南喀斯特

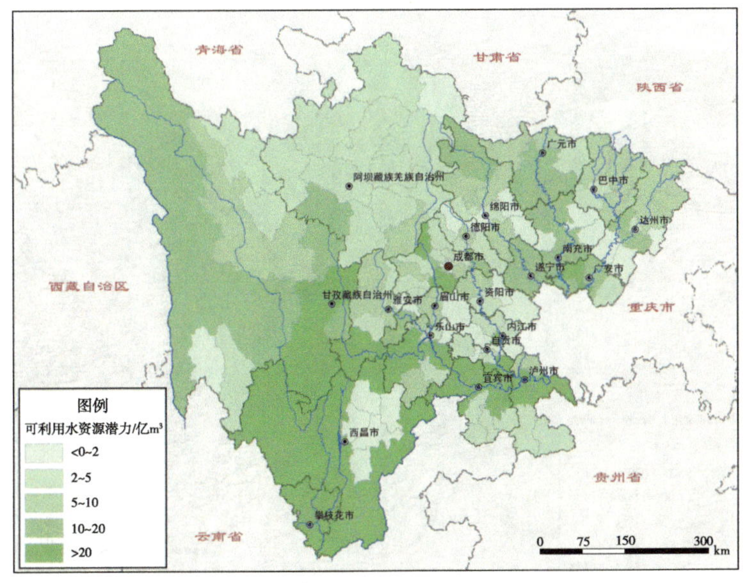

图 3-56　可利用水资源潜力分布图

山地区域。攀枝花市、甘孜州、宜宾市、凉山州、泸州市人均可利用水资源潜力达到了 10 000 m^3/人以上。资阳市、内江市、达州市、德阳市人均可利用水资源潜力最小，尚未达到 500m^3/人（表 3-32、图 3-57）。

表 3-32　人均可利用水资源潜力评价结果

级别	分级标准/(m^3/人)	县（市、区）数量/个	人口数量/万人	可开发利用水资源量/亿 m^3		已开发利用水资源量/亿 m^3	可开发潜力/亿 m^3	人均可开发潜力/(m^3/人)	占全省平均水平/%
				本地水	入境水				
缺乏	0～500	37	3 052.9	81.88	53.07	67.66	67.27	220	6.16
较缺乏	500～1 000	34	2 220.2	92.02	120.66	54.78	157.93	711	19.87
中等	1 000～2 000	18	1 237.9	45.34	167.19	19.98	192.56	1 556	43.46
较丰富	2 000～5 000	25	994	73.54	230.34	25.56	278.33	2 800	78.23
丰富	>5 000	67	1 592.4	257.95	2 346.5	44.38	2 560.2	16 077	449.17

3.4.3　区域资源承载力总体评价

区域资源支撑能力指数（K_2）根据可利用土地资源指数、可利用水资源指数来确定，

K_2 = min｛[可利用土地资源指数]，[可利用水资源指数]｝

可利用土地资源是指一个地区剩余或潜在可利用的土地资源对未来人口集聚、

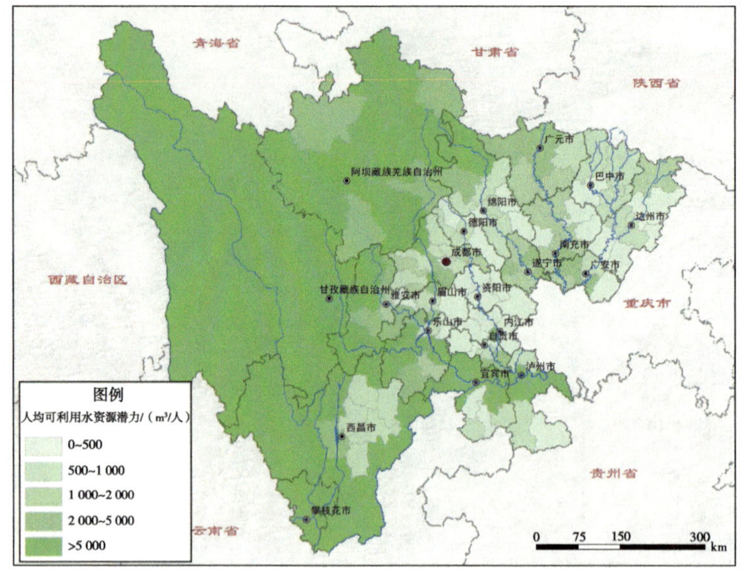

图 3－57　人均可利用水资源潜力分布图

工业化和城镇化发展的承载力。可利用土地资源指数选择后备适宜建设用地的数量、质量、集中规模等要素进行评价。

可利用水资源是指一个地区剩余或潜在可利用水资源对未来社会经济发展的支撑能力。可利用水资源指数选择水资源丰度、可利用数量及利用潜力等要素进行评价。

综合可利用土地资源指数和可利用水资源指数两个指标，按上述方法进行计算，按照区域资源支撑能力指数的大小，依次划分为 5 个等级。四川省各县（市、区）资源可支撑能力分级见图 3－58。

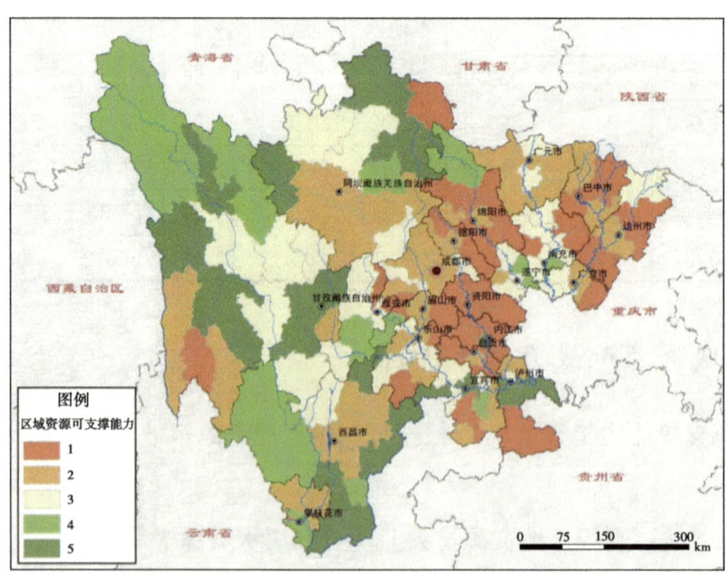

图 3－58　四川省资源支撑能力评价结果图

3.5　环境功能综合评价结果

采用定量分析和空间叠加分析的方法，综合评价区域环境功能及环境功能倾向。

环境功能综合评价指数（A），由 4 个一级综合指标计算得出。计算方法如下：

$$A=K_1\cdot P_2/K_2-P_1$$

式中：P_1——保障自然生态安全指数；

P_2——维护人群环境健康指数；

K_1——区域社会经济发展系数；

K_2——区域资源支撑能力系数。

综合评价指数越高的地区环境功能越偏向于维护人群环境健康，反之则偏向保障自然生态安全。根据上述评价方法对环境功能综合评价指数进行评价，按照评价结果分为 5 个等级，分值越低，越偏向于保障自然生态安全，分值越高，越偏向于维护人群环境健康（图 3－59）。

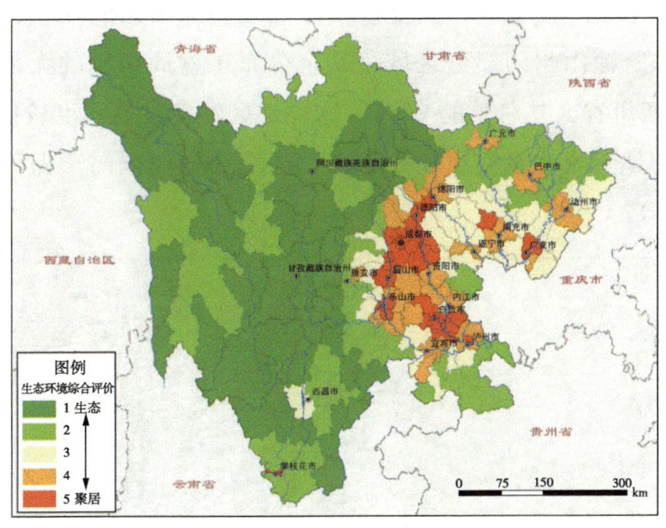

图 3－59　四川省环境功能综合评价结果分级图

（1）生态环境功能综合指数“低”

该等级分布面积大，主要集中于川西北山区的阿坝州、甘孜州和川西南山区的凉山州、攀枝花等大部分地区，以及盆周山地的雅安、绵阳等地区，共计 38 个区县，占四川省区县总数的 21%。这类地区经济发展程度低、人口分布稀少、可利用的土地资源和水资源十分丰富，环境功能主要偏向于保障区域自然生态安全（图 3－60）。

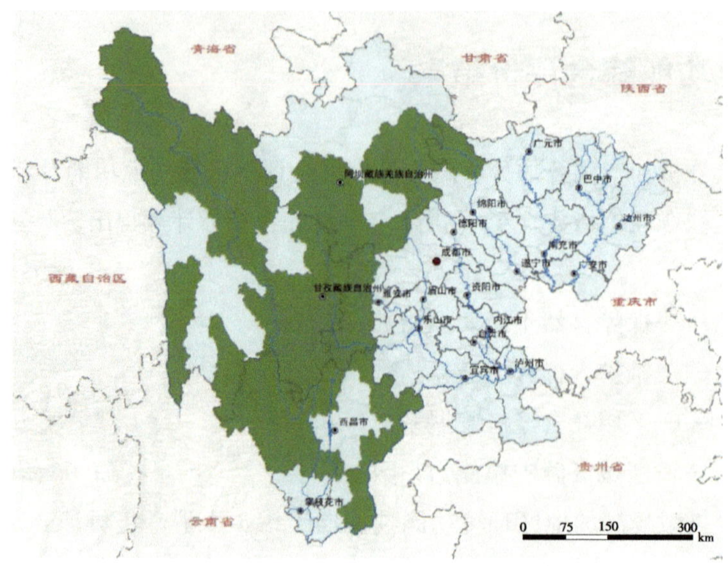

图 3-60　环境功能综合指数“低”分布图

（2）生态环境功能综合指数“较低”

该等级分布范围广且零散，主要包括川西北高原山区的阿坝、甘孜州及川西南地区攀枝花市、凉山州的部分区域，其余分布于盆周山地的大部分地区，共计 47 个区县，占四川省区县总数的 26%。这类地区经济发展程度较低，人口分布较贫乏，可利用土地资源和水资源较为丰富，环境功能较偏向于保障区域自然生态安全（图 3-61）。

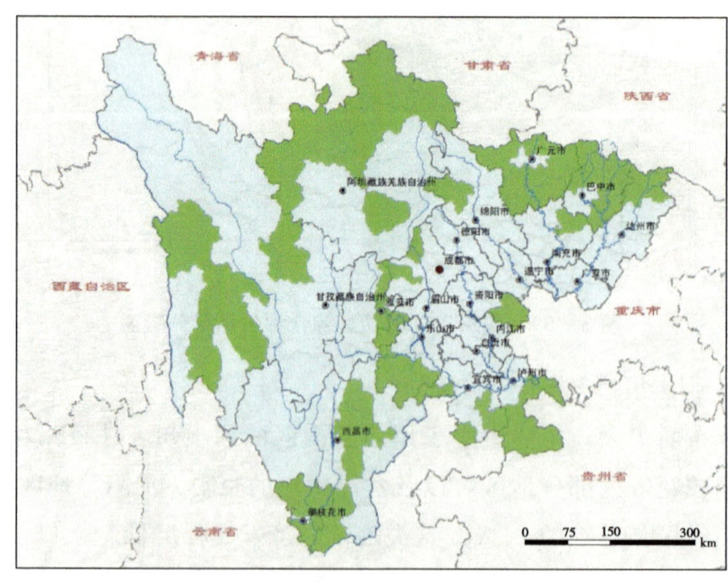

图 3-61　环境功能综合指数“较低”分布图

（3）生态环境功能综合指数“中等”

该等级分布范围较小，主要集中在盆周山地的西部、西南部、东北部以及川东北地区的低山丘陵区，共计 32 个区县，占四川省区县总数的 17.7%。这类地区经济发展程度中等，人口分布较为稠密，可利用的土地资源和水资源相对丰富，环境功能在保障区域自然生态安全和维护人群环境健康方面处于相对平衡的状态，两者均“较重要”或者两个均处于“一般”水平。若今后在这类区域加速城镇化建设，则环境功能将偏向维护人群健康（图 3－62）。

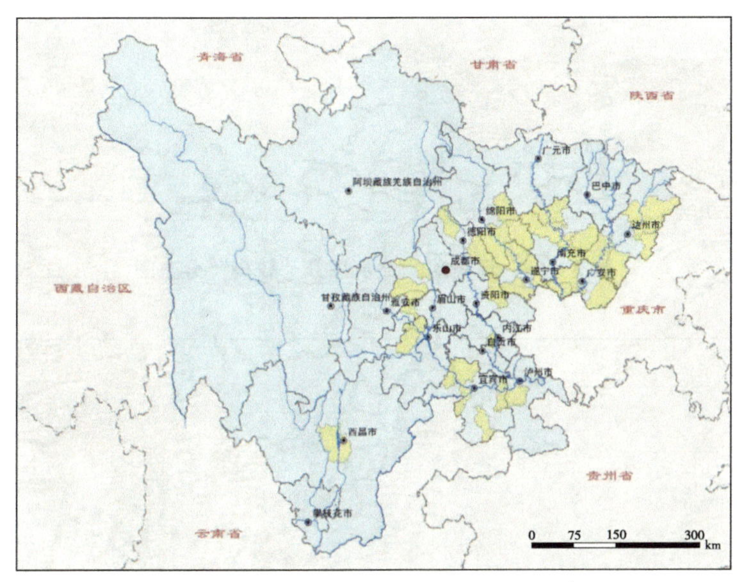

图 3－62　环境功能综合指数“中等”分布图

（4）生态环境功能综合指数“较高”

该等级分布范围较小，主要集中在成都平原向盆周山地过渡的成都、德阳、眉山等地区，以及川南地区内江、泸州、自贡、宜宾和零星分布于川东北地区的广元、南充、达州、巴中等城市的中心城区。这类区域经济发展较好、人口密度较大，共计 30 个区县，占四川省区县总数的 16.5%。该类地区环境功能偏向于维护人群健康（图 3－63）。

（5）生态环境功能综合指数“高”

该等级分布范围最小，主要集中在成都平原的成都、德阳、绵阳、乐山的中心城区和工业中心，川南地区的内江、自贡和川东北地区的广安、南充等城市的中心城区和工业中心，共 34 个县（市、区），占四川省区县总数的 18.8%。这类地区经济发展水平高、人口聚集度高、可利用土地资源和水资源较少，环境功能主要是维护人群环境健康（图 3－64）。

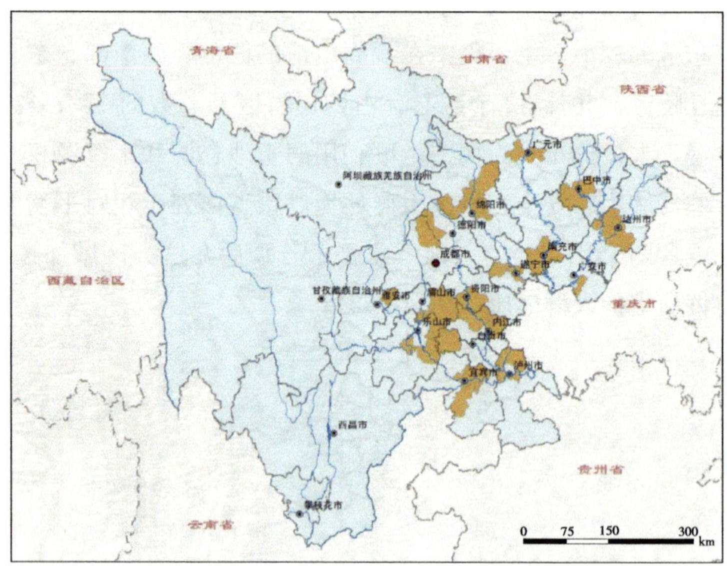

图 3-63　环境功能综合指数“较高”分布图

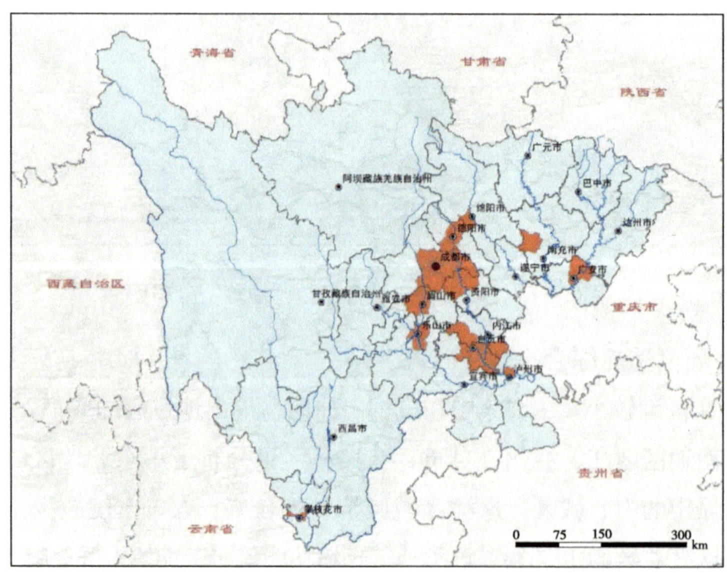

图 3-64　环境功能综合指数“高”分布图

第 4 章　环境功能分区初步识别

本章基于第 3 章环境功能综合评价结果，结合国家、四川省相关规划要求和既有成果，完成四川省环境功能区划各分区的初步识别。

4.1　主导环境功能识别

4.1.1　主导环境功能识别方法

同一区域具有多种环境功能，现综合考虑生态系统的现状，以及社会经济发展的需要，采用专家咨询评价的方法，识别区域的主导环境功能。各环境功能类型区初步识别方法见表 4－1。

表 4－1　各环境功能类型区初步识别

环境功能区		基础指标	环境状态	参考的相关规划等资料
自然生态保留区	自然资源保育区	—	法定保护的自然原始状态	全省自然保护区、世界自然遗产保护地划分
生态功能保育区	水源涵养区	降水量、森林覆盖率、植被覆盖率、海拔高度、冰川覆盖、河流源头	以水源涵养、水源供给、防洪调蓄等功能的自然环境为主	水利部门、林业部门有关重要水源涵养区的划定 四川省生态功能区划 四川省生态省建设规划
	水土保持区	河流级别、土壤侵蚀敏感性、沙化和石漠化、喀斯特地貌	以土壤保持等功能的自然环境为主	水利部门有关水土保持区的划定 水利部关于划分国家级水土流失重点防治区的公告（2006 年 2 号） 四川省国家级水土流失重点防治区复核划分报告 四川省生态功能区划
	生物多样性维护区	物种多样性、珍稀保护动植物、自然保护区、世界自然遗产	以生物多样性保护功能的自然环境为主	全国主体功能区划 全国生态功能区划 全国环境功能区划纲要 四川省主体功能区划 四川省生态功能区划 四川省生物多样性保护行动计划

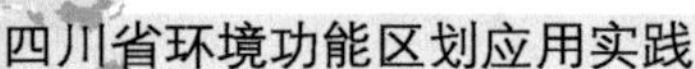

续表

环境功能区		基础指标	环境状态	参考的相关规划等资料
食品环境安全保障区	农产品环境安全保障区	土壤侵蚀、地形坡度、土壤质地、有效土层厚度、排水条件、水分条件、温度条件、土壤肥力	以提供农作物和畜产品的人工环境为主	农业部门有关农业大县、粮食主产区划分 四川省农业发展“十二五”规划 四川省主体功能区划
	牧产品环境安全保障区	天然草场、草地覆盖度	以提供牧产品为主的自然环境	四川省畜牧业发展“十二五”规划 川西北经济区发展规划
宜居环境维护区	环境治理区	人口密度、人口流动强度、人均GDP、GDP增长率、大气环境容量、水环境容量、大气环境质量、地表水环境质量、土壤环境质量、水污染物排放指数、大气污染物排放指数、环保治理设施	以提供人居的城市环境为主	重点流域水污染防治“十二五”规划 重点区域大气污染防治规划 四川省生态建设与环境保护“十二五”规划 四川省环境质量报告书 成渝经济区规划 成渝经济区重点产业发展战略环境影响评价 四川省“7+3”产业发展规划 四川省“一枢纽三中心四基地”规划
	环境风险防范区			
资源开发环境保护区	资源开发环境保护区	资源开发强度 资源富集区	以提供资源开发的人工与自然复合环境	四川省矿产资源开发规划 古叙、筠连国家大型煤炭基地规划 四川省天然气开发利用规划 四川省钒钛产业开发规划

4.1.2 四川省生态安全格局构建

四川省在国家生态安全战略格局中具有重要意义，应把增强生态系统脆弱或生态功能重要，资源环境承载能力较低，不具备大规模高强度工业化城镇化开发条件区域的生态产品生产能力作为首要任务，从而限制进行大规模高强度工业化城镇化开发。

从生态环境状况特征上看，四川省生态环境优良的区域主要位于川西高山高原

区、川北秦巴山地和川西南山地区，如川西南金沙江—雅砻江流域的川滇交界横断山北段区、岷江—大渡河流域的岷山—邛崃山区及秦巴山区等，这些地区是四川省生物多样性保护、水源涵养、水土保持的重要区域，是我国乃至世界范围内生物多样性保护热点区域，是大熊猫、川金丝猴等国家一级保护珍稀动植物的重要生境，该区域自然植被资源丰富、人为干扰强度低、社会经济实力相对较弱、环境胁迫强度较低。

四川省未来将构建 4 类重点生态功能区为主体的生态安全战略格局。以若尔盖草原湿地、川滇森林及生物多样性、秦巴生物多样性、大小凉山水土保持和生物多样性生态功能区等为主体，以长江干流、金沙江、嘉陵江、沱江、岷江等主要江河水系为骨架，以山地、森林、草原、湿地等生态系统为重点，以点状分布的世界遗产地、自然保护区、森林公园、湿地公园和风景名胜区等为重要组成的生态安全战略格局。实施生态保护和建设重点工程，加强防灾减灾工程建设，强化开发建设中的生态保护和污染治理，全面推进长江上游生态屏障建设（图 4－1）。

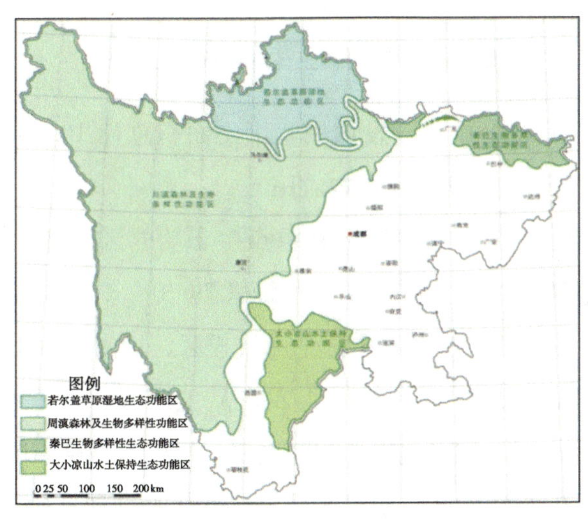

图 4－1　四川省生态安全格局图

4.1.3 主体功能区划

2013 年 4 月，《四川省主体功能区划》经四川省人民政府以川府函［2013］16 号文正式发布，该区划从总体上将全省划分为重点开发、限制开发和禁止开发三大类功能区域，其中重点开发和限制开发区域原则上以县级行政区为基本单元，禁止开发区域以自然或法定边界为基本单元，分布在其他类型主体功能区域之中（图 4－2）。

重点开发区主要分布在成都平原、川南、川东北和攀西地区的 89 个县（市、

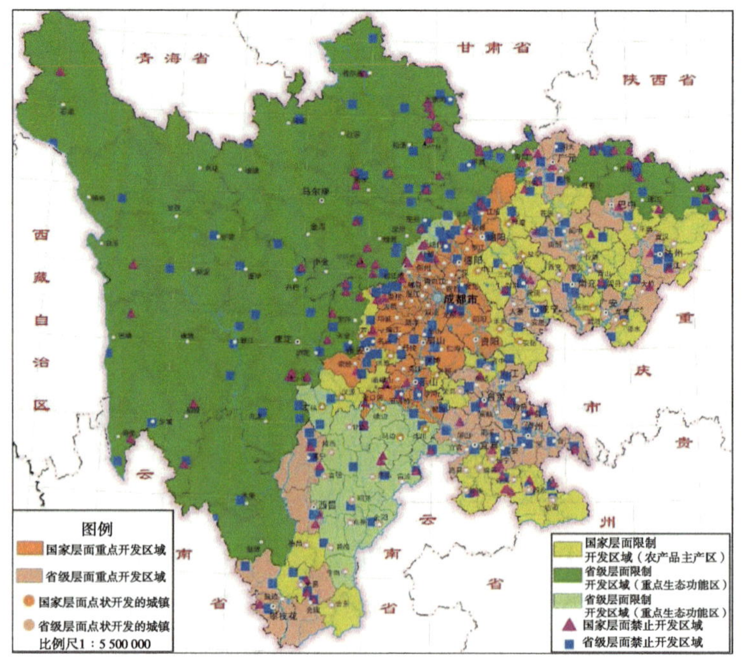

图 4-2　四川省主体功能区划分总图

区），以及与之相连的 50 个点状开发城镇，国土面积总计 10.08 万 km^2，占全省面积的 20.7%（未扣除禁止开发区和基本农田）。

限制开发区主要包括农产品主产区和重点生态功能区两部分，共 92 个县（市、区），国土面积总计 38.52 万 km^2，占全省面积 79.3%（未扣除禁止开发区和基本农田）。其中农产品主产区包括盆地中部平原浅丘区、川南低中山区和盆地东部丘陵低山区、盆地西缘山区和安宁河流域 5 大农产品主产区，国土面积约 6.7 万 km^2，占全省国土面积的 13.8%；重点生态功能区主要包括若尔盖草原湿地生态功能区、川滇森林及生物多样性生态功能区、秦巴生物多样性生态功能区等，国土面积约 31.82 万 km^2，占全省国土面积的 65.5%。

禁止开发区以点状形式分布于城市化地区、农产品主产区、重点生态地区，主要包括国家级禁止开发区域和省级禁止开发区域。其中国家级禁止开发区域包括国家级自然保护区、世界文化自然遗产、国家级风景名胜区、国家森林公园、国家重要湿地、国家湿地公园和国家地质公园；省级禁止开发区域包括省级及以下各级各类自然文化资源保护区域、重要饮用水水源地以及其他省级人民政府根据需要确定的禁止开发区域。截至 2011 年年底，全省共有禁止开发区域 317 处，总面积达 11.5 万 km^2，占全省面积的 23.6%。

4.1.4　生态功能区划

2006 年 5 月，四川省人民政府以川府函［2006］100 号文对《四川省生态功能区划》进行了批复。该区划从宏观上以自然气候、地理特点将四川省划分为 4 个一级自然生态区，然后根据生态系统类型与生态系统服务功能类型划分为 13 个二级生态亚区，最后根据生态服务功能重要性、生态环境敏感性与生态环境问题划分为 36 个三级生态功能区。

根据全省 36 个生态功能区各类生态系统的服务功能及其对区域可持续发展的作用和重要性，四川生态功能区的生态服务功能类型分为 6 类：生物多样性保护、水源涵养、土壤保持、营养物质保持（污染防治）、社会生产和自然人文景观。

以生物多样性为重要服务功能的功能区有 12 个，面积为 17.54 万 km^2，占全省幅员面积的 36.2%，主要分布在四川盆地盆周山地、川西北高原江河源区和川西高山高原。

以水源涵养为重要服务功能的功能区有 10 个，面积为 15.7 万 km^2，占全省幅员面积的 32.4%，主要分布在川西北高原江河源区、川西高山高原、盆地北部秦巴山地区及川西南山地的部分地区。

以土壤保持为重要服务功能的功能区有 14 个，面积为 18.43 万 km^2，占全省幅员面积的 38.0%，主要分布在川西南山地、川西高原高山峡谷及四川盆地、盆周山地。

全省以发展农、林、牧、能源、矿产和城镇、自然人文景观为重要服务功能的功能区有 29 个，面积为 39.89 万 km^2，占全省幅员面积的 82.2%。

其中，适宜发展城市的功能区主要分布在成都平原及盆地丘陵区；适宜发展农业的功能区主要分布在成都平原、盆地丘陵区和安宁河流域；适宜发展牧业的功能区主要分布在川西高山高原的沙鲁里山丘原、金沙江上游及川西北高原的黄河源区和石渠高原；适宜农林复合发展的功能区主要分布在盆地深丘区及盆周山地；适宜农牧复合发展的功能区主要分布在川西南山地的凉山山原、盐源盆地和川西北高原的长江源区；适宜林牧复合发展的功能区主要分布在川西南山地的木里地区及川西高山高原的雅砻江流域（图 4－3）。

全省具有污染控治、营养物质保持重要服务功能的区域主要在成都平原及盆地丘陵区。

全省的自然人文景观资源十分丰富，具有重要保护价值的国家级和省级以上的自然人文景观遍布全省 36 个生态功能区，其中川西高原和盆周山地以自然景观分布为主，四川盆地以文物保护和人文景观分布为主。

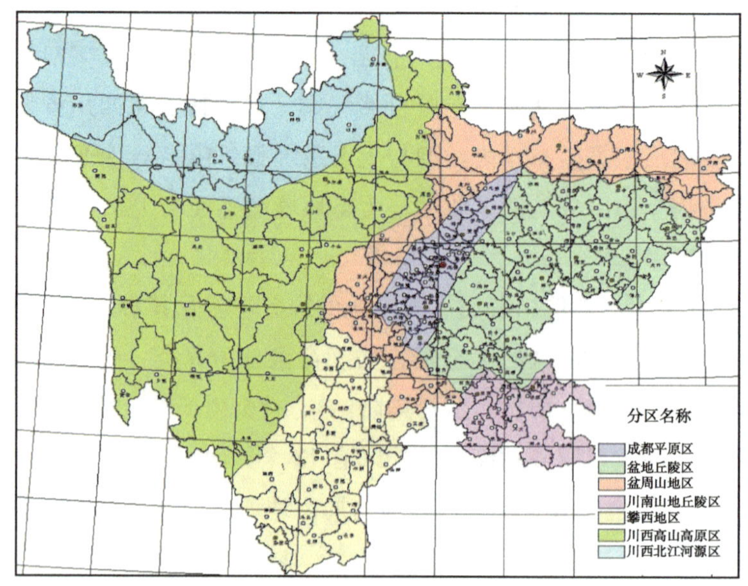

图 4-3　四川省生态功能区划

4.2　自然生态保留区初步识别

自然资源保育区是具有较高自然资源价值的区域，包括有代表性的自然生态系统、珍稀濒危野生动植物物种的天然集中分布地，有特殊价值的自然遗迹所在地和文化遗迹等，以及受到人类活动破坏规模较小、资源储备不具备开发价值且暂时不再开发的区域。自然生态保留区主要指依据法律法规，划出一定面积予以特殊保护和管理的世界自然文化遗产地和国家级、省级、市州级、县级自然保护区。

4.2.1　《四川省主体功能区划》

在《四川省主体功能区划》中，禁止开发区域是依法设立的各级各类自然文化资源保护区域，以及其他禁止进行工业化城镇化开发、需要特殊保护的重点生态功能区。国家层面禁止开发区域，包括国家级自然保护区、世界文化自然遗产、国家森林公园、国家地质公园、国家级风景名胜区、国家重要湿地和国家湿地公园等。省级层面的禁止开发区域，包括省级及以下各级各类自然文化资源保护区域、重要水源地，以及其他省级人民政府根据需要确定的禁止开发区域。

（1）世界文化和自然遗产

世界文化和自然遗产属于国家级禁止开发区域，依据《四川省世界文化和自然遗产保护条例》《保护世界文化和自然遗产公约》《实施世界遗产公约操作指南》《全国主体功能区规划》以及世界文化自然遗产规划进行管理。目前，四川省纳入世界文化和自然遗产名录的有九寨沟、黄龙、峨眉山—乐山大佛、青城山—都江堰、四川省大熊猫栖息地 5 处，总面积为 11 015.79 km^2（表 4－2、图 4－4）。

表 4－2　世界文化自然遗产

序号	名称	面积/km^2	遗产种类	具体分布	景观特征
1	九寨沟	720	自然遗产	阿坝州九寨沟县	翠海叠瀑彩池藏情
2	黄龙	700	自然遗产	阿坝州松潘县	钙化奇观彩池藏情
3	峨眉山—乐山大佛	171.88	文化与自然遗产	乐山市、峨眉山市	雄秀神奇佛教文化
4	青城山—都江堰	178.91	文化遗产	成都市都江堰市	道教文化古堰水利
5	四川大熊猫栖息地	9 245	自然遗产	成都市、阿坝州、雅安市、甘孜州	大熊猫栖息地
	合计	11 015.79			

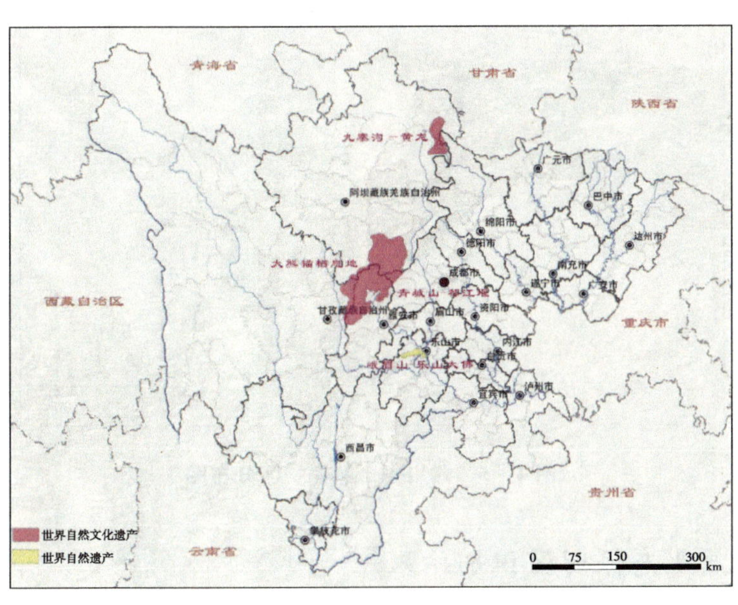

图 4－4　世界文化和自然遗产地分布图

（2）自然保护区

自然保护区依据国家《自然保护区条例》《全国主体功能区规划》《四川省自然保护区管理条例》以及自然保护区规划，按核心区、缓冲区和实验区分类管理。根据四川省环保、林业、农业三部门的统联合调查成果，全省共有自然保护区168处，总面积为9.01万km²，其中国家级自然保护区27处，面积为2.85万km²，省级自然保护区65处，面积为3.11万km²，市级自然保护区28处，面积1.32万km²，县级自然保护区48处，面积1.73万km²。各级自然保护区分布见表4－3、图4－5。

表4－3　自然保护区调查汇总

序号	级别	数量	总面积/hm²
1	国家级	27	2 846 431.61
2	省级	65	3 105 144.62
3	市级	28	1 319 730
4	县级	48	1 735 548.3
合计		168	9 006 854.53

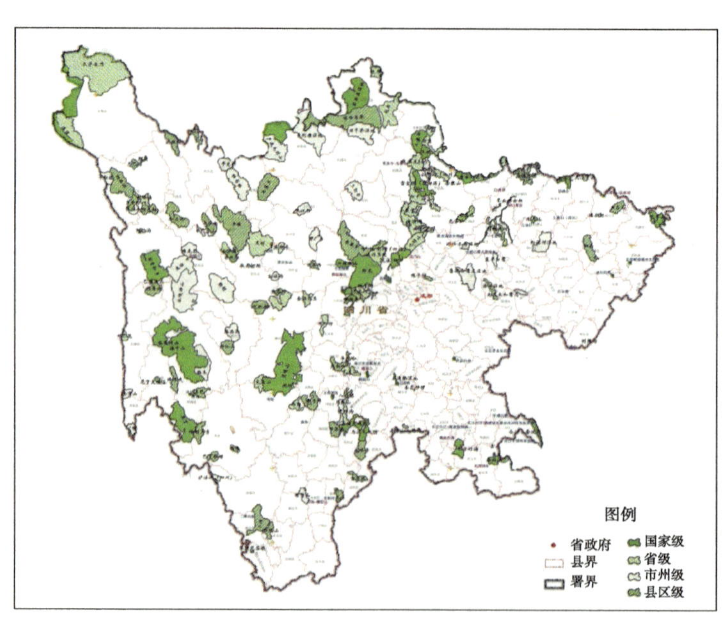

图4－5　四川省自然保护区分布图

4.2.2　自然生态保留区识别结果

自然生态保留区初步识别结果如图4－6所示。

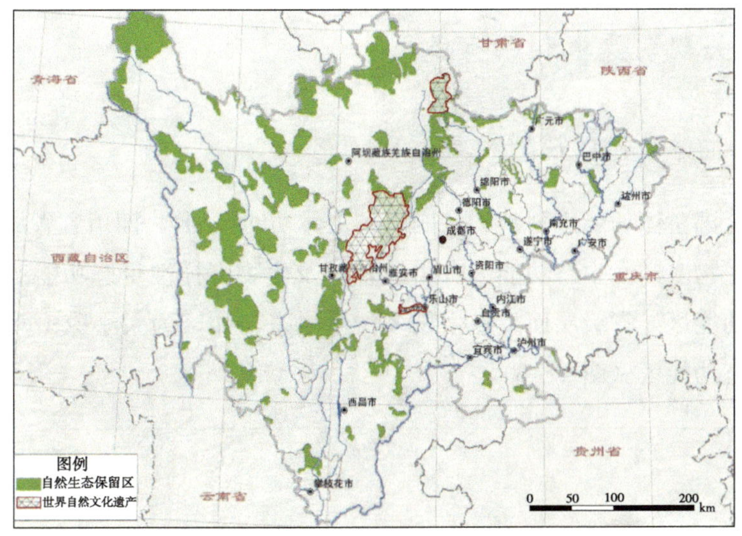

图 4－6　自然生态保留区识别结果

4.3　生物多样性保护生态功能区初步识别

4.3.1　生物多样性保护重要性评价结果

按照国家环境功能区划技术指南完成的四川省生物多样性保护重要性评价结果见图 4－7。

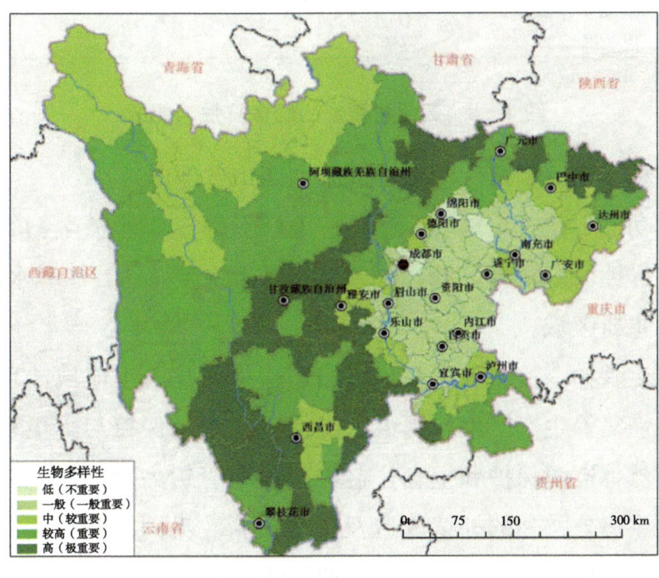

图 4－7　生物多样性保护重要性评价结果

4.3.2 相关规划要求和已有成果

4.3.2.1 《主体功能区规划》

根据《全国主体功能区划》和《四川省主体功能区划》，四川省省域范围内属于国家层面的生物多样性生态功能区有川滇森林及生物多样性生态功能区、秦巴生物多样性生态功能区。省级层面重点生物多样性生态功能区为大小凉山水土保持和生物多样性生态功能区（图 4－8）。

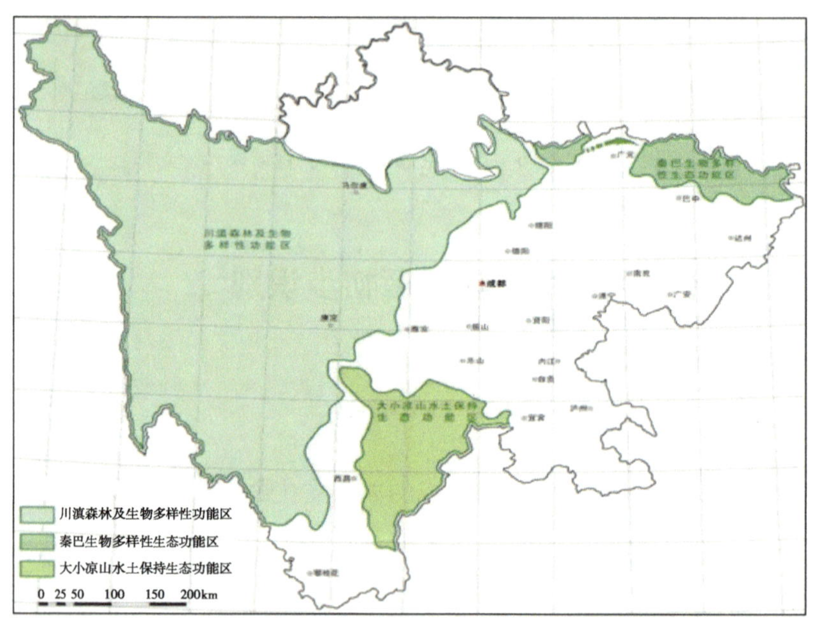

图 4－8　四川省重点生物多样性功能区

（1）川滇森林及生物多样性生态功能区（四川省部分）

该区域主体功能定位：大熊猫、羚牛、金丝猴等重要珍稀生物的栖息地，国家乃至世界生物多样性保护重要区域，全省重要的生物多样性、涵养水源、保持水土、维系生态平衡的主要区域。

重点保护原生森林、流域生态系统，加强造林绿化、小流域治理、矿山生态恢复、河流水生态恢复等生态工程，提供水源涵养、水土保持与野生动植物保护等生态功能。加大天然林资源保护和生态公益林建设与管护力度。禁止陡坡开垦和森林砍伐，做好低效生态公益林的补植改造及迹地更新。巩固天然林资源保护成果，恢复大熊猫栖息地和遗传交流廊道。有效保护天然林草植被、湿地和野生动植物资源，

切实抓好生态移民工程，干旱河谷、荒漠化和沙化草地。对遭受破坏的生态系统，结合生态建设工程，加强综合整治，防止水土流失。

（2）秦巴生物多样性生态功能区（四川省部分）

该区域主体功能定位：四川重要的原始森林、野生珍稀物种栖息地与生物多样性保护的关键地区和生态屏障区域；全国生物多样性、涵养水源与土壤保持重要区，最大的天然生物种质的“基因库”，世界同纬度地区重要的绿色宝库。

重点保护原生森林、流域生态系统，加强造林绿化、野生动植物保护和自然保护区建设、小流域治理、矿山生态恢复等生态工程，提高水源涵养、水土保持和野生动植物保护等生态功能。建设珍稀、濒危中药资源和动植物资源等指向明确的生态功能保护区，对现有植被和自然生态系统严加保护，防止生态环境的破坏和生态功能的退化。巩固和扩大天然林资源保护成果、扩大保护范围，加强生物物种资源保护，依法禁止一切形式的捕杀、采集濒危野生动植物的活动，保护物种多样性和确保生物安全，强化引进外来物种生物安全管理，防止国外有害物种进入。引导人口转移，降低人口密度，停止导致生态功能继续退化的开发活动和其他人为破坏活动，以及产生严重环境污染的工程项目建设，遏制生态环境恶化趋势。发展以养殖业、经济林为主的生态农林牧业和农产品深加工业，合理开发旅游文化资源，发展生态旅游，点状开发天然气、水能、矿产资源。

（3）大小凉山水土保持和生物多样性生态功能区

该区域主体功能定位：长江上游水土保持的重点区域，四川省生物多样性保护的重点区域，长江上游生态屏障的重要组成部分。以维护区域生态系统完整性、保证生态过程连续性和改善生态系统服务功能为中心，加强生态保护，增强脆弱区生态系统的抗干扰能力，从源头控制生态退化和水土流失。以金沙江、雅砻江、大渡河及安宁河干流为重点，严禁樵采、过垦、过牧和无序开矿等破坏植被行为。推广封山育林育草技术，有计划、有步骤地建设水土保持林、水源涵养林和人工草地，恢复山体植被。采用补播方式播种优良灌草植物，提高山体林草植被覆盖度，重点治理泥石流和滑坡，控制沟谷蚀；开展石漠化综合治理，拦蓄泥沙，保护土壤资源。以“长治”、天然林资源保护、石漠化综合治理、野生动植物保护、自然保护区建设、湿地保护及土地整理等国家重点生态工程为依托，对不同流域进行差别化治理，推进干热河谷和山地生态修复与重建。保护原生森林、流域生态系统，加强造林绿化、小流域治理、矿山生态恢复等生态工程，提高水源涵养、水土保持和野生动植物保护等生态功能。

4.3.2.2 《四川省生态功能区划》

根据《四川省生态功能区划》，四川省生境极敏感区主要分布在盆周西北及西部山地，其中高度敏感区域主要分布在盆周南部山地及川西高山高原地区；中度和轻度敏感区主要分布在盆地丘陵地区。生物多样性维持和保护功能极重要区域主要分布在盆周西部山地及川西北高原局部地区，多数区域已被划为省级以上自然保护区；中等重要区域和较重要区域主要分布在川西高山高原区域及盆周南部山地（图 4－9）。

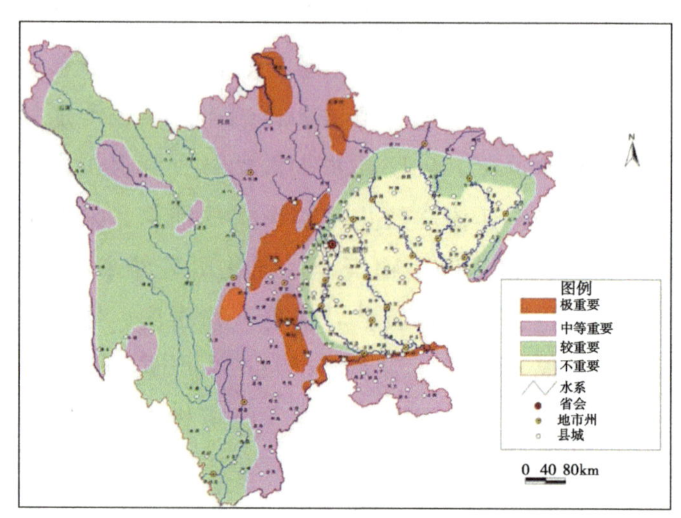

图 4－9　四川省生物多样性保护重要性分布图

4.3.2.3 《四川省生物多样性评价报告》

在《四川省生物多样性评价报告》（四川省环保厅、四川省环科院，2011 年）中，生物多样性采用指标归一化处理法进行评价。

生物多样性指数（BI）是野生高等动物丰富度、野生维管束植物丰富度、生态系统类型多样性、植被垂直层谱的完整性、物种特有性、外来物种入侵度、物种受威胁程度 7 个评价指标的加权求和。其中外来物种入侵度、物种受威胁程度为成本型指标，即指标的属性值越小越好，应对其作适当转换。

BI＝归一化后的野生高等动物丰富度×0.2＋归一化后的野生维管束植物丰富度×0.2＋归一化后的生态系统类型多样性×0.15＋归一化后的植被垂直层谱的完整性×0.05＋归一化后的物种特有性×0.20＋（100－归一化后的外来物种入侵度）×0.10＋（100－归一化后的物种受威胁程度）×0.10

四川省生物多样性水平整体较高，野生高等动、植物经过长期的历史演变和外

界生境条件相互作用，区系组成复杂且起源古老，区域分布差异明显，四川东部盆地低海拔平原丘陵区生物多样性相对较低；盆周中海拔山地区和川西高山高原区的生物多样性相对较高。大体上，由北至南纵贯川西高山高原区，即岷山—邛崃山—大雪山—大凉山—沙鲁里山一带区域是四川省野生动植物最为丰富的区域，是全球 34 个生物多样性热点地区之一，也是四川省生物多样性保护的关键区。四川生物多样性所表现出的丰富性、复杂性、古老性和差异性特征是气候、地貌、水文、土壤等生态因素，以及人类活动长期综合影响的结果。

根据本次最新调查统计，按照原环保部生物多样性评价试点方案确定的生物多样性指数（BI）计算公式和评价分级，得出如下结果（图 4－10）：

1）四川省 181 个县级行政辖区中，峨眉山市、木里藏族自治县、雷波县、天全县、洪雅县、宝兴县、峨边彝族自治县、汶川县、荥经县、屏山县 10 县（市、区），物种高度丰富，特有种繁多，生态系统丰富多样，生物多样性评价结果为“高”；

2）平武县、青川县、马边彝族自治县等 114 个县（市、区），物种较丰富、特有种较多、生态系统类型较多，局部地区生物多样性高度丰富，生物多样性评价结果为“中”。

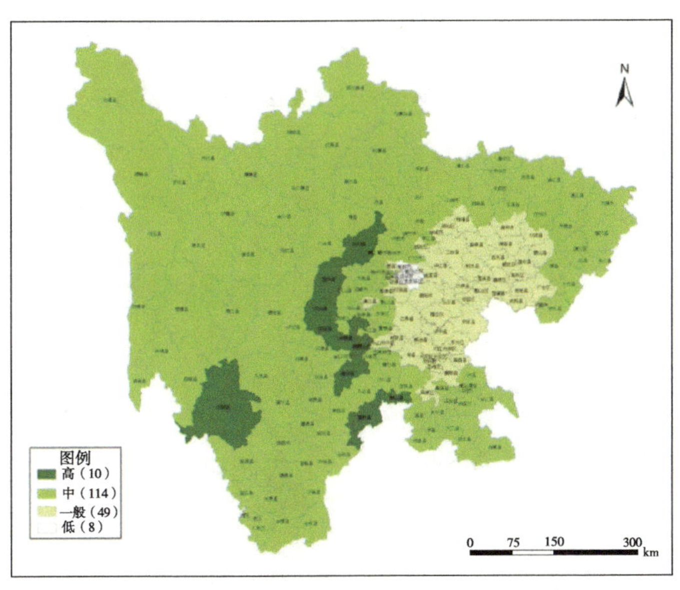

图 4－10　基于归一评价方法的四川生物多样性状况评价结果

4.3.2.4 《四川省生物多样性保护战略与行动计划》

根据《四川省生物多样性保护战略与行动计划》（四川省环保厅，2012 年），全省生物多样性保护的优先地区包括岷山区域、邛崃山区域、凉山区域、金阳—布拖区域、若尔盖湿地、贡嘎山区域、石渠—色达区域、稻城—理塘海子山区域、木里—盐源区域、米苍山—大巴山区域、巴塘竹巴笼—白玉察青松多区域、攀枝花西区—仁和区域、筠连—兴文—古蔺—叙永—合江区域13个生物多样性保护优先区、6个重要湖泊或湿地、5个重要河流和3个特殊自然景观保护地（图4－11、图4－12）。

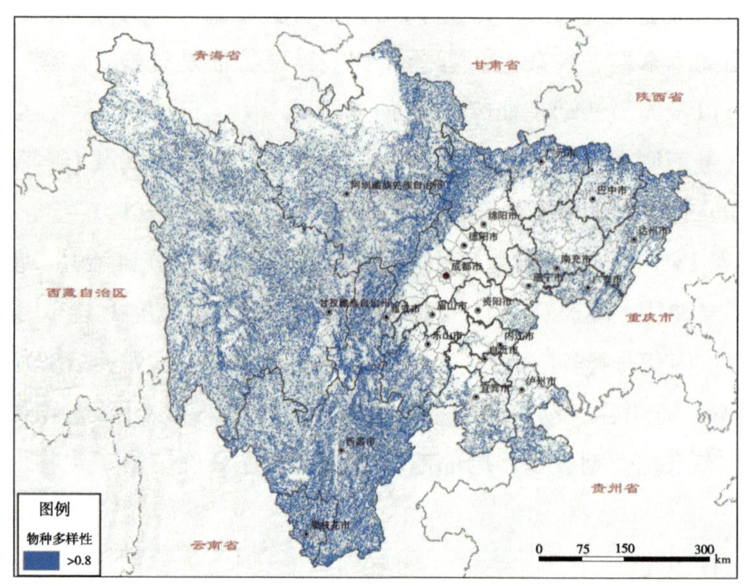

图4－11　四川省物种多样性丰富区域分布（网格评价）

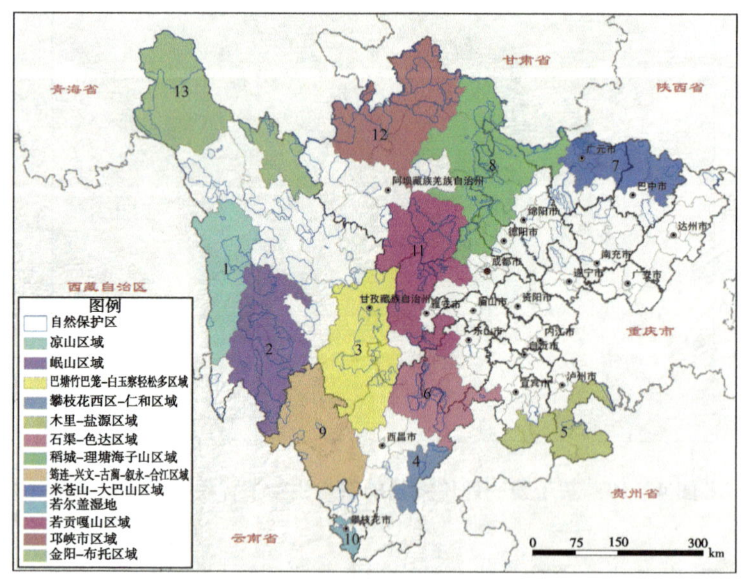

图4－12　生物多样性优先区分布图

（1）岷山区域

主要保护对象：大熊猫、金丝猴、牛羚、四川梅花鹿及雉类等珍稀动物及其赖以生存的森林生态系统。该区域包括阿坝州的若尔盖、松潘、茂县、九寨沟县，广元市的青川县，绵阳市的平武、北川、安县，德阳市的什邡、绵竹，成都市的都江堰和彭州市，共计12个县的森林区域。区域内现有自然保护区21个，其中国家级自然保护区7个。

（2）邛崃山区域

主要保护对象：大熊猫、金丝猴、牛羚及雉类等珍稀野生动物及其赖以生存的森林生态系统。该区域包括阿坝州的汶川、理县、小金县，雅安市的宝兴、芦山、天全、荥经县，成都市的崇州、大邑县，乐山市的峨眉市，眉山市的洪雅县，共计11个县的森林区域。该区域现有自然保护区8个，其中国家级自然保护区3个。

（3）凉山区域

主要保护对象：大熊猫、四川山鹧鸪、珙桐等珍稀野生动植物及常绿阔叶林生态系统。该区域包括凉山州的越西、甘洛、美姑、雷波县，乐山市的峨边、马边、金口河县，宜宾市的屏山县，共计9个县的森林区域。现有自然保护区8个，其中国家级自然保护区2个。

（4）金阳—布拖区域

主要保护对象：黑鹳、黑颈鹤等珍稀野生动物及常绿阔叶林生态系统。该区域包括凉山州的金阳、布拖及宁南三县，沿金沙江河谷的森林区域。现有自然保护区1个。

（5）若尔盖湿地

主要保护对象：黑颈鹤、隼形目鸟类及高原泥炭沼泽湿地生态系统。该区域包括阿坝州的若尔盖、红原和阿坝3县的湿地范围。现有自然保护区4个，其中国家级自然保护区1个。

（6）贡嘎山区域

主要保护对象：大熊猫、金丝猴、牛羚、林麝、康定云杉等野生动植物以及从常绿阔叶林到高山灌丛、草甸、流石滩植被的各类生态系统及冰川、裸岩景观。该区域包括甘孜州的康定、泸定、九龙，雅安市的石棉，凉山州的冕宁县，共计5个县的森林区域。现有自然保护区4个，其中国家级自然保护区1个。

（7）石渠—色达区域

主要保护对象：高山草甸及湿地生态系统；白唇鹿、藏野驴、藏羚羊、雪豹等国家Ⅰ级保护动物。区域包括甘孜州石渠和色达2县的高山草甸区域。现有自然保护区2个。

(8) 稻城—理塘海子山区域

主要保护对象：白唇鹿、林麝、马麝、雪豹、白马鸡、四川雉鹑等野生动物和高原湖泊、草甸生态系统。该区域包括甘孜州的稻城、理塘和乡城3县的森林、高山草甸及高原湖泊区域。区域内的高原湖泊数量多，为我国少有，世界罕见。

(9) 木里—盐源区域

主要保护对象：针叶林、高山栎林等生态系统；马鹿、林麝、鹦鹉类及红豆杉属珍稀动植物。该区域包括凉山州的盐源、木里县及甘孜州稻城县的森林区域。共计3个县。区域内现有自然保护区3个。

(10) 米苍山—大巴山区域

主要保护对象：水青冈属植物及阔叶林生态系统。该区域包括广元市的旺苍县，巴中市的南江、通江县，达州市的万源县，共计4个县。区域内有自然保护区4个，其中国家级自然保护区1个。

(11) 巴塘竹巴笼—白玉察青松多区域

主要保护对象：矮岩羊、白唇鹿、林麝、雉类及松茸、虫草等珍稀濒危动植物资源。该区域包括甘孜州的巴塘和白玉2县的森林区域。现有自然保护区6个，其中国家级自然保护区1个。

(12) 攀枝花西区—仁和区域

主要保护对象：攀枝花苏铁及干热河谷植被。该区域包括攀枝花市的西区和仁和区的低海拔区域。区域内的植被主体为干热河谷植被类型，是一个具有独特性的植被类型。中国及四川特有种攀枝花苏铁仅分布在该区域。已建有攀枝花苏铁国家级自然保护区1个。

(13) 筠连—兴文—古蔺—叙永—合江区域

主要保护对象，特有两栖动物及农田动物群落及常绿阔叶林生态系统，竹林生态系统，该区域包括筠连、兴文、古蔺、叙永及合江县的森林区域，主要在沿四川省省界与云南、贵州及重庆市交界区域。

4.3.2.5 《秦巴国家级生态功能保护区（四川部分）规划》

秦巴山地国家级重要生态功能区该区包括秦岭山地与大巴山地，位于渭河南岸诸多支流的发源地和嘉陵江、汉江上游丹江水系源区。行政区上涉及陕西省的汉中、安康、西安、宝鸡；甘肃省的陇南和天水；重庆市的万州；四川省的广元、巴中、达州的部分地区。由于其地处我国亚热带与暖温带的过渡带上，发育了以北亚热带为基带（南部）和暖温带为基带（北部）的垂直自然带谱，是我国乃至东南亚地区暖温带与北亚热带地区生物多样性最丰富的地区之一，因而该区不仅是重要的水源涵养区，也是生物多样性重要保护区。

四川省内秦巴山区范围包括境内的大巴山和米仓山区域。位于长江主要支流嘉陵江流域和渠江流域上游源区，该区域海拔为 335～3 837 m，地貌以峡谷、山区、丘陵区为主，植被覆盖率在 60%以上。区域内丰富的森林植被具有涵养水源、调节径流、维持生物多样性、调节气候等生态功能，与相邻的陕西省秦巴山地区域共同组成重要水源涵养地。同时该区域作为四川省的生态屏障区域，还是生物多样性热点地区，其生态环境的好坏会直接影响整个四川的生态环境质量、生物多样性的状况和区域生态安全（图 4－13）。

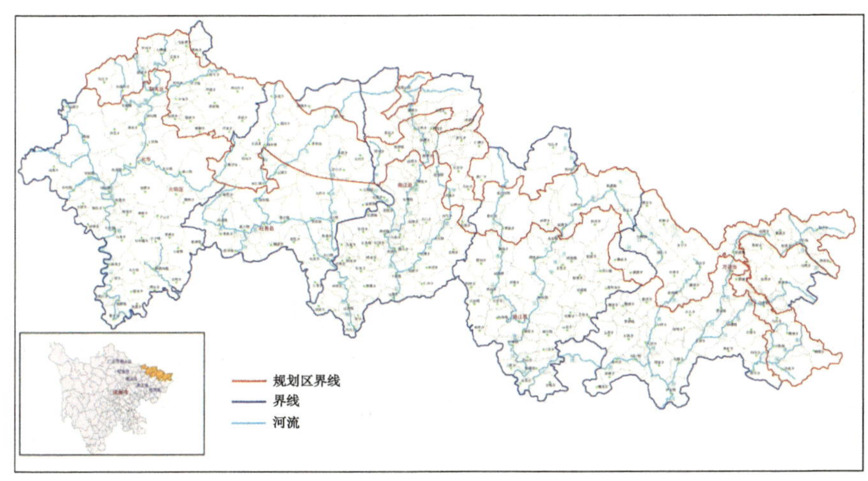

图 4－13　秦巴国家级生态功能保护区（四川部分）范围图

四川省秦巴山区域内，现已建有各级自然保护区 8 个，其中：国家级自然保护区 2 个、省级自然保护区 5 个、市级自然保护区 1 个（表 4－4）。区域内已建自然保护区面积 2 622.8 km^2，占国土面积的 14.8%。

表 4－4　区域自然保护区统计表

保护区名称	行政区域	面积/hm^2	主要保护对象	类型	级别	建立时间	主管部门
米仓山国家级自然保护区	旺苍县	23 400	森林和野生动物	森林生态	国家级	2006	林业
花萼山国家级自然保护区	万源县	48 203.4	森林和野生动物	森林生态	国家级	2007	环保
诺水河省级自然保护区	通江县	63 000	森林和野生动物	森林生态	省级	1986	环保

续表

保护区名称	行政区域	面积/hm^2	主要保护对象	类型	级别	建立时间	主管部门
诺水河大鲵省级自然保护区	通江县	18 500	大鲵等水生动物	水生野生动物	省级	2004	水产
光雾山—大小兰沟自然保护区	南江县	40 155	森林和野生动物	森林生态	省级	1999	环保
水磨沟省级自然保护区	朝天区	7 830	森林和野生动物	森林生态	省级	2001	林业
嘉陵江源湿地市级自然保护区	朝天区	6 847	嘉陵江水源湿地	内陆湿地	市级	2005	林业
五台山猕猴县级自然保护区	通江县	30 440	森林和野生动物	森林生态	市级	2001	林业

4.3.3 四川省生物多样性生态功能区识别结果

综合本次生物多样性评价结果、国家和四川省主体功能区划、四川省生态功能区划对生物多样性保护区的要求，四川省环保厅和四川省环科院完成了四川省生物多样性评价报告和生物多样性保护行动计划的相关成果，完成生物多样性保护生态功能区初步识别结果，如图 4－14 所示。

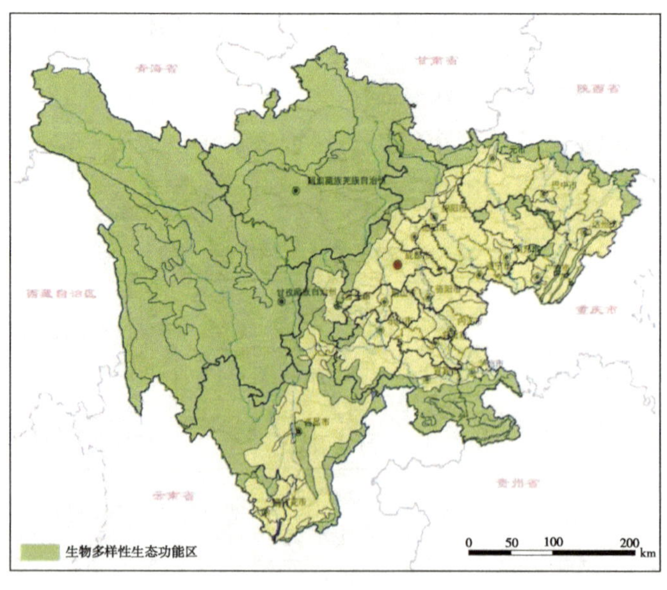

图 4－14　生物多样性保护生态功能区初步识别结果

4.4 水源涵养生态功能区初步识别

4.4.1 水源涵养重要性评价结果

按照国家环境功能区划技术指南完成的四川省水源涵养重要性评价结果见图 4－15。

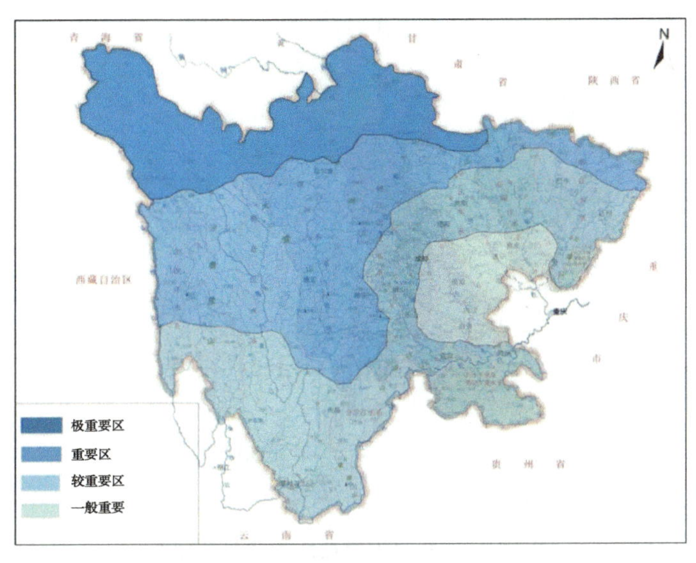

图 4－15　水源涵养重要性评价结果

4.4.2 相关规划要求和已有成果

4.4.2.1 《主体功能区规划》

国家层面的水源涵养重点功能区为若尔盖草原湿地生态功能区，同时秦巴生物多样性生态功能区兼有水源涵养功能（图 4－16）。

若尔盖草原湿地生态功能区功能定位：水源涵养、水文调节以及维系生物多样性和防治土地沙化等功能。推进天然林草保护、围栏封育，治理水土流失，恢复草原植被，保持湿地面积，保护珍稀动物，维护和重建湿地、森林、草原等生态系统。严格保护具有水源涵养功能的自然植被，禁止过度放牧、开垦草原等行为。以高寒泥炭沼泽湿地生态系统和黑颈鹤等珍稀野生动物保护为主，维持丘状高原原始自然景观，保护沼泽湿地及生物多样性，为长江、黄河源头的水源涵养提供基础保障。在生态脆弱区实施生态移民，加强生态恢复，加快防沙治沙步伐，

恢复与重建水源涵养区森林、草原、湿地、荒漠等生态系统，提高生态系统的水源涵养功能。提高沼泽水位、恢复沼泽湿地、治理沙化土地，严禁泥炭开采和沼泽湿地疏干改造；对已遭受破坏的草甸和沼泽生态系统，加快组织重建和恢复，加大沙化土地治理力度。

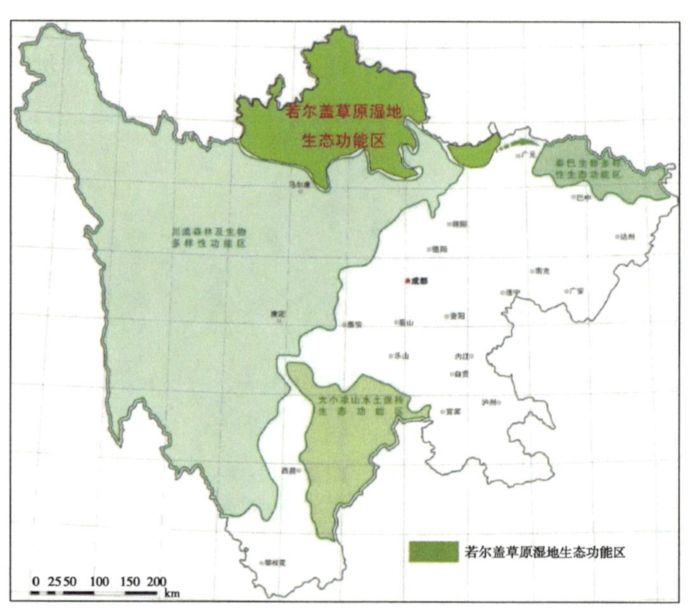

图 4－16 四川省重要水源涵养功能区

4.4.2.2 《四川省生态功能区划》

四川省水源涵养功能极重要区域主要分布在川西高山高原、盆周山地及川西南山地；中等重要区域主要分布在盆地内嘉陵江、渠江、涪江、沱江流域上游地区；较重要区域主要分布在嘉陵江、渠江、涪江流域中游，沱江、岷江流域中下游、金沙江流域下游和长江上游干流流域；盆地内嘉陵江、渠江、涪江下游地区为一般区域（图 4－17）。

4.4.3 四川省水源涵养生态功能区识别结果

根据本次生物多样性保护重要性评价，以及国家、四川省主体功能区划、生态功能区划中有关水源涵养保护区的要求，完成水源涵养生态功能区初步识别结果如图 4－18 所示。

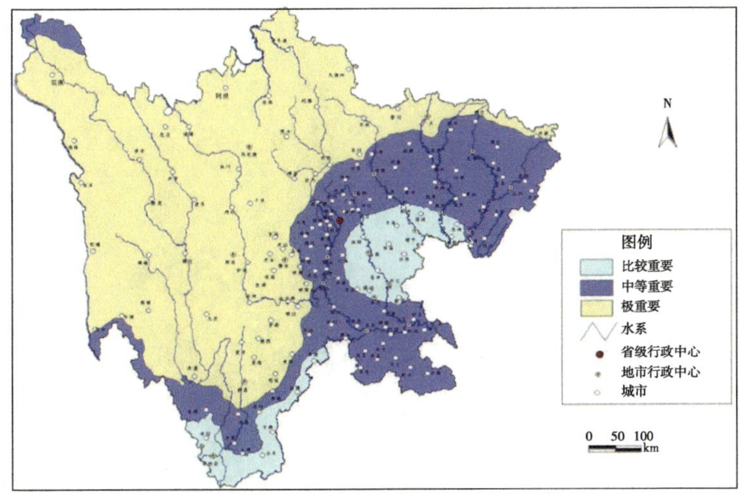

图 4－17　四川省水源涵养功能重要性分区

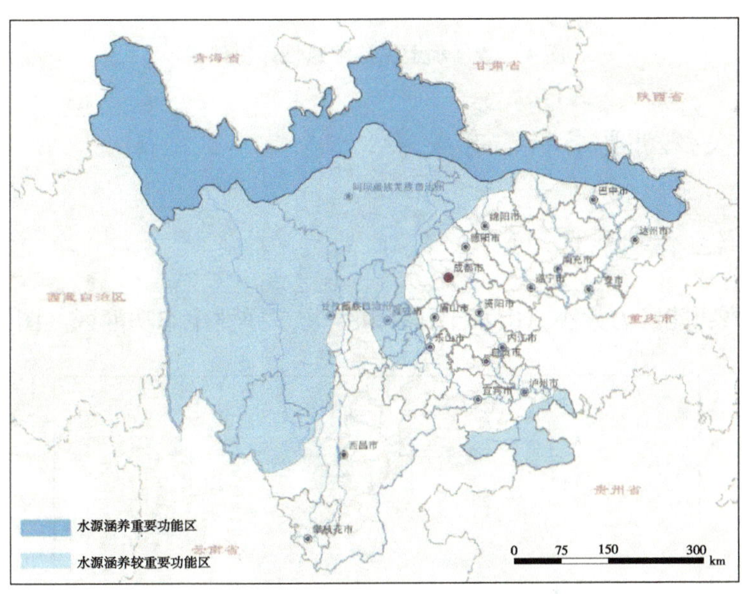

图 4－18　水源涵养生态功能区初步识别结果

4.5　水土保持生态功能区初步识别

4.5.1　水土保持重要性评价结果

按照国家环境功能区划技术指南完成的四川省水土保持重要性评价结果见图 4－19。

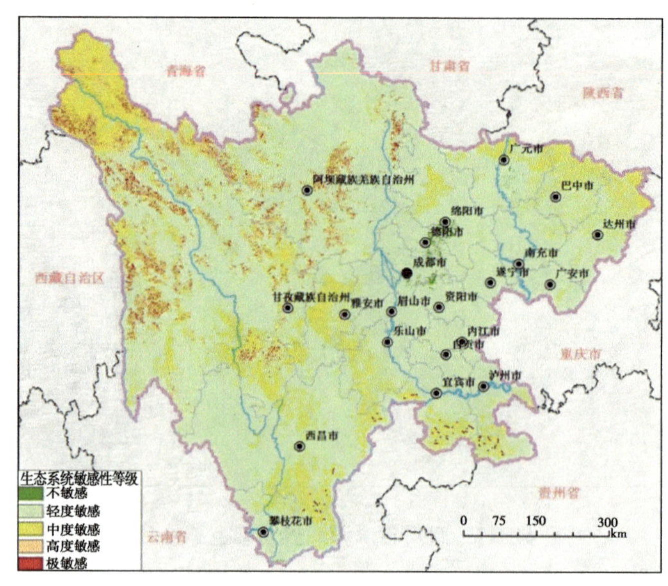

图 4－19　水土保持敏感性评价结果

4.5.2　相关规划要求和已有成果

4.5.2.1　《主体功能区划》

省级重要功能区为大小凉山水土保持和生物多样性生态功能区（图 4－20）。

图 4－20　四川省水土保持重点功能区分布

该区域主体功能定位：是长江上游水土保持的重点区域，是四川省生物多样性保护的重点区域，是长江上游生态屏障的重要组成部分。以维护区域生态系统完整性、保证生态过程连续性和改善生态系统服务功能为中心，加强生态保护，增强脆弱区生态系统的抗干扰能力，从源头控制生态退化和水土流失。以金沙江、雅砻江、大渡河及安宁河干流为重点，严禁樵采、过垦、过牧和无序开矿等破坏植被行为。推广封山育林育草技术，有计划、有步骤地建设水土保持林、水源涵养林和人工草地，恢复山体植被。以小流域为单元，进行以坡改梯和坡面水系建设为主的坡耕地综合整治，采用补播方式播种优良灌草植物，提高山体林草植被覆盖度，重点治理泥石流和滑坡，控制沟谷蚀；开展石漠化综合治理，拦蓄泥沙，保护土壤资源。以“长治”、天然林资源保护、石漠化综合治理、野生动植物保护、自然保护区建设、湿地保护及土地整理等国家重点生态工程为依托，对不同流域进行差别化治理，推进干热河谷和山地生态修复与重建。坚持“以防为主，防治结合”，以非工程措施为主、并与工程措施相结合，工程治理和生物治理相结合，结合堤防、护岸、谷坊、拦沙坝、排导沟、水库等工程措施，逐步形成完善的山地灾害防治体系。保护原生森林、流域生态系统，加强造林绿化、小流域治理、矿山生态恢复等生态工程，提高水源涵养、水土保持和野生动植物保护等生态功能。

4.5.2.2 《四川省生态功能区划》

(1) 水土保持敏感性评价

1) 土壤侵蚀敏感性

四川省土壤侵蚀极敏感区域主要分布在盆周山地及川西南局部区域；高度敏感区主要分布在川西北高山和盆地深丘地区；中度和轻度敏感区主要分布在川西高原及盆地浅丘地区；四川盆地成都平原及宽谷平坝为不敏感区域。

2) 沙漠化敏感性

四川省的甘孜州、阿坝州的部分草原为沙漠化中度敏感区，凉山州、攀枝花市的干热河谷和甘孜州、阿坝州的干旱河谷地带为沙漠化轻度敏感区，其余地方为不敏感区。

(2) 水土保持重要性评价

1) 土壤保持重要性

土壤保持功能极重要区域主要分布在盆周及川西南山地，中等重要区域主要分布在川西高山和盆地深丘地区；较重要区域主要分布在川西高原及盆地浅丘地区；四川盆地成都平原及宽谷平坝地区为一般区域。

2）沙漠化控制重要性

四川省受沙漠化影响严重的地区在阿坝州若尔盖及红原一带和甘孜州理塘，该地区沙漠化控制功能的重要性等级属极重要，川西高原牧区中等重要。

（3）水土保持重要区域分布

四川省生态功能区划的36个三级分区中，具有重要水土保持功能的分区有13个，具体如下。

Ⅰ－2－1 盆北深丘农林业与土壤保持生态功能区

Ⅰ－2－3 嘉陵江中下游农业与土壤保持生态功能区

Ⅰ－3－2 大巴山水源涵养与土壤保持生态功能区

Ⅰ－4－1 华蓥山农林业与土壤保持生态功能区

Ⅰ－5－1 宜南矿产业与土壤保持生态功能区

Ⅱ－1－2 盐源农牧业与土壤保持生态功能区

Ⅱ－2－2 汉源—甘洛矿产业—农林业与土壤保持生态功能区

Ⅱ－2－3 凉山山原农牧业与土壤保持生态功能区

Ⅱ－2－4 安宁河流域特色农业与土壤保持生态功能区

Ⅱ－3－1 金沙江下游资源开发与土壤保持生态功能区

Ⅲ－1－2 茶坪山生物多样性保护与土壤保持生态功能区

Ⅲ－2－2 岷江上游水源涵养与土壤保持生态功能区

Ⅲ－3－2 雅砻江中游林牧业与土壤保持生态功能区

4.5.2.3 水利部门关于水土保持重点区的划分

《水利部关于划分国家级水土流失重点防治区的公告》（水利部公告 2006年第2号）根据水土流失程度以及治理方向划分了国家级水土流失重点治理区和重点预防区。其中涉及四川省的国家级水土流失重点治理区包括嘉陵江中上游重点治理区和金沙江下游治理区，国家级水土流失预防区包括金沙江上游预防保护区。

（1）嘉陵江中上游治理区

包括万源市、宣汉县、开江县、达县、大竹县、邻水县、华蓥县、青川县、广元市市辖区、旺苍县、南江县、通江县、平昌县、达州市通川区、渠县、广安市、巴中市巴州区、剑阁县、苍溪县、梓潼县、射洪县、盐亭县、三台县、仪陇县、营山县、大英县、隧宁市安居区、隧宁市船山区、蓬溪县等。

（2）金沙江下游治理区

包括会东县、会理县、攀枝花市市辖区、盐边县、盐源县、木里藏族自治县、兴文县、高县、屏山县、雷波县、金阳县、宁南县、布拖县、德昌县、米易县、普格县、西昌市、昭觉县、冕宁县、喜德县、越西县、石棉县、美姑县、甘洛县、汉源县、雅安市雨城区、洪雅县、丹棱县等。

(3) 金沙江上游预防保护区

包括得荣县、巴塘县、稻城县、乡城县、九龙县、雅江县、理塘县、白玉县、新龙县、道孚县、炉霍县、甘孜县、德格县、石渠县等。

根据四川省水利厅和水土保持局组织编制的《四川省国家级水土流失重点防治区复核划分报告》，除了上述国家级重点治理区，还新增了龙门山地震重灾区重点治理区和沱江中下游重点治理区 2 个省级重点治理区。其中通江县、南江县、巴州区、梓潼县、蓬安县、蓬溪县、小金县、金川县、理县、雨城区、天全县、旺苍县、元坝区、剑阁县、古蔺县、叙永县、宣汉县、万源市总共 18 个县（市、区）被正式纳入 2013—2017 年国家水土保持重点实施范围，5 年内通过水土工程、生态林建设等综合措施完成水土流失综合治理面积 100 km^2 以上。

4.5.2.4 《四川省石漠化防治规划》

四川省岩溶区主要分布在四川盆地丘陵向盆周山区、高山峡谷的过渡地带，依据对石漠化的监测结果显示，四川省岩溶地区有石漠化土地 7 749 km^2，占岩溶区面积 2 764 322 hm^2 的 28%，占石漠化所在县（市、区）国土总面积的 6.6%。全省石漠化程度深，在四川省现有石漠化土地中，有重度石漠化面积 158 671 hm^2，占 20.5%；中度石漠化面积为 481 626 hm^2，占 62.1%。中度以上（含）石漠化面积超过石漠化总面积的 82.63%，石漠化分布范围广。四川省石漠化分布在 10 个市、州 46 个县（市、区），分别占四川省地级、县级行政区划的 47.6%和 22.8%；分布区海拔为 600～2 800 m 的区域石漠化特征明显。四川省石漠化土地在川西南山地区呈集中连片分布，以攀西（昌）盐源侵蚀宽谷盆地中山区最为严重，石漠化类型最多、面积最大；峨眉山、大凉山侵蚀中山区潜在石漠化面积较大；四川盆地盆周山地区呈不连续分散分布。石漠化分布区地层以三叠系、二叠系灰岩、白云质灰岩地层最为严重；石漠化发育区地貌类型主要为中、低山石丘坡地、溶蚀残丘、宽谷盆地周山，以第三级剥夷面为主（图 4－21）。

4.5.3 四川省水土保持生态功能区识别结果

根据水土保持重要性评价结果，结合主体功能区划、生态功能区划有关水土保持的要求，水利部门依据水土保持重点区域的划分、石漠化防治规划的成果，完成水土保持生态功能区初步识别结果见图 4－22。

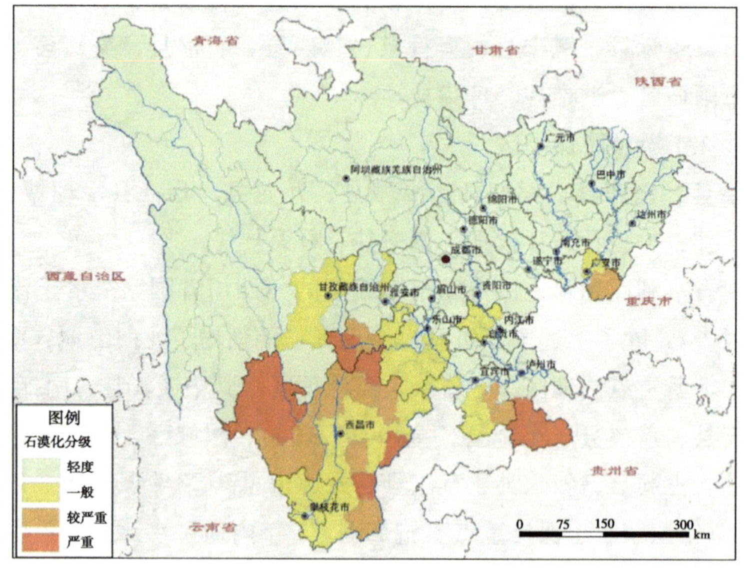

图 4-21　四川省石漠化较严重的地区分布

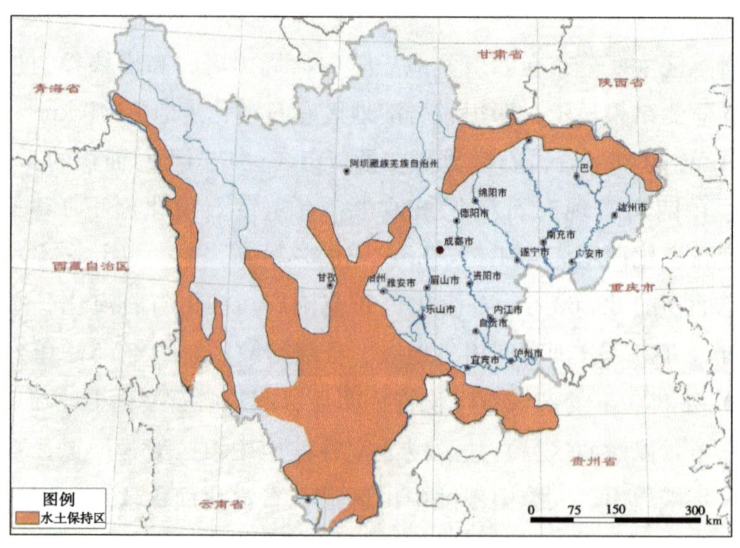

图 4-22　水土保持生态功能区初步识别结果

4.6　农产品环境安全保障区初步识别

4.6.1　四川省耕地分布情况

根据最新遥感解译（2010 年），四川省水田和旱地分布见图 4-23。

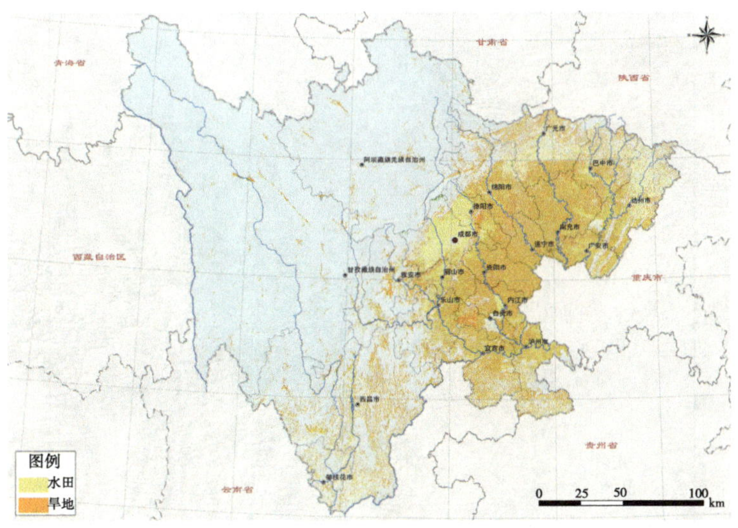

图 4－23　四川省耕地分布情况

4.6.2 《四川省主体功能区划》有关农产品区的划分

《四川省主体功能区划》中把农产品主产区作为限制进行大规模高强度工业化城镇化开发的区域，是为了切实保护农业发展条件较好区域的耕地，使之能集中各种资源发展现代农业，不断提高农业综合生产能力。通过集中布局、点状开发，在县城适度发展非农产业，可以避免过度分散发展工业带来的对耕地过度占用等问题。

按照国家构建农业战略布局的要求，四川省推进建立以基本农田为基础，构建以盆地中部平原浅丘区、川南低中山区、盆地东部丘陵低山区、盆地西缘山区和安宁河流域五大农产品主产区为主体，以其他农业地区为重要组成的农业战略格局（图 4－24）。推进五大农产品主产区内耕地面积较多、农业条件较好的县（市、区）大力发展现代农业。以保障粮食安全和提高农业综合生产能力为目标，优化农业结构，提高农业产业化经营。大力发展粮油、畜禽、水产、果蔬、林竹、茶叶等特色效益农业，培育一批现代畜牧业重点县、现代农业产业基地强县和林业产业重点县，建成全国重要的优质特色农产品供给基地。

全省农产品主产区是国家层面限制开发的农产品主产区，是国家“七区二十三带”为主体的农业战略格局的重要组成部分，是长江流域农产品主产区中的优质水稻、小麦、棉花、油菜、畜产品和水产品产业带，是国家重要的粮食、油料、生猪等主产区。该区域涉及 35 个县（市），国土面积 6.7 万 km^2，扣除其中重点开发的县城镇及重点镇规划面积 1 750 km^2，占全省幅员面积的 13.4%（图 4－25）。

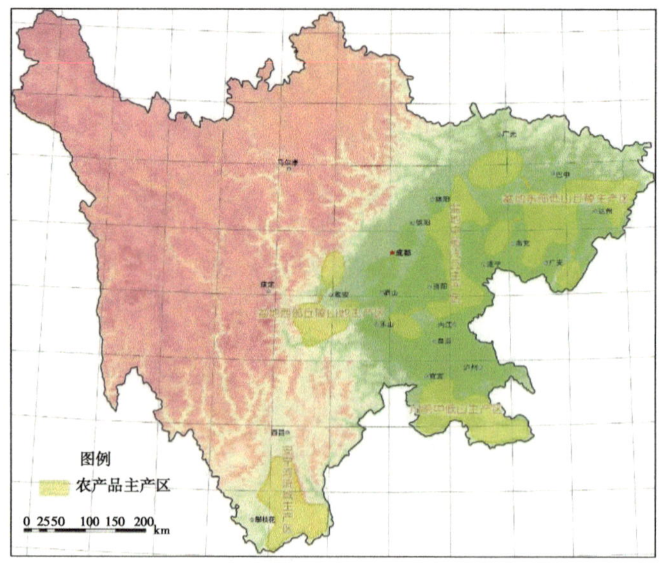

图 4－24　四川省农业战略格局示意图

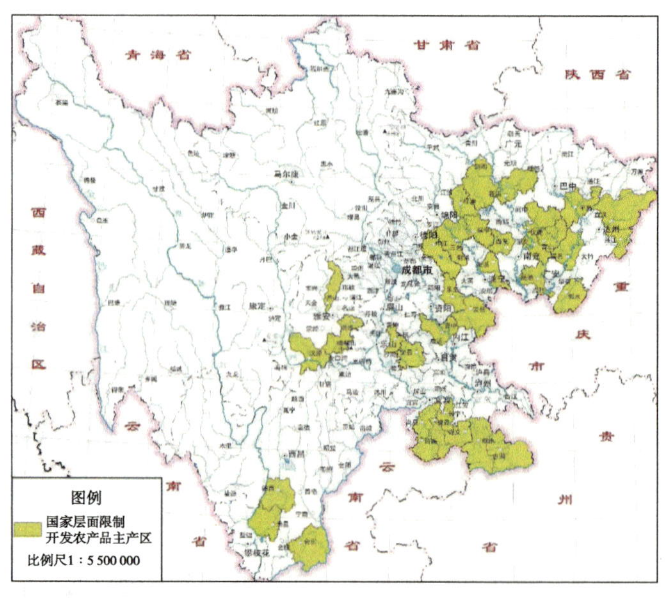

图 4－25　四川省农产品主产区分布图

根据《四川省主体功能区划》，全省重点开发区域、农产品主产区和重点生态功能区中基本农田保护面积为 5.14 万 km^2，占全省幅员面积的 10.7%。其中：重点开发区域中基本农田保护面积为 2.7 万 km^2，农产品主产区中基本农田保护面积为 1.8 万 km^2，重点生态功能区中基本农田保护面积为 0.7 万 km^2。

4.6.3　四川省农产品环境安全保障区识别结果

综合以上分析，农产品环境安全保障区初步识别结果见图 4－26。

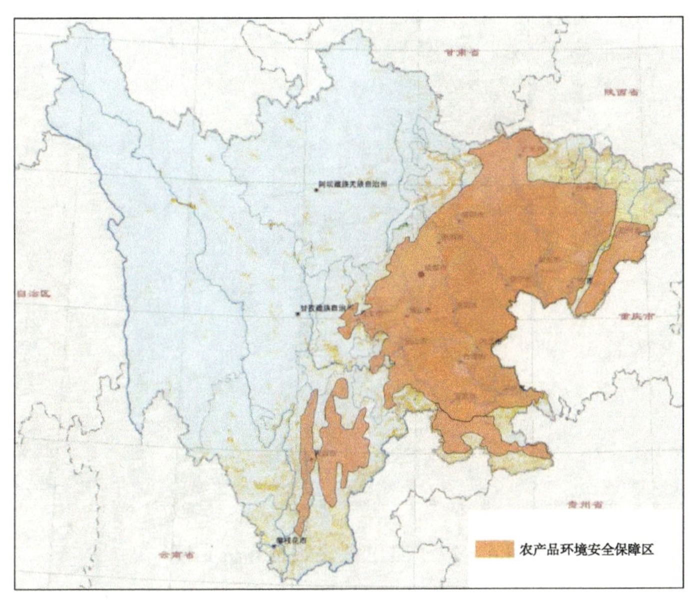

图 4－26　农产品环境安全保障区识别结果

4.7　牧产品环境安全保障区初步识别

4.7.1　四川省天然牧草场分布

根据最新遥感解译（2010 年），四川省天然草场分布见图 4－27。

4.7.2　相关已有成果

四川省是全国畜牧业大省，畜牧业发展正处于提质转型的关键时期，主要畜牧发展区包括甘孜、阿坝、凉山 3 个民族自治州的 48 个县（市），幅员面积占全省的 61.3%。四川天然草地面积为 3.13 亿亩，其中可利用天然草地面积为 2.68 亿亩。草山草坡 4 000 多万亩，青绿饲料资源丰富，为发展节粮型草食畜禽为主的特色畜牧业提供了充足的饲草饲料资源，是全国五大牧区之一。

四川省牧区地处川、藏、滇、青、甘 5 省接合部，面积广阔，草畜资源十分丰富。到 2015 年，四川省将全面完成草原承包和基本草原划定工作，建立健全草原生

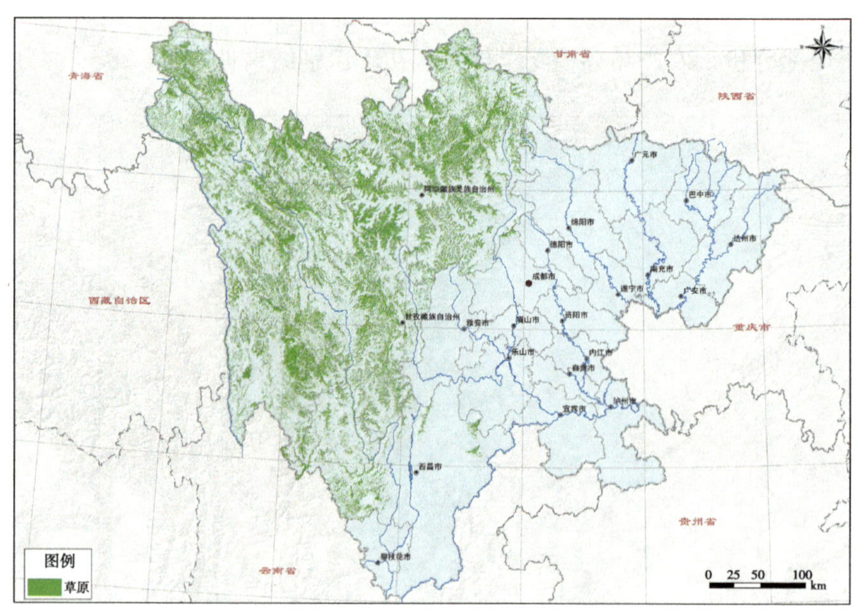

图 4－27　四川省天然草场分布图

态保护补助奖励机制，初步实现草畜平衡，草原生态环境显著改善，天然草原改良面积达到 20%，发展人工草地 800 万亩，草地植被覆盖度达到 5%。

四川省根据区域优势和资源分布划分了四大优势畜牧业产业带：一是成都平原地区畜牧高新技术产业示范区，包括成都、德阳、绵阳等 21 个县，重点发展高技术含量、高附加值畜牧产业；二是丘陵地区和川西南山区外向型优质畜产品生产区，包括无规定动物疫病区建设范围内的 98 个县，重点发展外向型优质生猪、肉羊、肉兔等项目；三是盆周山地区优质草食牲畜生产区，包括以洪雅、宣汉、西充等为中心的 32 个县，重点发展奶牛及优质肉牛、羊等草食牲畜养殖；四是川西北高原绿色生态畜产品生产区，包括三州的 31 个县，重点开发和建设无污染、风味独特的优质牦牛绿色肉、奶食品生产基地。

4.7.3　四川省牧产品环境安全保障区识别结果

根据四川省天然牧场分布和国家、四川省有关重点牧区的要求，完成四川省牧产品环境安全保障区初步识别结果见图 4－28。

图 4－28　牧产品环境安全保障区初步识别结果

4.8　聚居环境维护区初步识别

4.8.1　《四川省主体功能区划》相关划分

按照国家构建城市化、战略格局的要求，结合全面建成小康社会的战略目标，推进形成全省主体功能区构建“一核、四群、五带”为主体的城镇化战略格局。依托区域性中心城市和长江黄金水道、主要陆路交通干线，形成成都都市圈发展极核，成都、川南、川东北、攀西四大城市群，成德绵广（元）、成眉乐宜泸、成资内（自）、成遂南广（安）达与成雅西攀五条各具特色的城镇发展带。重点推进成都平原、川南、川东北和攀西地区工业化城镇化基础较好、经济和人口集聚条件较好、环境容量和发展潜力较大的部分县（市、区）加快发展，使之成为全省产业、人口和城镇的主要集聚地（图 4－29）。

全省重点开发区域包括成都平原、川南、川东北和攀西地区 19 市（州）中的 89 个县（市、区），以及与之相连的 50 个点状开发城镇，该区域面积为 10.3 万 km^2，占全省幅员面积的 21.2%。其中国家层面重点开发区域包括成都平原地区 45 个县（市、区），以及与之相连的 14 个点状开发城镇（0.06 万 km^2）。该区域面积为 4.0 万 km^2，占全省幅员面积的 8.3%；省级层面重点开发区域包括川南、川东北和攀西地区的 44 个县（市、区），以及与之相连的 36 个点状开发城镇（0.16 万 km^2），

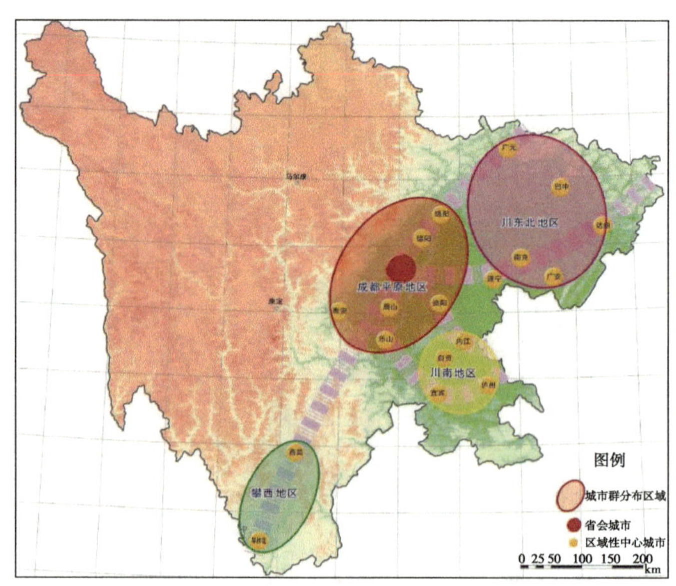

图 4－29　四川省城市化发展战略格局图

该区域面积为 6.3 万 km^2，占全省幅员面积的 12.9%。

但重点开发区域中未扣除国家重点开发区、省级重点开发区涉及县（市、区）内的基本农田和禁止开发区域。若把基本农田（2.7 万 km^2，占全省幅员面积的 5.56%）和禁止开发区域（1.38 万 km^2，占全省幅员面积的 2.84%）扣除，则重点开发区域面积约占全省幅员面积的 12.8%（图 4－30）。

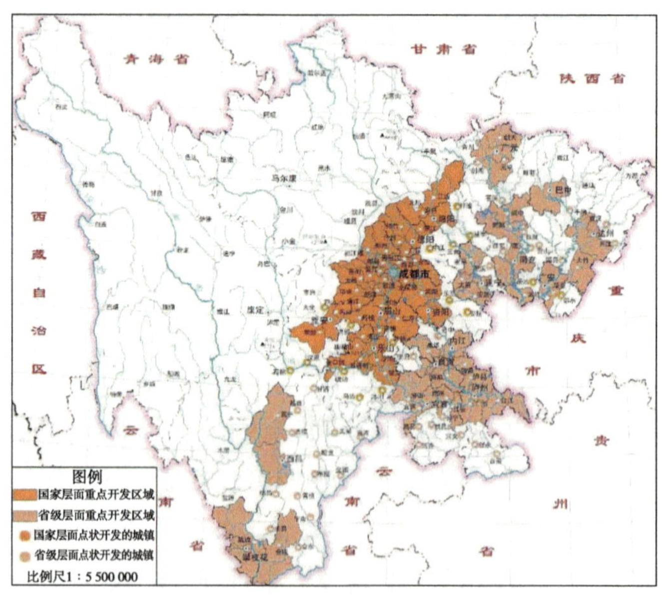

图 4－30　四川省重点开发区分布图

4.8.2　高度城镇化和工业化的地区识别

4.8.2.1　重点城镇发展布局

四川省城镇化进程发展虽然较快，但仍然存在一些问题。与全国平均水平差距依然较大。2012 年与全国平均水平相差 9.07 个百分点，在全国各省市区的位次靠后，仅有成都市、攀枝花市城镇化率达到了全国平均水平以上。省内地区差异明显，成都平原城镇化水平相对较高，丘陵地区相对较低，民族地区比较落后，2012 年城镇化率最高的成都市与最低的甘孜州极差达 44.03 个百分点；城镇体系结构不尽合理，形成成都 1 个超大城市，绵阳、宜宾、南充等 7 个中等城市，都江堰、西昌等 147 个小城市的城市体系，成都市城市首位度达到 3.92，存在过度集中的趋势，大、中等城市较少，辐射带动能力较弱（图 4－31）。

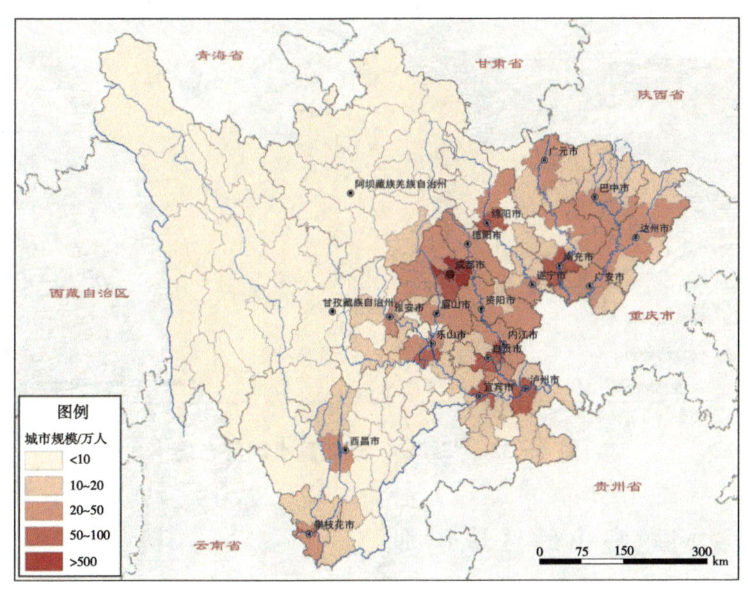

图 4－31　四川省城镇化发展规模分布情况

4.8.2.2　工业园区布局

全省依据各地的资源、产业、市场、区位等条件，推进优势产业、优势企业向产业园区聚集。截至 2012 年年底，全省共有各类产业园区 213 个，主要集中在成都平原及盆地周边经济相对发达的地区，其中成都、绵阳、乐山、宜宾、雅安、眉山、资阳、凉山 8 个市（州）产业园区数量占全省的 58%。2012 年全省已建成营业收入超 100 亿元园区 51 个，超 500 亿元园区 7 个，超 1 000 亿元园区 2 个，其中成都高新区率先超过 2 000 亿元，圆满完成全省成长型特色产业园区（“1525”工程园区）建设目标，形成了德阳重大技术装备、绵阳数字家电、攀枝花钒钛、成都汽车、资阳车城、达州天然气化工、武侯皮鞋、夹江瓷都、遂宁食品、眉山铝硅、泸州白酒、南充丝纺服装等特色工业集中区。2013 年省政府决定实施“51025”重点产业园区发展计划，通过 5 年的努力，力争建成 5 个营业收入超过 2 000 亿元的产业园区、10 个营业收入超过 1 000 亿元的产业园区、20 个市（州）建成 25 个营业收入超过 500 亿元的产业园区（图 4－32）。

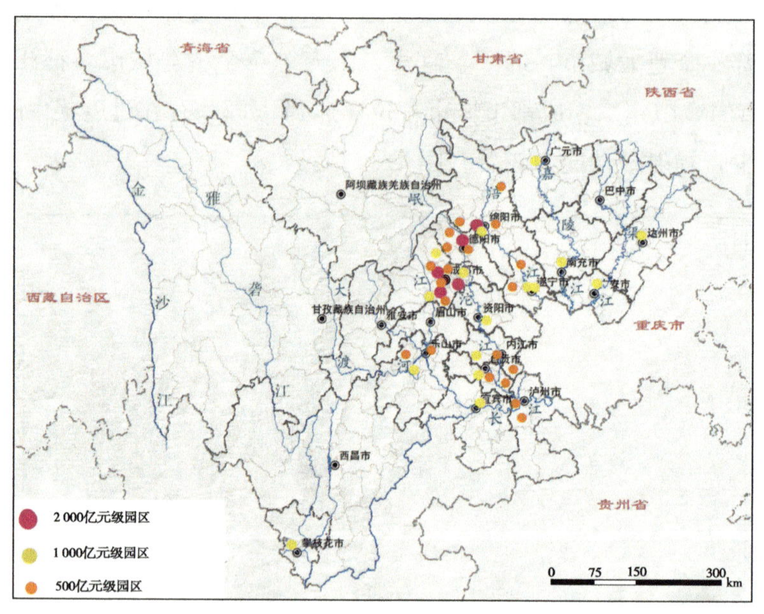

图 4－32 “51025”规划重点园区布局

4.8.3 环境问题突出的区域识别

利用 AURI 卫星 OMI 产品反演全省 NO_2 年均浓度分布情况，其结果见图 4－33，可以看出，全省 NO_2 浓度高值区主要分布在成渝经济区区域及攀枝花地区，且在成都、德阳、绵阳和眉山之间呈现出一条明显的高浓度分布带，特别是成都市大部分区域 NO_2 浓度都相对较高；另外，在乐山、自贡及宜宾等地市城区也有相对较高的 NO_2 浓度分布。由于目前全省 $PM_{2.5}$ 监测数据较少，因此采用卫星遥感反演及第三代空气质量模式（Models－3/CMAQ）模拟来获取全省 $PM_{2.5}$ 浓度分布特征，其结果分别见图 4－34 和图 4－35。由图可知，全省 $PM_{2.5}$ 浓度高值区主要出现在成都、德阳、眉山及宜宾等区域，并沿盆地边缘分布，呈连片区域污染特征，其中成

都市的 $PM_{2.5}$ 浓度最高。

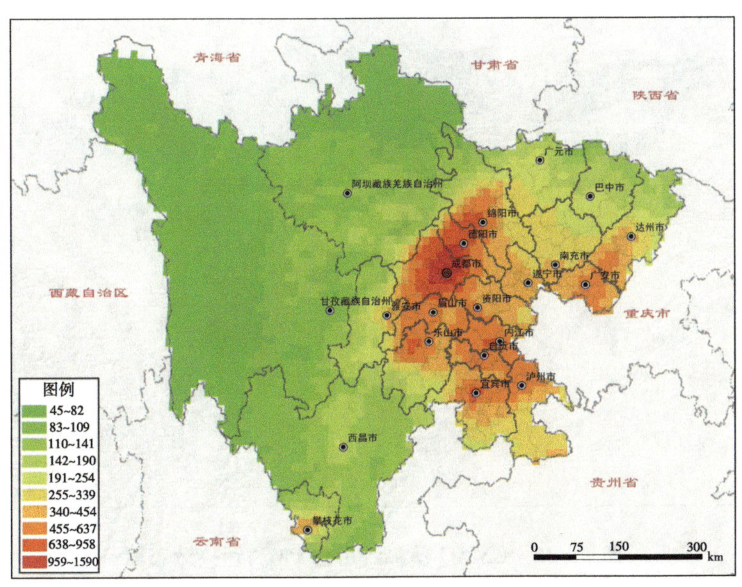

图 4－33　卫星反演 NO_2 分布模拟图

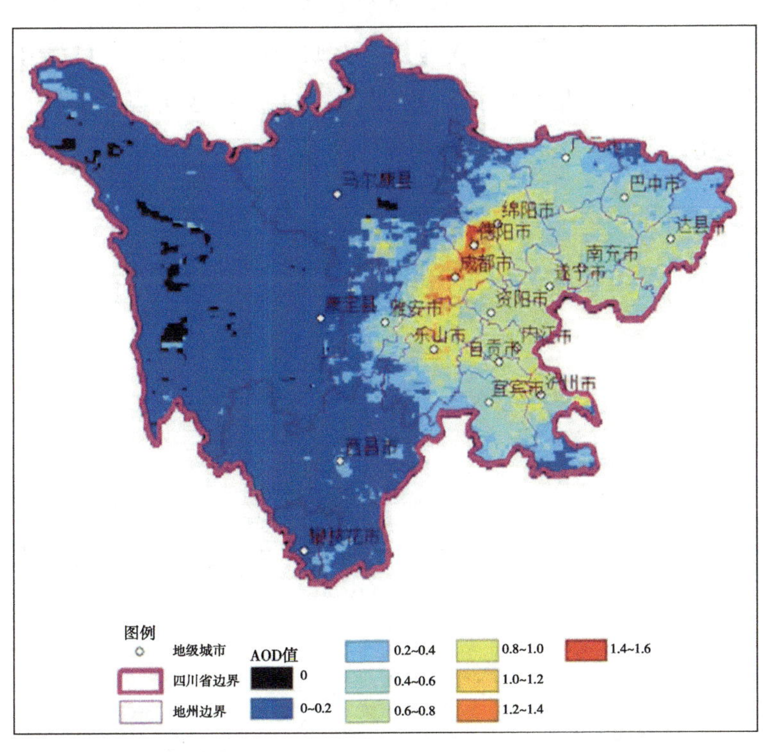

图 4－34　四川省气溶胶光学厚度模拟分布情况

根据近 5 年的水质监测结果，岷沱江流域水质相对较差，其中岷江中下游和沱

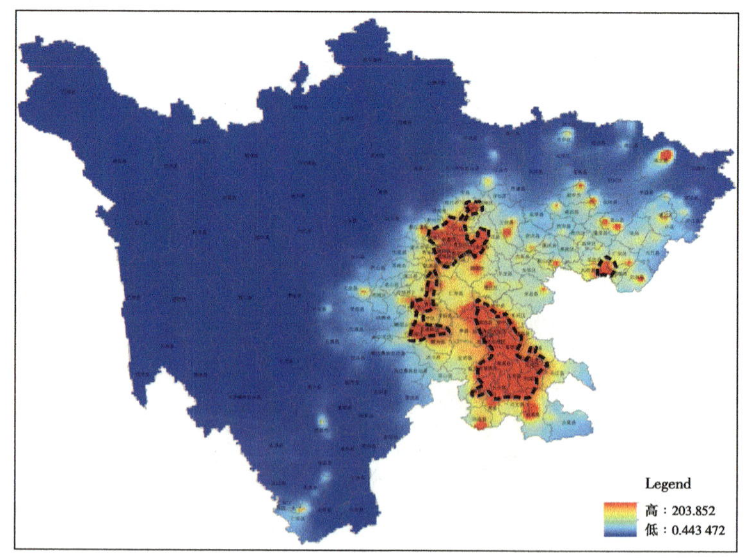

图 4-35　CMAQ 模拟四川省 $PM_{2.5}$ 污染分布图

江中游水质超标现象较突出，长江干流由于总磷浓度高，部分江段水质达不到功能区要求，从区县分布看，水质超标的区县有：金堂县、双流县、大安区、东坡区、贡井区、彭山县、青神县、荣县、威远县、五通桥区、沿滩区、自流井区，其中大安区、双流县、威远县、五通桥区、沿滩区、自流井区劣Ⅴ类断面比例达到了100％（图 4-36）。

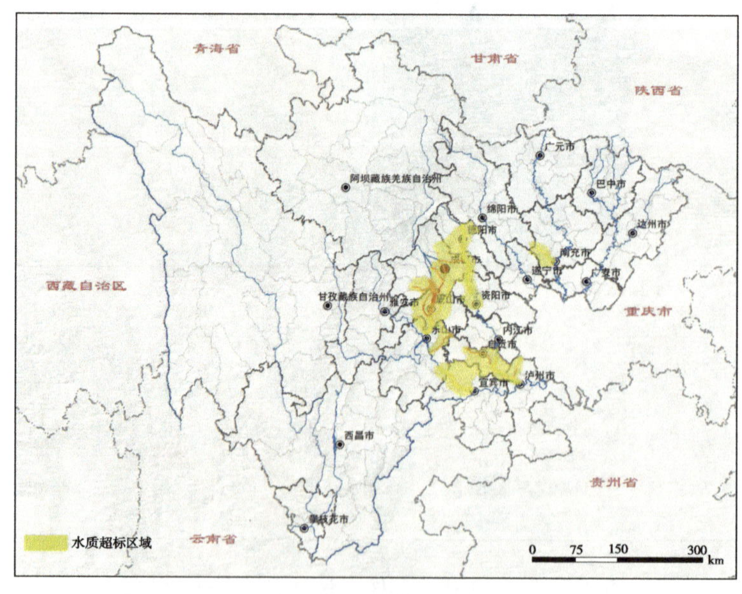

图 4-36　四川省水质超标区域分布情况

4.8.4　重点污染源集中分布区识别

4.8.4.1　重点工业污染源

（1）重点工业废水 COD 排放源

从 COD 污染源强分布看，分布密度较大的区域主要集中在成都平原区的成都、德阳、绵阳、眉山、乐山以及川南的宜宾、自贡、内江等区域，相对而言川东北、攀西和川西北 COD 排放负荷较小。另外，较大 COD 污染源主要分布在成都、绵阳、乐山、宜宾等区域，从流域分布看，岷沱江中下游和长江沿岸 COD 排污量较大（图 4－37）。

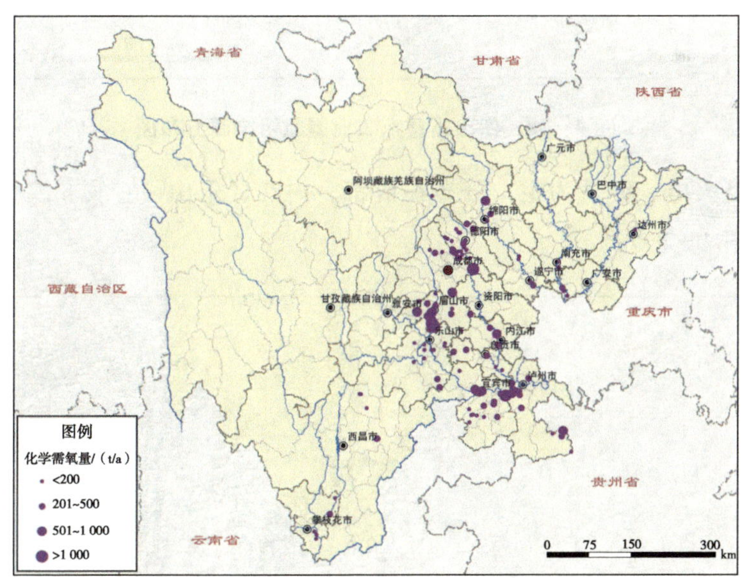

图 4－37　四川省重点工业 COD 污染源分布图

（2）重点工业废水氨氮排放源

氨氮排放分布密度较大的区域主要集中在成都平原区的成都、德阳、眉山、乐山以及川南的宜宾、自贡、内江、泸州等区域，川东北的南充、遂宁也有一定较大排放源。较大氨氮污染源主要分布在成都、绵阳、乐山、宜宾、自贡等区域，从流域分布看，岷沱江中下游和长江沿岸氨氮排污量较大（图 4－38）。

（3）重点工业废气 SO_2 排放源

从区域分布来看，全省共有 4 个较集中的分布区，分别为成都平原区的成德绵眉乐，川南的宜自内泸，川东北的达州、广安，攀西的攀枝花、西昌等地。较大的

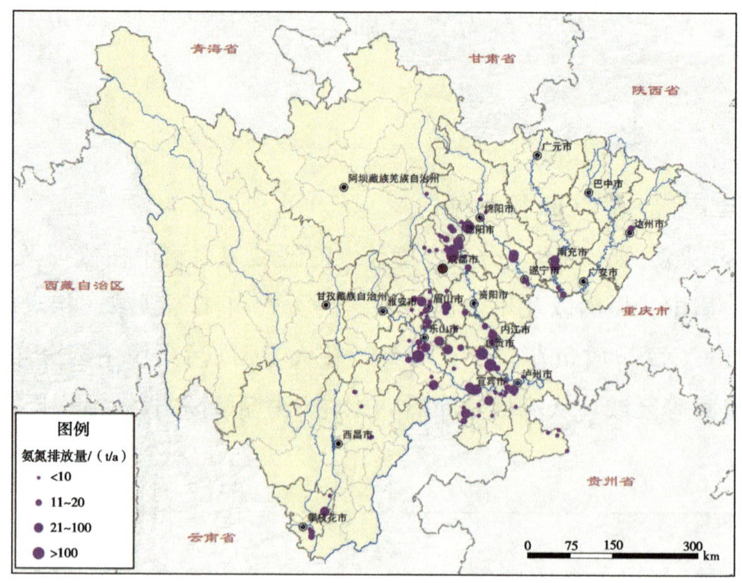

图 4－38　四川省重点工业氨氮污染源分布图

SO_2 排放源以火电、钢铁为主，分布在成都、内江、乐山、宜宾、广安和攀枝花、西昌等地（图 4－39）。

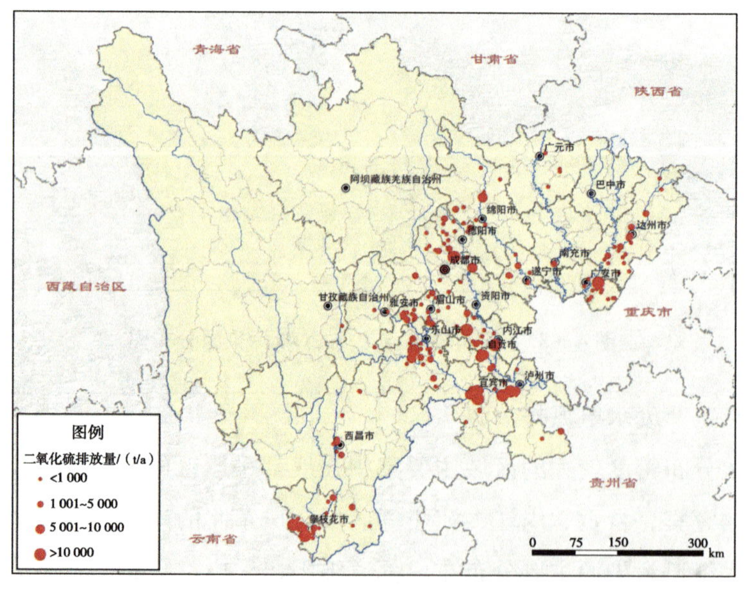

图 4－39　四川省重点工业废气 SO_2 污染源分布图

（4）重点工业废气 NO_x 排放源

从区域分布来看，全省共有 4 个较集中的区域，为成都平原区的成德绵眉乐，川南的宜自内泸，川东北的达州、广安，攀西的攀枝花等地。较大的 NO_x 排放源以

火电、钢铁、水泥为主，分布在成都、德阳、绵阳、内江、自贡、乐山、宜宾、广安、达州和攀枝花等地（图4－40）。

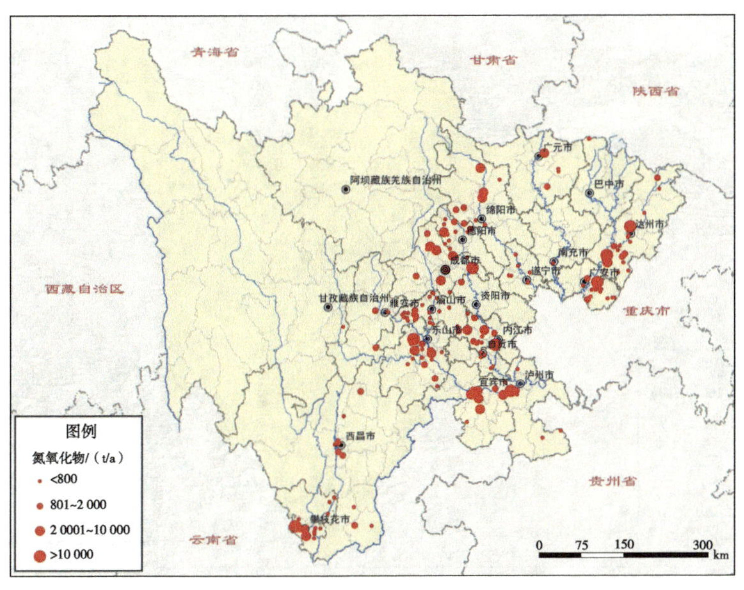

图4－40　四川省重点工业废气 NO_x 污染源分布图

4.8.4.2　重点城市生活污水处理厂

2012年，四川省污水设计处理能力在1 000 t/d以上的污水厂共计247个，全省较大城市均建立了较完善的污水收集和处置系统，城市生活污水和部分工业废水得到了较好的集中处置。由于城镇生活污水逐步成为影响水体污染的第一主因，因此，污水处理厂的分布情况也能较好地反映四川省河流污染负荷情况，从分布情况看，成都平原区人口密度大，城镇化率最高，城镇生活污水排放负荷最大，即使大部分经污水厂处理后排放，仍然给岷沱江中游带来较大的废水污染负荷。另外，四川嘉陵江、涪江下游区，川南长江沿岸和沱江下游也是城镇生活污水负荷较大的区域（图4－41）。

4.8.5　四川省聚居环境维护区识别结果

根据全省主体功能区构建“一核、四群、五带”为主体的城镇化战略格局，现状高度城镇化和工业化的地区分布，环境污染区域、主要污染源分布评价，完成聚居环境维护区初步识别结果（图4－42）。

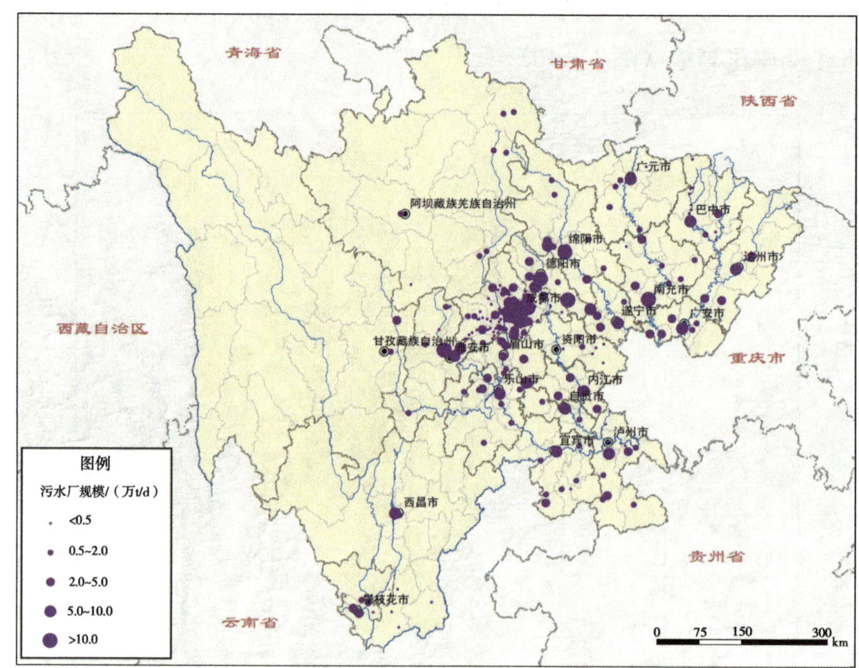

图 4-41　四川省重点城市生活污水处理厂分布图

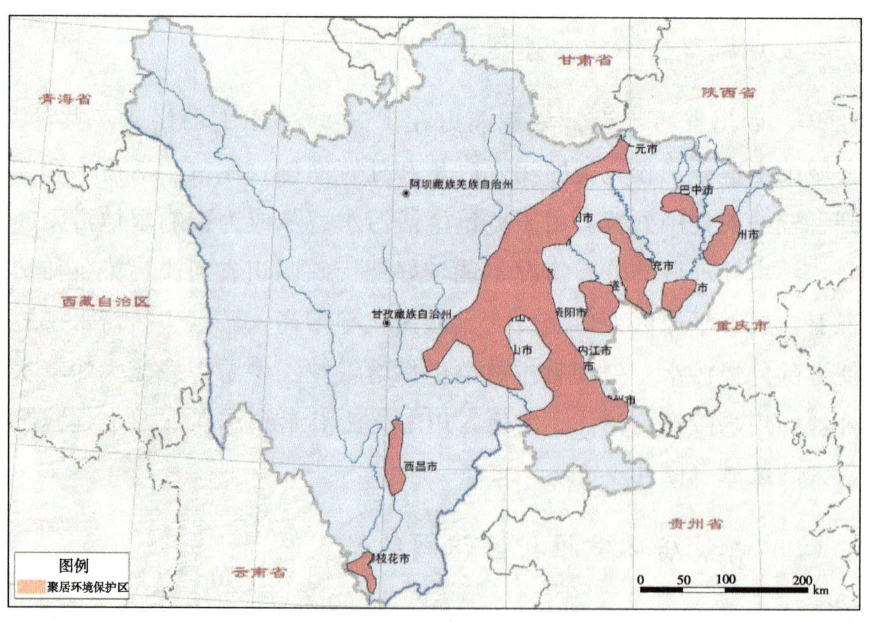

图 4-42　聚居环境维护区初步识别结果

4.9　聚居环境风险防范区初步识别

4.9.1　环境风险源分布

4.9.1.1　化工园区分布

根据统计，四川省主要化工园区共24个，主要分布在成都平原、川南地区、川东北丘陵山区和攀西地区。其中，在成都平原区中，德阳磷化工规模较大，依托当地磷矿资源发展重化工行业，成都的新津、眉山多个县市依托当地芒硝资源，发展较大规模的化工行业，乐山的马边等地重点发展磷化工，川南地区以煤化工、天然气化工和氯碱等一般化工为主，川东北则发展天然气化工和石化下游精细化工，攀枝花则依托丰富的煤炭资源发展煤化工。

按产业规模以及是否作为主导产业将四川省化工园区划分为一般化工园区和重点化工园区，分布情况如图4－43所示。

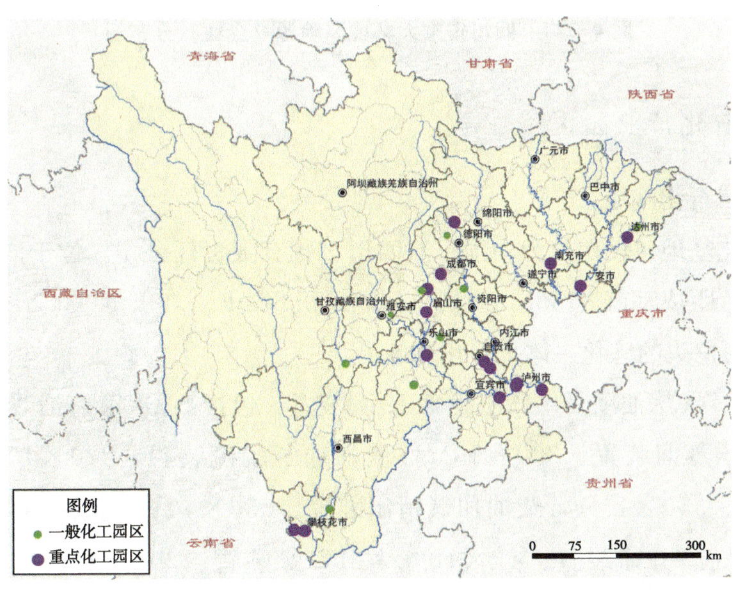

图4－43　四川省化工园区分布图

(1) 重点化工园区

四川省重点化工园区共有16个，占总数的66.6%。主要分布在成都平原的成都、德阳、眉山、乐山，川南地区的自贡、宜宾、泸州以及川东北丘陵山区的南充、广安、达州和川西南山区的攀枝花地区。

（2）一般化工园区

四川省一般化工园区共有 8 个，占总数的 33.3%。主要分布在成都平原向盆周山地过渡的成都、德阳、眉山、乐山、雅安及川西南山区的凉山州、攀枝花等地。

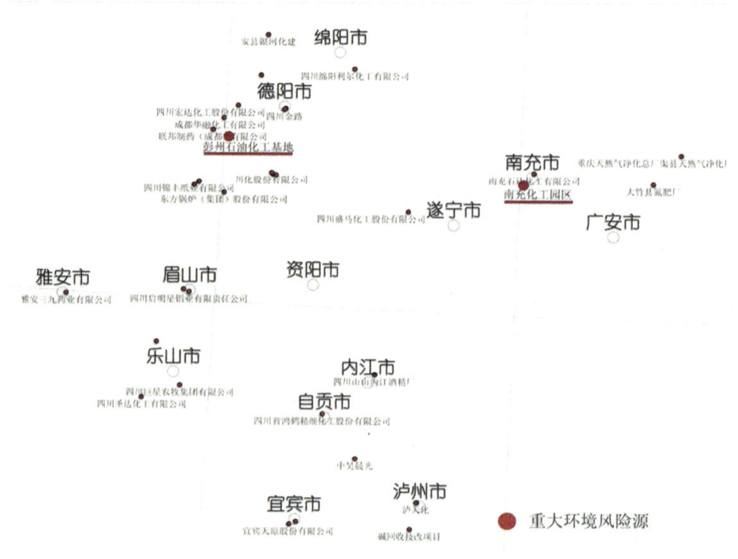

图 4－44　四川省重大环境风险源（企业）分布图

4.9.1.2　石化产业园区

（1）彭州石化基地

彭州石化基地建设单位为中国石油四川石化有限责任公司。位于四川省彭州市西北隆丰镇，距成都市 35 km，规划总用地面积 6.4 km^2，以 1 000 万 t/a 炼油、80 万 t/a 乙烯为龙头的炼化一体化石化基地。

1 000 万 t/a 炼油项目主体工程含 12 套装置，包括：①8 套炼油装置：$1\,000\times10^4$ t/a 常减压蒸馏装置、300×10^4 t/a 渣油加氢脱硫装置、220×10^4 t/a 蜡油加氢裂化装置、350×10^4 t/a 柴油加氢精制装置、250×10^4 t/a 重油催化裂化装置、60×10^4 t/a 气体分馏装置、17×10^4 t/a MTBE 装置、200×10^4 t/a 连续重整及 60×10^4 t/a PX 联合装置；②2 套化工装置：6.5×10^4 t/a 丁烯－1 装置和 30×10^4 t/a 聚丙烯装置；③2 套制氢装置：7×10^4 m^3/h 制氢装置和 6×10^4 m^3/h PSA 装置。

80 万 t/a 乙烯项目主体工程由 80 万 t/a 乙烯装置和 10 套下游加工装置（35×10^4 t/a 汽油加氢装置、15×10^4 t/a 丁二烯装置、35×10^4 t/a 芳烃抽提装置、30×10^4 t/a 聚乙烯装置、36×10^4 t/a EO/EG 装置、21×10^4 t/a 丁辛醇装置、19×10^4 t/a 丙

烯酸及酯装置、15×10^4 t/a 顺丁橡胶装置、18×10^4 t/a 苯酚丙酮装置、13×10^4 t/a 双酚A装置）组成。

（2）南充化工园区

南充化学工业园位于南充市嘉陵区境内，地处南充市区的南侧，位于城区下方嘉陵江下游。规划范围大体上北、东至嘉陵江，西至212国道，南至嘉陵区李渡镇。园区距南充市区直线距离18 km，规划占地面积40.30 km^2，分为4个片区，其中沿嘉陵江由北向南依次为科研后勤区（12.09 km^2）、拆迁安置区（3 km^2）、化工项目片区（14.86 km^2）和预留发展区（10.35 km^2）。石油化工产业链、天然气化工产业链、精细化工产业链、生物化工产业链，其中，石油化工产业作为彭州石化石油炼化一体化项目的下游精细化工产品产业链的配套发展园区。

4.9.1.3　天然气化工园区

四川省天然气工业产业发展总趋势为大型化和资源地化，布局并建设以天然气化工为特色的优势产业基地。《四川省天然气开发利用规划》从天然气资源、土地资源、环境容量、交通运输、能源供应、水文、城市发展、生活安居等多方面进行综合分析，提出了新天然气化工集中发展区重点在川东北地区广元市、巴中市、达州市、广安市、南充市、遂宁市6市进行布局规划，其中广安、南充和达州天然气化工具备规模发展的潜力。

（1）南充市天然气化工集中发展区

南充天然气化工依托南充化学工业园区中的河西片区进行发展（李渡片区作为发展备用区块），园区东至嘉陵江，西至212国道。其中河西片区规划面积为14.86 km^2、李渡片区规划面积为10.35 km^2，共25.35 km^2。

南充化学工业园区重点发展天然气制乙炔产业链、盐气化工产品链、生物化工产品链、甲醇制丙烯（MTP）产业链、天然气制乙二醇产业链等。

（2）达州市天然气化工集中发展区

达州市天然气化工集中发展用地位于达县境内河市镇，规划园区地处州河以东、火峰山以南的丘陵地区，北起造纸厂、南迄石板、东到达渝高速、西至州河岸边，规划面积30 km^2。该区域距达州市主城区6 km。

达州天然气化工产业园区重点发展合成氨—尿素—复合肥产业链、乙炔—PVC—甲醇产业链、烯烃产业链、天然气—氢氰酸产业链、磷硫化工产业链。

（3）广安市天然气化工集中发展区

广安市天然气化工依托广安新桥能源化工集中发展区进行发展，园区主要位于广安市广安区前锋镇与代市镇之间的新桥乡境内，规划面积为 25 km^2。

广安新桥能源化工集中发展区规划为氯碱化工、天然气化工、电力工业、北新建材、冶金建材工业、机械加工、仓储物流七大功能区。天然气化工区重点发展天然气—乙炔产业链、天然气制—合成气产品链、天然气—亚氨基二乙腈—双甘膦—草甘膦产品链。

4.9.2 聚居环境风险防范区初步识别结果

根据四川省重点化工园区、重大环境风险源识别、规划重点石化园区、天然气化工园区分布，完成聚居环境风险防范区初步识别结果（图 4－45）。

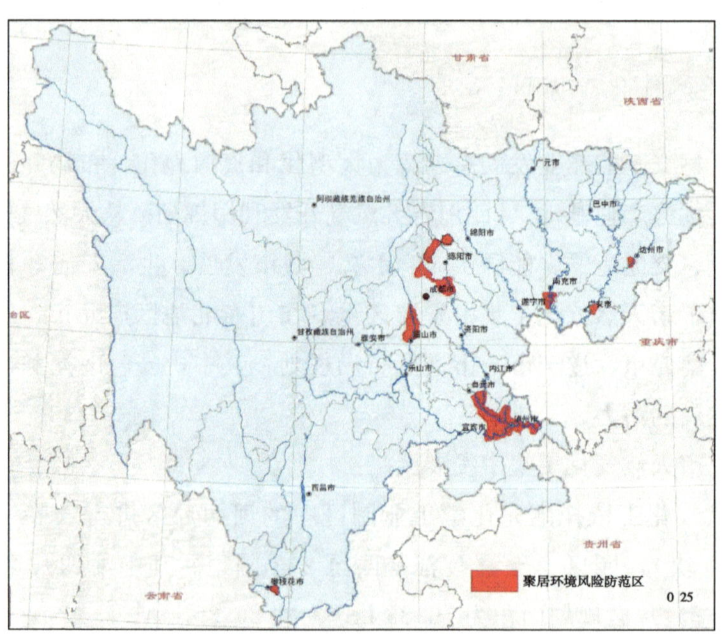

图 4－45 聚居环境风险防范区初步识别结果

4.10 资源开发环境引导区初步识别

4.10.1 四川省资源开发相关情况

4.10.1.1 《主体功能区划》相关要求

四川省能源开发重点以“三江流域”为核心的地区建设水电基地，以川南为核心的地区建设煤炭基地，以川东北为核心的地区建设天然气基地，以甘孜州、阿坝州、凉山州、攀枝花市为重点的地区建设新能源发电基地，以及建设连接能源生产基地和消费中心的主要能源产品输送体系的能源开发布局框架。

根据全省矿产资源分布特点，发挥各地区特色和优势，将矿产资源开发与区域经济发展紧密结合起来，逐步形成特色突出、优势互补的五大矿产资源发展区，包括国家级攀西矿产资源发展区、成都平原化工建材矿产资源发展区、川南化工矿产资源发展区、川东北建材矿产资源发展区和川西北有色稀有贵金属矿产资源发展区，建成国家重要的资源深加工基地。

结合全省水资源分布特点和生产力布局，围绕全省经济社会发展，加快建设五大流域分区（成都平原岷江、涪江、沱江流域，川南沱江、长江、岷江流域，川东北嘉陵江、涪江、渠江流域，攀西金沙江、安宁河流域和川西北金沙江、雅砻江、大渡河、岷江流域）水利设施，合理布局水利工程，加强水资源管理和保护，优化水资源配置，提高水资源利用效率，增强城乡供水能力，改善城乡水环境。

4.10.1.2　矿产资源开发利用

（1）矿产资源经济区建设

1）成都化工建材矿产资源经济区。

包括成都、德阳、绵阳、眉山、资阳 5 市，是四川经济最发达的地区，其经济发展方向是“城乡一体、率先跨越”。区内优势矿产有芒硝、磷矿和水泥原料等。重点加强成都平原芒硝矿、绵竹什邡磷矿的矿山改造和矿业经济重点发展区域建设，发展都江堰、江油等地的水泥、玻璃原料生产，提高开发利用建筑类矿产的规模化、集约化程度，培育饰面石灰岩等新型非金属矿产品开发。

2）川南能源化工矿产资源经济区。

包括自贡、宜宾、泸州、内江、乐山 5 市，矿业开发历史悠久，其经济发展方向是“产业整合、快速崛起”。区内优势矿产有煤炭、岩盐、硫铁矿、磷矿和水泥、玻璃、建筑陶瓷矿物原料。积极推进古叙矿区和筠连矿区无烟煤的有序开发，压缩高硫煤生产，控制硫铁矿开采，提高资源利用水平，改善矿山环境。有序推进马边地区磷矿的规模开发和集约经营，促进磷化工基地建设。控制和调整产大于销的岩盐生产，着力开发生产适销对路的精细盐化产品。鼓励规模集约开发建材资源，优化水泥、玻璃、陶瓷产业结构和布局，增强其竞争力。

3）攀西黑色有色矿产资源经济区。

包括攀枝花市、凉山州、雅安市，是矿产资源的“聚宝盆”，其经济发展方向是

“资源整合、高速增长”。控制区内原煤产量，鼓励优煤优用，保障中长期以自给为主的能源需求。大力加强钒钛磁铁矿的综合利用，积极发展钒钛新材料，并实现规模生产。加强会理会东有色金属矿山的资源整合和技术更新，提高有色金属矿产品的生产与加工能力。整合冕宁稀土矿资源，严格控制开发利用总量，提高稀土系列深加工产品的研究开发和生产能力。有序推进甘洛汉源铅锌矿、会东盐源铁矿的规模化、集约化开发利用，提高矿产品生产与加工能力。稳步发展区内石材、石墨及其他特色非金属矿产的开发利用，提高宝兴“蜀白玉”等资源的综合利用与深加工水平。

4）川东北能源建材矿产资源经济区。

包括南充、遂宁、达州、广安、巴中、广元6市，其经济发展方向是“开发资源、培育产业”。区内矿产资源主要集中在大巴山—华蓥山一带，炼焦煤、水泥原料、陶瓷原料、砂金等矿产具有相对优势。稳步推进达县、华蓥山地区优质煤的开发，压缩高硫煤开采。依托水泥产业结构调整，推进水泥原料矿产的规模集约开发。加大新型玻陶原料和饰面石材的开发力度，提高建材原料生产加工的竞争力。继续做好红层干旱地区地下水的勘查开发。

5）川西北高原有色稀有贵金属矿产资源经济区。

包括甘孜、阿坝2个州，是省内主要的牧业区和长江上游天然林保护工程实施区，其经济发展方向是“保护生态、点状发展”。区内有色、稀有、贵金属等矿产找矿潜力大，已查明部分重要矿产地。加强甘孜西部和阿坝北部有色、贵金属等矿产规模开发的前期准备，有序推进矿产资源的开发利用。逐步提高或新增里伍地区铜矿、白玉呷村银多金属矿、巴塘夏塞银多金属矿、康定呷基卡锂矿、九寨松潘金矿等的开发能力，加强矿山环境保护与恢复治理。

（2）实行矿产资源开采规划分区管理

依据经济社会发展需要、主体功能区要求和矿产资源禀赋条件，统筹矿产资源勘查与开采，规划不同功能的矿产资源开采区，对全省矿产资源开采实行分区管理，加强对国家规划矿区和对国民经济有重要价值的矿区的监督管理和保护，促进矿产资源开发利用合理布局。

表4－5　矿产资源开采规划区

重点开采区： （1）古叙重点开采区，属国家规划矿区，主要矿产为煤炭。 （2）筠连重点开采区，属国家规划矿区，主要矿产为煤炭。

续表

(3) 白马红格重点开采区，主要矿产为钒钛磁铁矿。其中，白马矿区属国家规划矿区。 (4) 盐源平川重点开采区，主要矿产为铁矿、煤炭。 (5) 会东重点开采区，主要矿产为铅锌矿、铁矿。 (6) 会理重点开采区，主要矿产为铜矿、铁矿。其中，拉拉厂铜矿区属国家级重点开采区。 (7) 甘洛汉源重点开采区，主要矿产为铅锌矿、磷矿。 (8) 九龙里伍重点开采区，属国家级重点开采区，主要矿产为铜矿。 (9) 白玉呷村重点开采区，属国家级重点开采区，主要矿产为铅、锌、银等矿产。 (10) 丹巴杨柳坪重点开采区，主要矿产为镍、铂族、铜矿。 (11) 冕宁牦牛坪重点开采区，属国家级重点开采区，主要矿产为稀土矿。 (12) 什邡绵竹重点开采区，主要矿产为磷矿。 (13) 马边重点开采区，主要矿产为磷矿。 (14) 广元江油重点开采区，主要矿产为中型以上矿区的水泥和玻璃原料

在矿产资源赋存条件好、基础设施配套性好、开发利用活动相对集中的地区，划定矿业经济重点发展区域，根据其产业布局和经济发展对矿产资源的需求，积极改善矿业投资环境，支持和鼓励大中型矿山企业的发展，引导小型矿山企业的联合重组，优先安排矿产资源领域循环经济发展示范工程，促进资源优势转化为发展优势，促进后续冶炼、深加工产业发展，以资源为基础引导重化工业、原材料等基地建设合理布局，形成资源开发利用的集聚优势，承接我国矿业中心西移，促进四川建设西部矿业经济发展高地。

表 4－6　矿业经济重点发展区域

古蔺叙永矿业经济重点发展区域和筠连矿业经济重点发展区域。调控的重要矿产都是无烟煤。按照国家规划矿区有序开发利用煤炭资源的规定，整顿整合改造中小型煤矿，鼓励以井田为单元整体勘查开采煤炭资源，推进无烟煤规模集约有序开发，节约和综合利用煤及其共伴生矿产，促进煤电、煤冶、煤化产业发展和一体化经营，稳步建设四川的两个新型煤炭生产加工基地。 **攀枝花矿业经济重点发展区域**。调控的重要矿产是钒钛磁铁矿、煤炭等。以又好又快发展钒钛新材料加工基地、钢铁生产基地、煤炭采选焦化基地以及石材、石墨加工基地等为主要依托，结合矿产品流向合理配置攀枝花市及周边地区的能源、金属、非金属优势矿产和重要矿产，优化资源开采加工的功能分区，提高资源节约与综合利用的水平和矿产品就近加工增值的内聚力。 **会理会东矿业经济重点发展区域**。调控的重要矿产是铜矿、铅锌矿等。以铜、铅、锌开发利用为龙头，形成资源开采与加工综合配套的矿业基地，提高镍、钴、钼、金、银、硫等共伴生矿产的综合利用水平及其示范集聚效应，带动会理县、会东县及周边地区有色金属矿产的合理配置。

续表

冕宁矿业经济重点发展区域。调控的重要矿产是稀土矿。按照国家产业政策和保护性开采稀土矿的要求，控制开采总量，规范矿山开采秩序，发展技术含量高、适销对路、附加值高的深加工产品，提高资源开发利用水平。 **眉山矿业经济重点发展区域**。调控的重要矿产是芒硝。根据市场需求，加大芒硝开采加工结构调整力度，资源配置向发展精深加工产品倾斜，进一步优化开采加工布局，拉长产品链，壮大产业集群，改善矿山环境，提高成都平原芒硝资源开发的整体竞争力。 **什邡绵竹矿业经济重点发展区域**。调控的重要矿产是磷矿。扶持重要矿山灾后恢复重建，稳定川中地区磷矿开采能力，延长主要矿山服务年限。加强磷矿加工、化工产业集群的技术改造和结构调整，集约节约和综合利用磷矿资源。发展资源型循环经济，发挥矿产品加工的集聚优势，建立振兴川中磷化基地的资源利用新模式

4.10.1.3 煤炭资源开发利用

四川省已探明煤炭资源量135.3亿t，保有资源量120.8亿t，在全国各省（市、区）居第13位，占全国总储量的1%。四川省煤炭资源主要分布在川南地区，宜宾、泸州煤炭储量占全省煤炭储量的65%。川南矿区主要由古叙矿区、芙蓉矿区和筠连矿区三大矿区组成，其中，泸州的古叙矿区、宜宾的筠连矿区是国家规划的13大煤炭基地——云贵基地（四川部分），为四川省尚未规模开发的两大矿区。

（1）古叙矿区

古叙煤炭国家规划矿区位于四川省南缘，东、南两面与贵州省接壤，西面与四川省宜宾、云南省接壤，行政区划隶属四川省泸州市叙永县、古蔺县管辖。矿区东西走向长110 km，南北宽36～60 km，面积4 455 km^2，截至2004年年底保有煤炭资源量35.697 7亿t。矿区属国家规划的13个大型煤炭基地中云贵基地的一部分，为四川省尚未规模开发的两大矿区（古叙、筠连国家煤炭规划矿区）之一。

古叙矿区属优质无烟煤基地，属低硫、低磷、高发热量的无烟煤。全区探明和预测无烟煤储量69亿t，占全省的33%，可开采储量为37亿t。其中约75%属于含硫低于1.5%的中、低硫煤，由于原煤易于或极易洗选，洗后硫分可降至1%以下。

古叙煤炭国家规划矿区煤炭资源/储量计算范围包括全部11个矿段：两河矿段、河坝矿段、海风矿段、叙永矿段、椒茨矿段、古蔺矿段、大村矿段、石宝矿段、观文矿段、椒园矿段、庙林矿段。根据《四川省古叙矿区总体规划》(规划环评2008年已通过国家环保部的批复)，矿区煤炭开采及加工规模为：一期（2010年）为903万t，二期规模（2015年）为1 560万t。

表 4－7 古叙矿区规划煤炭开发及加工规模表

序号	项目	现有规模		一期规模（2007—2010 年）		二期规模（2011—2015 年）	
		乡镇煤矿	国有矿井	乡镇煤矿	国有矿井	乡镇煤矿	国有矿井
1	煤炭开采	4.5	0.39	6.18	2.85	4.50	11.10
2	煤炭洗选	0.85	0	0.85	3.6	0.85	7.65

来源：《四川省古叙矿区总体规划》。

（2）筠连矿区

筠连矿区位于四川省南缘、行政区划隶属四川省宜宾市筠连县、珙县及高县管辖。地理坐标：东经 104°18′42″～104°58′36″，北纬 27°55′34″～28°14′31″，矿区呈东西分布，东西长约 54 km，南北宽约 32 km，按照《国家大型煤炭基地规划（云贵基地四川部分）》及国家发改委发改能源〔2006〕352 号文《国家发展改革委关于大型煤炭基地建设规划的批复》，矿区规划范围面积约为 1 700 km^2。

筠连县煤炭资源丰富，筠连矿区是国家规划的十三大煤炭基地——云贵基地（四川部分）之一，矿区无烟煤储量 35.8 亿 t，占四川煤炭储量的 1/4。目前筠连矿区已建成鲁班山北矿和鲁班山南矿两对矿井，年产原煤 180 万 t，县属地方小煤矿 53 对，年生产能力 570 万 t；2007 年全矿区（县内）实际产煤 421.7 万 t，为四川省尚未规模开发的两大矿区（古叙煤炭国家规划矿区、筠连煤炭国家规划矿区）之一。

矿区内煤层质地坚硬、脆度小，大多为半暗、半亮型煤，煤层的容重为 1.7～1.8 t/m^3；各煤层精煤挥发分平均值为 5.92%～9.27%，一般小于 6.5%。筠连矿区煤层结构一般较简单，厚度较稳定，煤质为中高灰、低—高硫无烟煤，发热量一般在 24 MJ（5 740 kcal/kg）左右。平均含硫量 0.85%～3.45%。

表 4－8 筠连矿区规划煤炭开发及加工规模

序号	项目	现有规模		近期规模（2007—2010 年）		远期规模（2011—2015 年）	
		乡镇煤矿	国有矿井	乡镇煤矿	国有矿井	乡镇煤矿	国有矿井
1	煤炭开采	0.45	0.90	2.85	7.50	2.25	13.65
2	煤炭洗选	0	0	—	6.6	—	13.65

来源：《四川省筠连矿区总体规划》。

4.10.1.4 天然气开发利用

四川盆地是我国天然气资源比较丰富的地区，根据全国第二次油气资源评价结果，四川盆地天然气总资源储量 71 851 亿 m^3，截至 2007 年年底已探明储量 16 106 亿 m^3。主要分布在川东北和川北、川西、川中。主要气田：达州普光气田、川东北高含硫

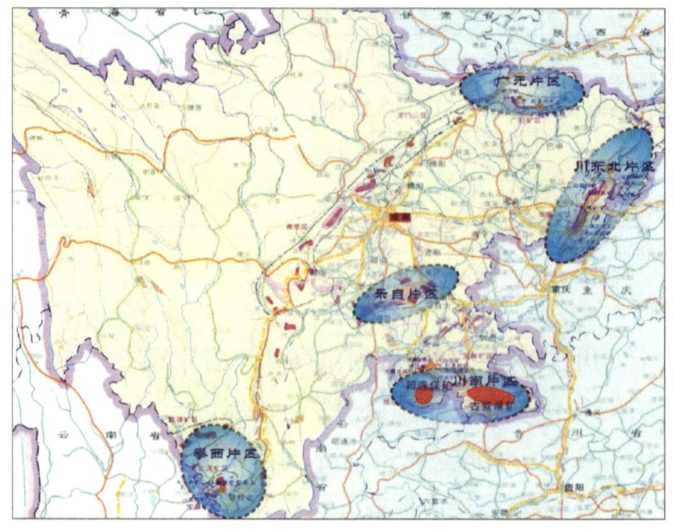

图 4－46　四川省煤炭资源开发区分布

气田、南充龙岗气田、广安气田、巴中通南巴气田、广元九龙山、元坝气田、川西气田、川南气田、川中气田等。近年来，中国石油和中国石化两大集团通过技术引进和自主创新，加大投入在川东北、川北等地区勘探开发取得重大突破。通南巴气田、九龙山气田 2008 年已投产，龙岗气田、普光气田、川东北高含硫气田预计 2009 年开始逐步投产。新气田的勘探开发使四川盆地的天然气探明储量较 2005 年增长 30％。天然气资源是四川的优势资源，在天然气开发利用方面历史悠久，居全国领先地位。经过多年发展，形成了以天然气勘探开发、城市燃气（含 CNG）、工业燃料、天然气化工、燃气发电为主体的工业体系（图 4－47）。

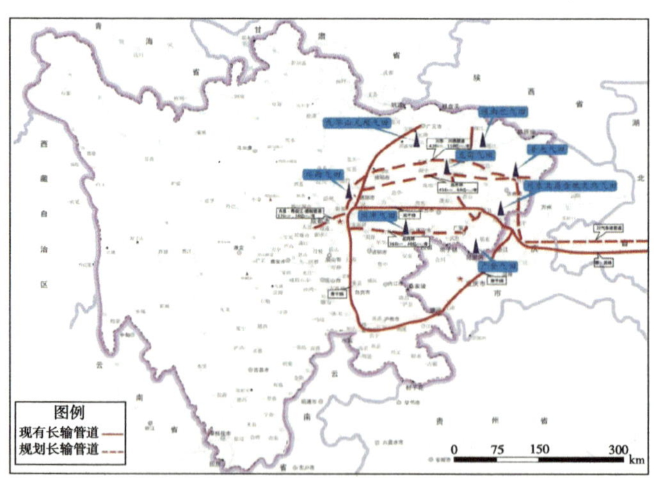

图 4－47　天然气重点开发气田分布图

4.10.2　资源开发环境引导区初步识别结果

以天然气、钒钛、煤炭、稀土、有色金属和磷矿等优势资源开发区为重点，完成资源开发环境引导区初步识别结果（图 4－48）。

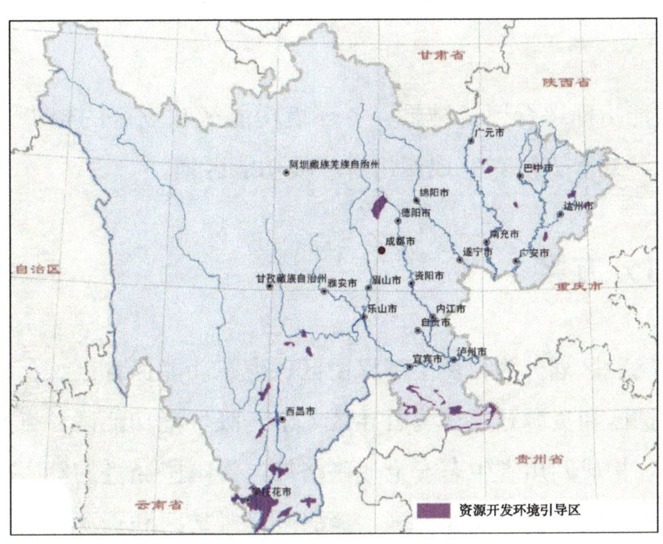

图 4－48　资源开发环境引导区初步识别

第 5 章　四川省环境功能区划

根据环境功能指标综合评价结果、各环境功能区和亚区的初步识别结果，采用专家评价、综合评判等方法，完成四川省环境功能区划。

5.1　总体划分方案

四川省环境功能区划分为自然生态保留区、生态功能保育区、食物环境安全保障区、聚居环境维护区和资源开发环境引导区 5 个一级环境功能区。自然生态保留区和生态功能保育区，构成四川省生态安全战略格局，为国民经济的健康持续发展提供基本生态安全保障；食物环境安全保障区、聚居环境维护区和资源开发环境引导区，是承载四川省主要人口分布和经济社会活动的区域，重点保障区域人居环境安全健康。其中，自然生态保留区面积 85 046 km^2，占全省总面积的 17.5%，生态功能保育区面积 209 458 km^2，占全省总面积的 43.1%，食物环境安全保障区面积 135 018 km^2，占全省总面积的 27.8%，聚居环境维护区面积 49 674 km^2，占全省总面积的 10.2%，资源开发环境引导区面积 6 804 km^2，占全省总面积的 1.4%。从面积上看，最大的为生态功能保育区，其次为食物环境安全保障区和自然生态保留区，这也充分体现了四川省在自然生态保护和生态安全格局以及作为全国重要粮食主产区和重要牧区等方面的重要地位。聚居环境维护区和资源开发环境引导区作为工业化和城镇化的重要载体，应坚持有序开发、集中发展的原则，走可持续发展的道路（表 5－1、图 5－1）。

表 5－1　四川省环境功能一级区划分

功能区（5 大区）	面积/km^2	比例/%
自然生态保留区	85 046	17.5
生态功能保育区	209 458	43.1
食物环境安全保障区	135 018	27.8
聚居环境维护区	49 674	10.2
资源开发环境引导区	6 804	1.4
合　计	486 000	100

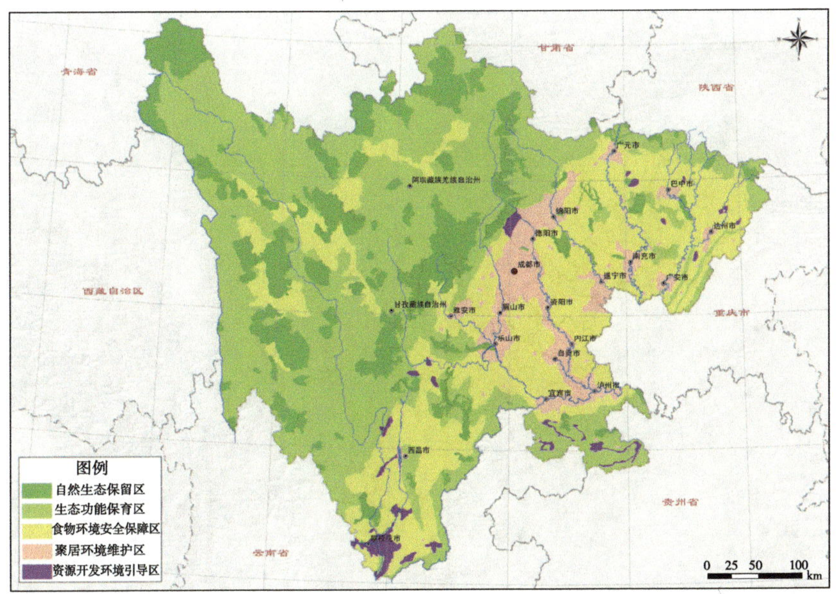

图 5－1　四川省环境功能一级分区图（5 大分区）

在一级环境功能区下划分二级功能亚区，其中自然生态保留区和资源开发环境引导区不划分二级区（表 5－2、图 5－2）。

表 5－2　四川省环境功能亚区划分

功能区（5 大区）	功能亚区（10 分区）	面积/km^2	比例/%
自然生态保留区	自然生态保留区	85 046	17.5
生态功能保育区	生物多样性保护区	131 692	27.1
	水土保持区	16 224	3.3
	水源涵养区	61 542	12.7
食物环境安全保障区	农产品环境安全保障区	115 058	23.7
	牧产品环境安全保障区	19 960	4.1
聚居环境维护区	聚居环境优化区	5 784	1.2
	聚居环境治理区	36 535	7.5
	聚居环境风险防范区	7 355	1.5
资源开发环境引导区	资源开发环境引导区	6 804	1.4
合　计		486 000	

生态功能保育区划分为水源涵养生态功能区、水土保持生态功能区和生物多样

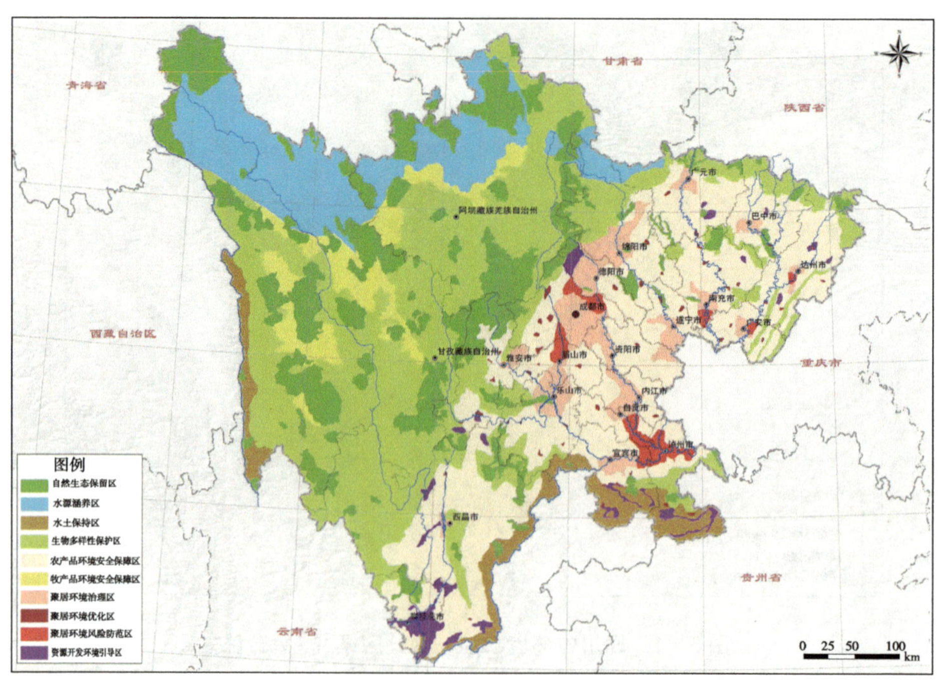

图 5－2　四川省环境功能二级分区图（10 分区）

性保护生态功能区 3 个二级区，分布广，面积大。水源涵养生态功能区面积为 61 542 km^2，占全省总面积的 12.7%；水土保持生态功能区面积为 16 224 km^2，占全省总面积的 3.3%；生物多样性保护生态功能区面积为 131 692 km^2，占全省总面积的 27.1%。

食物安全保障区划分为农产品环境安全保障区和牧产品环境安全保障区两个二级区，其中，农产品环境安全保障区面积为 115 058 km^2，占全省总面积的 23.7%；牧产品环境安全保障区面积为 19 960 km^2，占全省总面积的 4.1%。

聚居环境维护区划分为聚居环境优化区、聚居环境污染治理区和聚居环境风险防范区 3 个二级区。其中聚居环境优化区面积为 5 784 km^2；占全省总面积的 1.2%；聚居环境污染治理区面积为 36 535km^2，占全省总面积的 7.5%；聚居环境风险防范区面积为 7 355 km^2，占全省总面积的 1.5%。

表 5－3　四川省环境功能区划方案

功能区	面积/km^2	占全省的比例/%	功能定位	与主体功能区划的关系	功能亚区	分布范围	面积/km^2	占全省的比例/%
自然生态保留区	85 046	17.5	保障自然生态系统和可持续生存发展	禁止开发区	自然生态保留区	依法设立的国家级、省级、市州级和县级自然保护区，世界自然遗产地，具体名单见附表 1	85 046	17.5
生态功能保育区	209 458	43.1	保障区域主体生态功能稳定	限制开发的重点生态功能区	水源涵养生态功能区	主要包括雅砻江、黄河、涪江、嘉陵江源头，分布在川西北和川北区域，涉及甘孜州的石渠、德格、甘孜、色达、炉霍，阿坝州的壤塘、阿坝、红原、若尔盖、松潘、九寨沟，绵阳的平武，广元的青川 13 个县	131 692	27.1
					水土保持生态功能区	主要分布在金沙江流域上游的川西甘孜段、中下游的攀枝花市境下游河段以及凉山至宜宾段以及川南的部分地区，涉及甘孜州的白玉、巴塘、得荣，攀枝花的仁和区，凉山州的会理、会东、宁南、普格、布拖、金阳、雷波，乐山的马边和宜宾的屏山、兴文、高县、珙县和筠连，泸州的叙永、古蔺，共 6 个市州的 19 个县	16 224	3.3
					生物多样性保护生态功能区	主要分布在川西高山高原区、川东北山地、川南山地区、攀西地区及部分线状分布的山脉，包括川滇国家级生态功能区、秦巴山区国家级生态功能区，大小凉山省级生态功能区，涉及阿坝、甘孜、雅安、巴中、广元、凉山、绵阳、攀枝花、乐山、眉山、宜宾、泸州、成都、南充、广安、达州 16 个市州的 98 个县（市、区）	61 542	12.7

续表

功能区	面积/km²	占全省的比例/%	功能定位	与主体功能区划的关系	功能亚区	分布范围	面积/km²	占全省的比例/%
食物环境安全保障区	136 827	28.1	保障主要农产品和牧产品产地环境安全	限制开发的农产品主产区	农产品环境安全保障区	主要分布在盆地中部成都平原和浅丘区、盆地东部和北部的丘陵低山区、盆地西缘山区、川南低中山区、攀西地区，包括主体功能区划中重点开发区、限制开发区的农业主产区的农业生产区和基本农田，涉及除阿坝、甘孜外19个市州的128个县（市、区）	115 058	23.7
					牧产品环境安全保障区	主要分布在川西高原的重要天然牧草区，涉及甘孜的白玉、新龙、理塘、雅江、稻城、炉霍、道孚、康定、甘孜、德格县，阿坝的壤塘、金川、阿坝、马尔康、红原、黑水、松潘县等2州20县	19 960	4.1
聚居环境维护区	49 674	10.2	保障主要人口集聚居环境健康	重点开发区和重点开发城镇点	聚居环境优化区	主要为主体功能区划中现状环境质量较好，污染负荷较轻的重点开发区和国家级、省级点状重点开发区域，涉及成都的大邑、都江堰、蒲江、邛崃、崇州，自贡的荣县，泸州的叙永、古蔺，绵阳的盐亭、梓潼、三台，广元的剑阁、苍溪，遂宁的蓬溪、射洪，内江的隆昌，乐山的金口河、犍为、沐川、峨边、马边，南充的南部、阆中、仪陇、蓬安、营山，眉山的洪雅、丹棱，宜宾的长宁、珙县、筠连、兴文、屏山，广安的岳池、武胜、邻水，达州的宣汉、开江、大竹、渠县，雅安的汉源、荥经、石棉、芦山，巴中的平昌，资阳的乐至，凉山的德昌、会东、宁南、普格、布托、金阳、昭觉、喜德、冕宁、越西、甘洛、美姑、雷波等等60个县（市、区）的城市规划区和工业集中规划区	5 784	1.2

续表

功能区	面积/km²	占全省的比例/%	功能定位	与主体功能区划的关系	功能亚区	分布范围	面积/km²	占全省的比例/%
聚居环境维护区	49 674	10.2	保障主要人口集聚居环境健康	重点开发区和重点开发城镇点	聚居环境污染治理区	主要为主体功能区划中的重点开发区等开发程度较高，且现状环境质量相对较差，环境负荷重，需要强化污染治理，优化经济开发活动的区域，分布在以成都为核心、绵阳—德阳—成都—乐山—眉山—资阳—雅安城市群为主的成都平原重点开发区，川南重点开发区的内江、自贡城市群共同构成的重点连片开发区域和川东北的广元、广安、遂宁、南充、达州，川南的宜宾以及攀西地区西昌等中心城市为节点的区域，以城市建成区为中心辐射周边区县，共涉及除阿坝、甘孜、攀枝花、泸州外17个市（州）的62个县（市、区）	36 535	7.5
					聚居环境风险防范区	主要分布在有重点石化、化工等重大环境风险源布局的成都、眉山、川南沱江下游和长江沿线的自贡、宜宾、泸州以及川东北的南充、广安、达州等市，涉及成都市的彭州、金堂、青白江、新津，眉山市的东坡区、彭山，泸州市的江阳、纳溪、龙马潭、泸县、合江，宜宾市江安县、南溪区，自贡市的大安、沿滩、富顺县，南充市嘉陵区、高坪区，广安市的广安区、前锋区和达州市通川区、达县8个市州的22个县（市、区）	7 355	1.5

续表

功能区	面积/km²	占全省的比例/%	功能定位	与主体功能区划的关系	功能亚区	分布范围	面积/km²	占全省的比例/%
资源开发环境引导区	6 804	1.4	保障区域生态环境安全	能源与矿产资源基地	资源开发环境引导区	主要分布在攀枝花和凉山的钒钛磁铁矿、铁矿、煤矿，凉山、雅安有色金属矿，冕宁稀土矿，川南煤矿，德阳磷矿和川东北盆地天然气等在国内具有比较优势的资源开采及配套集中开发区，涉及攀枝花的东区、西区、仁和区、米易和盐边，凉山的西昌、冕宁、会东、会理、盐源和甘洛，雅安的汉源、石棉，德阳的绵竹、什邡，泸州的古蔺、叙永，宜宾的高县、珙县、筠连、兴文，广元的元坝、苍溪，达州的宣汉、大竹，南充的仪陇，巴中的巴州、通江共 10 个市州的 28 个县（市、区）	6 804	1.4
合计	486 000						486 000	

5.2　自然生态保留区

自然生态保留区是指具有一定的自然文化资源价值的区域，以及尚未受到大规模人类活动影响且仍保留着其自然特点的较大连片区域，要维持区域自然本底状态，维护珍稀物种的自然繁衍，保障未来可持续生存发展空间。根据四川省实际情况，将依法设立的国家级、省级、市州级和县级自然保护区和世界文化自然遗产地统一划为自然生态保留区，作为保障四川省可持续发展的环境区域。自然生态保留区现状总面积约为 85 046 km^2，占全省面积的 17.5%，今后新设立的自然保护区、世界自然遗产地等自动进入自然资源保留区（图 5－3）。现有国家级、省级、市州级和县级自然保护区和世界自然遗产地名录见图 5－4。

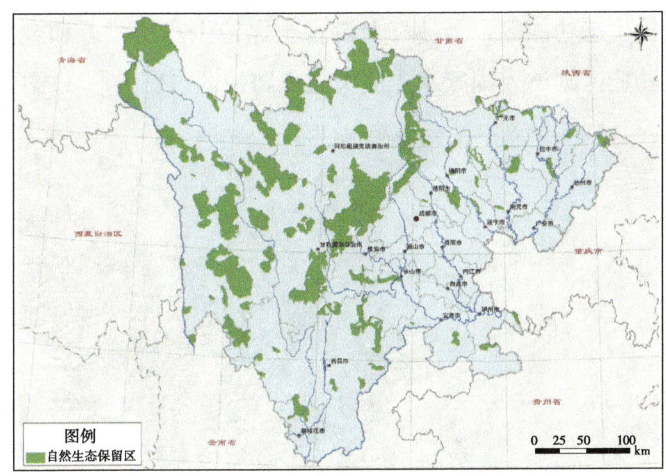

图 5－3　四川省自然生态保留区图

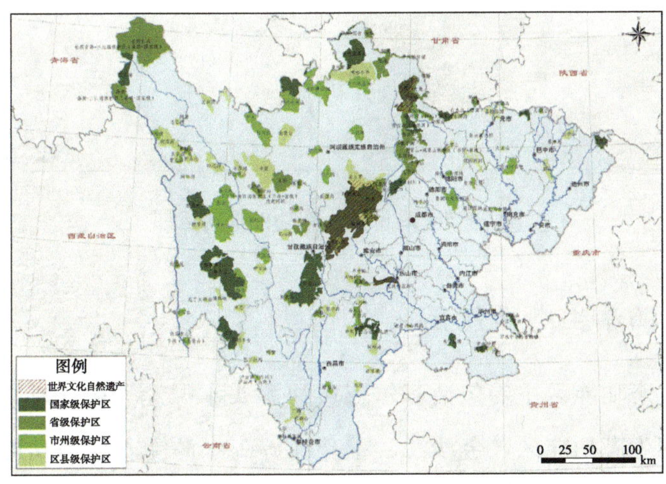

图 5－4　世界自然遗产地和自然保护区分布图

5.3 生态功能保育区

生态功能保育区是指区域生态系统功能重要、关系全省或较大范围区域生态安全的区域，要维持并提高水源涵养、水土保持、维持生物多样性等生态调节功能的稳定发挥。生态功能保育区主要分布在川西高山高原区、攀西地区的雅砻江流域、安宁河流域和金沙江中下游区、川南地区长江以南的山地区、川东北秦巴山区以及部分线状分布的山脉，该区包括生物多样性生态功能区、水源涵养生态功能区、水土保持生态功能区 3 大二级分区，面积约为 209 458 km^2，占全省面积的 43.1%。纳入国家生态功能战略的区域包括若尔盖草原湿地及水源涵养生态功能区、川滇森林及生物多样性生态功能区和秦巴生物多样性生态功能区，四川省省级生态功能区为大小凉山水土保持及生物多样性保护生态功能区，金沙江上游水土保持生态功能区和金沙江下游干热河谷水土保持生态功能区则纳入国家水土流失重点防控区（图 5－5、图 5－6）。

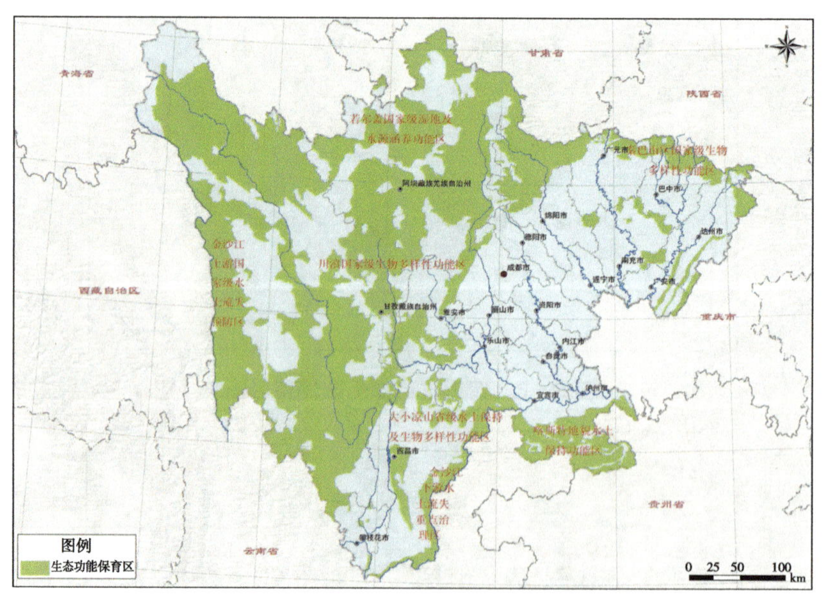

图 5－5　四川省生态功能保育区图

5.3.1 水源涵养生态功能区

水源涵养生态功能区主要包括若尔盖黄河源头水源涵养生态功能区，岷江、涪江源头水源涵养生态功能区，金沙江、雅砻江源头水源涵养生态功能区 3 大水源涵养功能区，分布在川西北和川北高山的雅砻江、黄河、涪江、嘉陵江源头区域，涉

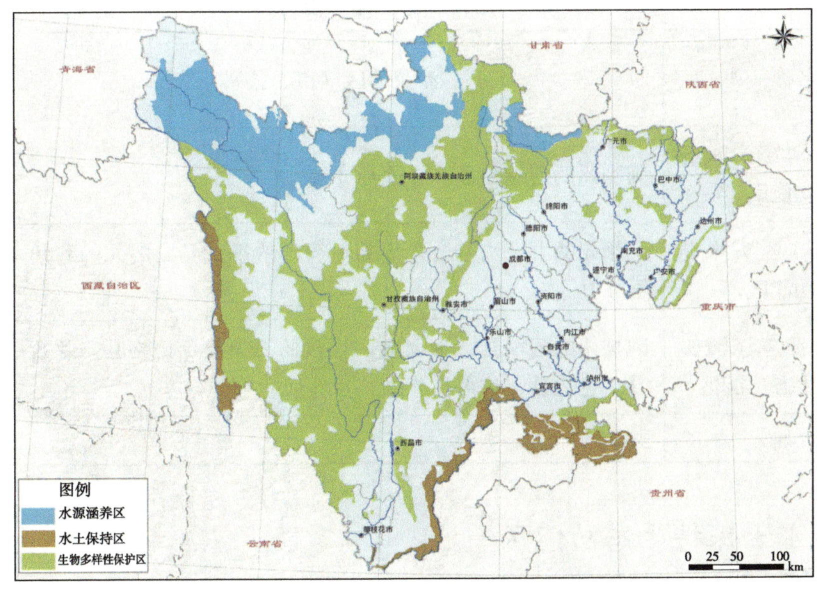

图 5－6　四川省生态功能保育区二级分区图

及甘孜州的石渠、德格、甘孜、色达、炉霍，阿坝州的壤塘、阿坝、红原、若尔盖、松潘、九寨沟，绵阳的平武，广元的青川等 13 个县，面积约为 61 542 km^2，占全省幅员面积的 12.7%。该区域重点维护水源涵养生态功能稳定发挥，保障区域生态安全（表 5－4，图 5－7）。

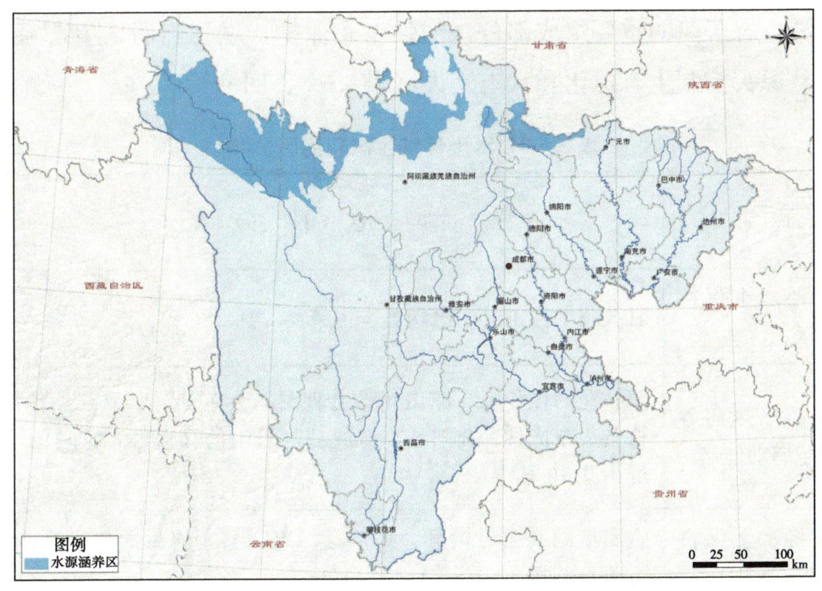

图 5－7　四川省水源涵养生态功能区图

表 5－4 水源涵养生态功能区分布

名称	涉及的区（市、县）	面积/万 km^2
若尔盖黄河源头水源涵养生态功能区	阿坝州的若尔盖县、红原县 2 县	1.25
岷江、涪江源头水源涵养生态功能区	阿坝州的九寨沟县、松潘县，绵阳的平武县，广元的青川县 4 县	0.58
金沙江、雅砻江源头水源涵养生态功能区	阿坝州的阿坝县、壤塘县，甘孜的石渠县、德格县、甘孜县、色达县、炉霍县 7 县	4.33
合计	共 13 县	6.15

5.3.2 水土保持生态功能区

水土保持生态功能区主要包括金沙江上游、金沙江下游干热河谷、川南喀斯特 3 大水土保持生态功能区，分布在金沙江流域上游的川西甘孜段、中下游的攀枝花市境下游以及凉山至宜宾段以及川南的部分地区，涉及甘孜州的白玉、巴塘、得荣，攀枝花的仁和区，凉山州的会理、会东、宁南、普格、布拖、金阳、雷波，乐山的马边，宜宾的屏山、兴文、高县、珙县和筠连，泸州的叙永、古蔺 6 个市州的 19 个县，面积约为 16 224 km^2，占全省面积的 3.3%。该区域是长江上游水土保持的重点区域和长江上游生态屏障的重要组成部分，加强生态保护，增强脆弱区生态系统的抗干扰能力，从源头控制生态退化和水土流失（表 5－5、图 5－8）。

表 5－5 水土保持生态功能区分布

名称	涉及的区（市、县）	面积/万 km^2
金沙江上游水土保持生态功能区	甘孜州的白玉县、巴塘县、得荣县 3 县	0.47
金沙江下游干热河谷水土保持生态功能区	攀枝花的仁和区，凉山州的会理县、会东县、宁南县、普格县、布拖县、金阳县、雷波县，乐山的马边县，宜宾的屏山县 10 县	0.54
川南喀斯特水土保持生态功能区	宜宾市的高县、珙县、筠连县、兴文县，泸州的叙永县、古蔺县 6 县	0.61
合计	共 19 县	1.62

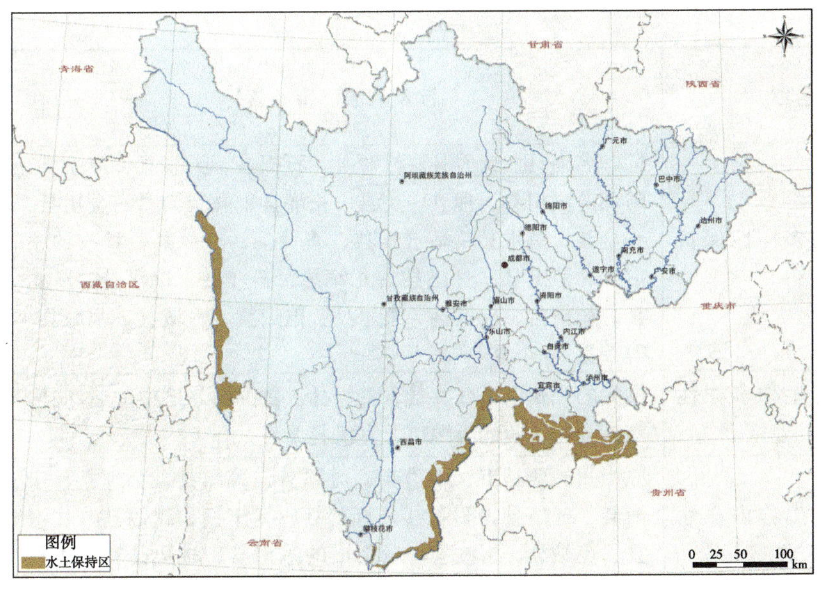

图 5－8　四川省水土保持生态功能区图

5.3.3　生物多样性保护生态功能区

生物多样性保护生态功能区主要包括川滇、秦巴山区、大小凉山、川南、华蓥山、川东北山地 6 大生物多样性保护生态功能区，分布在川西高山高原区、川东北山地、川南山地区、攀西地区及部分线状分布的山脉，包括川滇国家级生态功能区、秦巴山区国家级生态功能区、大小凉山省级生态功能区，涉及阿坝、甘孜、雅安、巴中、广元、凉山、绵阳、攀枝花、乐山、眉山、宜宾、泸州、成都、南充、广安、达州 16 个市州的 98 个县（市、区），面积约为 131 692 km^2，占全省面积的 27.1%。该区域包括川滇森林及生物多样性生态功能区、秦巴生物多样性生态功能区和大小凉山生物多样性生态功能区等重点区域及凉山邛海—螺髻山、川东华蓥山、金垭山等线状分布山脉，是四川重要的原始森林，大熊猫、羚牛、金丝猴等重要珍稀生物的栖息地，生物多样性保护的关键地区和生态屏障区域（表 5－6、图 5－9）。

表 5－6　生物多样性保护生态功能区分布

名称	涉及的区（市、县）	面积/万 km^2
川滇生物多样性保护生态功能区	成都的都江堰市、大邑县、龙泉驿区、彭州市、邛崃市、崇州市，攀枝花的米易县、盐边县，德阳的绵竹市，绵阳市的盐亭县、安县、梓潼县、北川县、平武县、江油市，乐山的金口河区、峨眉山市，眉山的洪雅县，雅安的雨城	9.07

续表

名称	涉及的区（市、县）	面积/万 km²
川滇生物多样性保护生态功能区	区、名山县、荥经县、汉源县、石棉县、天泉县、芦山县，阿坝的汶川县、理县、茂县、松潘县、九寨沟县、金川县、小金县、黑水县、马尔康县、壤塘县、红原县，甘孜的康定县、泸定县、丹巴县、九龙县、雅江县、道孚县、新龙县、德格县、白玉县、理塘县、巴塘县、乡城县、稻城县、得荣县 50 个县	9.07
秦巴山区生物多样性保护生态功能区	广元的利州区、旺苍县、青川县、剑阁县，巴中的通江县、南江县，达州的万源市、宣汉县 8 县	0.90
大小凉山生物多样性保护生态功能区	凉山州的西昌市、木里县、盐源县、德昌县、会理县、宁南县、普格县、昭觉县、喜德县、冕宁县、越西县、甘洛县、美姑县、雷波县，乐山市的沐川县、峨边县和马边县 17 个县	2.46
川南生物多样性保护生态功能区	泸州市的纳溪区、合江县、叙永县、古蔺县，宜宾市的江安县、长宁县、兴文县 7 个县	0.26
华蓥山生物多样性保护生态功能区	广安的邻水县、华蓥市，达州的达县、开江县、大竹县、渠县 6 个县（市）	0.24
川东北山地生物多样性保护生态功能区	广元的苍溪县，巴中的巴州区、平昌县，广安的广安区、岳池县，南充的南部县、营山县、蓬安县、仪陇县、阆中市 10 个县（区、市）	0.24
合计	98 个县	13.17

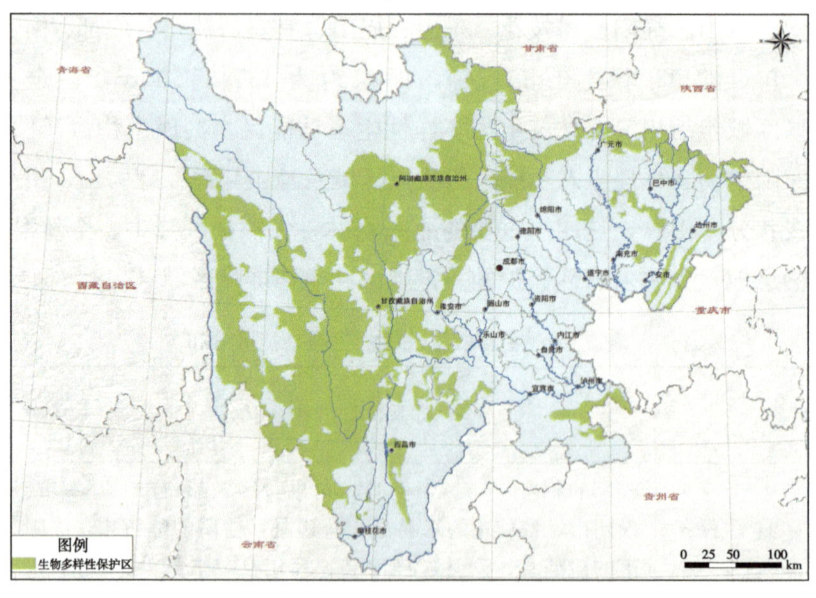

图 5－9　四川省生物多样性保护生态功能区图

5.4 食物环境安全保障区

食物环境安全保障区是指环境服务功能以支撑农牧产品产出为主的区域，是四川省主要粮食及优势农产品主产区、主要畜牧业发展地区，要维持并提升环境质量，避免环境中的有害物质在农牧产品中积累。包括农产品环境安全保障区和牧产品安全保障区 2 个二级分区，主要分布在盆地中部平原浅丘区、盆地东部丘陵低山区、盆地西缘山区、川南低中山区、安宁河流域以及川西高原等，面积约为 135 018 km²，占全省面积的 27.8%（图 5－10、图 5－11）。

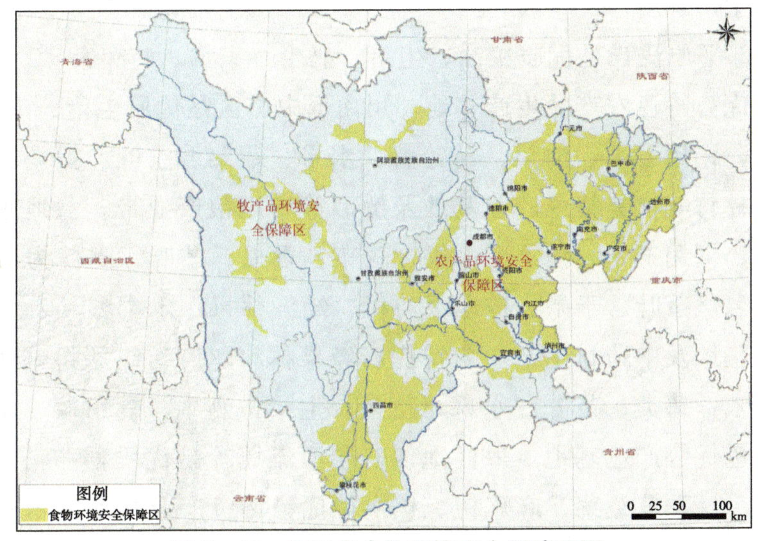

图 5－10　四川省食物环境安全保障区图

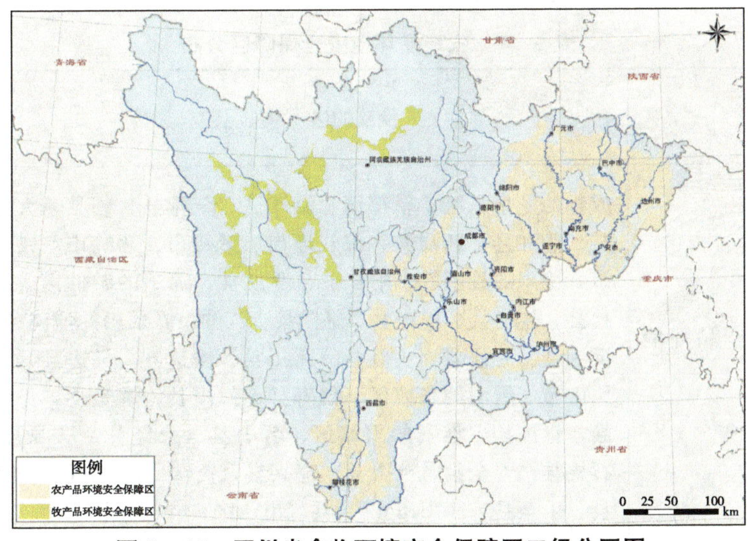

图 5－11　四川省食物环境安全保障区二级分区图

5.4.1 农产品环境安全保障区

主要包括成都平原、川东北盆周、川南盆周和攀西 4 大农产品环境安全保障区，分布在盆地中部成都平原和浅丘区、盆地东部和北部的丘陵低山区、盆地西缘山区、川南低中山区、攀西地区，包括主体功能区划中重点开发区、限制开发区的农业主产区的农业生产区和基本农田，涉及除阿坝、甘孜外 19 个市州的 128 个县（市、区），面积约 115 058 km^2，占全省面积的 23.7%。该区具备良好的生产条件，是四川省优质粮油、蔬菜、水果、家禽、圈养为主的草食牲畜等农产品生产基地，要保障主要农产品产地环境安全，为农产品生产提供安全健康的生产环境。

盆地中部平原浅丘是优质粮油、生猪、奶牛、家禽、特色蔬菜、优质水果、特色水产等优势特色农产品生产基地。川南低中山区是优质生猪、肉羊、肉牛、家禽、水稻、饲用玉米、油菜、马铃薯、水果、蔬菜、茶叶、蚕桑、道地中药材、水产、林竹等优势特色产业基地及酿酒等专用粮产业带。盆地东部丘陵低山区是水稻、饲用玉米、油菜、水果、蔬菜、蚕桑、苎麻、圈养为主的草食牲畜、生猪、名优茶叶、干果、道地中药材、经济林果、木本粮油、食用菌等特色优势产业基地及中药材生产、名特优新经果林和丝麻纺织原料基地。盆地西缘山区是玉米、薯类、茶叶、水果、蔬菜、生猪、奶牛、食用菌、花椒、工业原料林等特色优势产业基地。攀西地区安宁河流域等是优质稻、马铃薯、特色水果、烟叶、反季节蔬菜、麻疯树、核桃等优势特色产业基地和木本生物质能源基地（表 5－7、图 5－12）。

表 5－7 农产品环境安全保障区分布

名称	涉及的区（市、县）	面积/万 km^2
成都平原农产品环境安全保障区	成都的龙泉驿区、新都区、温江区、金堂县、郫县、大邑县、蒲江县、新津县、都江堰市、彭州市、邛崃市、崇州市，德阳的旌阳区、中江县、罗江县，绵阳的游仙区、三台县、盐亭县、梓潼县、平武县、江油市，乐山的沙湾区、犍为县、井研县、夹江县、沐川县、峨边县、马边县、峨眉山市，眉山的东坡区、仁寿县、彭山县、洪雅县、丹棱县、青神县，雅安的雨城区、名山县、荥经县、汉源县、石棉县、天全县、芦山县、宝兴县，资阳的雁江区、安岳县、乐至县、简阳市 47 个县（市、区）	3.36

续表

名称	涉及的区（市、县）	面积/万 km^2
川东北盆周农产品环境安全保障区	巴中的巴州区、恩阳区、通江县、南江县、平昌县，广安的广安区、前锋区、岳池县、武胜县、邻水县、华蓥市，达州的通川区、达县、宣汉县、开江县、大竹县、渠县、万源市，南充的顺庆区、高坪区、嘉陵区、南部县、营山县、蓬安县、仪陇县、西充县、阆中市，广元的利州区、元坝区、朝天区、旺苍县、青川县、剑阁县、苍溪县，遂宁的船山区、安居区、蓬溪县、射洪县、大英县39个县	4.23
川南盆周农产品环境安全保障区	宜宾的翠屏区、宜宾县、南溪区、江安县、长宁县、高县、珙县、屏山县，内江的东兴区、威远县、资中县、隆昌县，自贡的贡井区、大安区、沿滩区、荣县、富顺县，泸州的江阳区、纳溪区、龙马潭区、泸县、合江县22个县	1.31
攀西农产品环境安全保障区	凉山的西昌市、盐源县、德昌县、会理县、会东县、宁南县、普格县、布拖县、金阳县、昭觉县、喜德县、冕宁县、越西县、甘洛县、美姑县、雷波县，攀枝花的西区、仁和区、米易县、盐边县20个县	2.61
合计	128个县	11.51

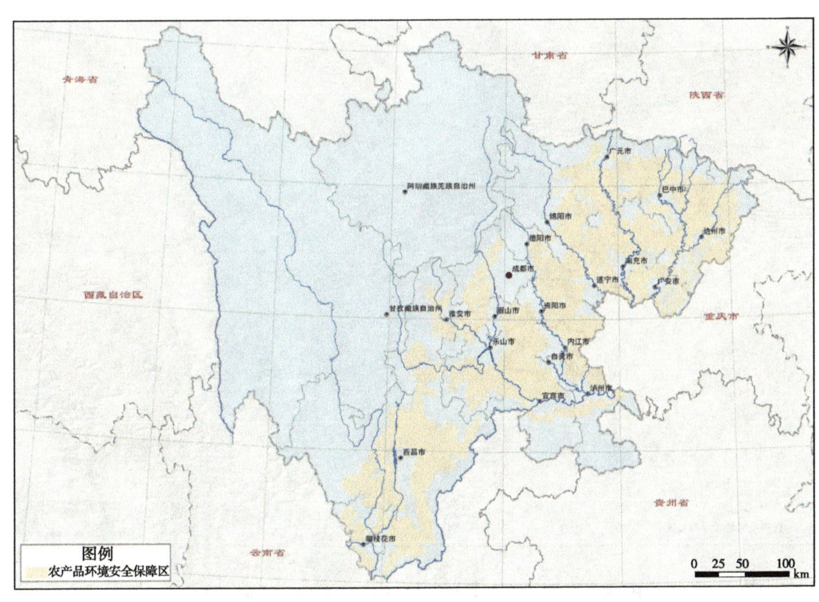

图5－12 四川省农产品环境安全保障区图

5.4.2 牧产品环境安全保障区

牧产品环境安全保障区主要包括阿坝和甘孜 2 大牧产品环境安全保障区，分布在川西高原的重要天然牧草区，涉及甘孜的白玉、新龙、理塘、雅江、稻城、炉霍、道孚、康定、甘孜、德格县，阿坝的壤塘、金川、阿坝、马尔康、红原、黑水、松潘县等 2 州 20 县，面积约 19 960 km²，占全省面积的 4.1%。该区域是四川省生态畜产品生产区，优质牦牛绿色肉、奶食品生产基地，要保障畜牧产品质量和数量，确保畜牧产品产地的环境安全（表 5－8、图 5－13）。

表 5－8　牧产品环境安全保障区分布

名称	涉及的区（市、县）	面积/万 km²
阿坝牧产品环境安全保障区	松潘县、金川县、黑水县、马尔康县、壤塘县、阿坝县、红原县 7 个县	0.58
甘孜牧产品环境安全保障区	康定县、雅江县、道孚县、炉霍县、甘孜县、新龙县、德格县、白玉县、色达县、理塘县、巴塘县、乡城县、稻城县 13 个县	1.42
合计	20 个县	2.00

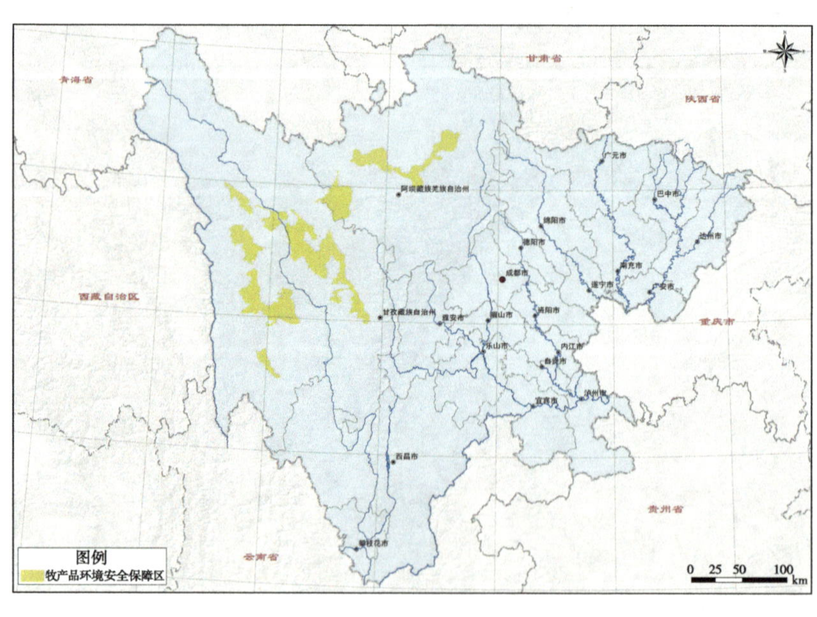

图 5－13　四川省牧产品环境安全保障区图

5.5　聚居环境维护区

聚居环境维护区是指环境服务功能以支撑人口和产业聚集为主的区域，是四川省环境资源开发程度最高，同时也是城镇化和工业化快速发展的地区，为新型城市化战略格局提供环境健康保障。该区域包括工业化和城镇化发展较快、生态环境压力较大、资源和环境问题逐渐显现，但总体上环境承载力较强、生态环境尚未遭到严重破坏的，以控制环境污染为主导功能定位的地区；大气污染防治的重点治理区、重金属污染防治的全国重点防控区，以及现状布局重点石化、化工园区、重大化工项目、重大环境风险源和涉重金属加工产业聚集的区域和未来可能发展较大规模化工、石化和涉及重要危化品生产、使用等存在较大环境风险的区域。主要分布在以成都为核心的成渝城市群连片城市区域和川东北地区、攀西地区的城市和工业区节点，分为聚居环境污染治理区、聚居环境优化区和聚居环境风险防范区 3 个二级分区，面积约为 49 674 km^2，占全省面积的 10.2%（图 5－14、图 5－15）。

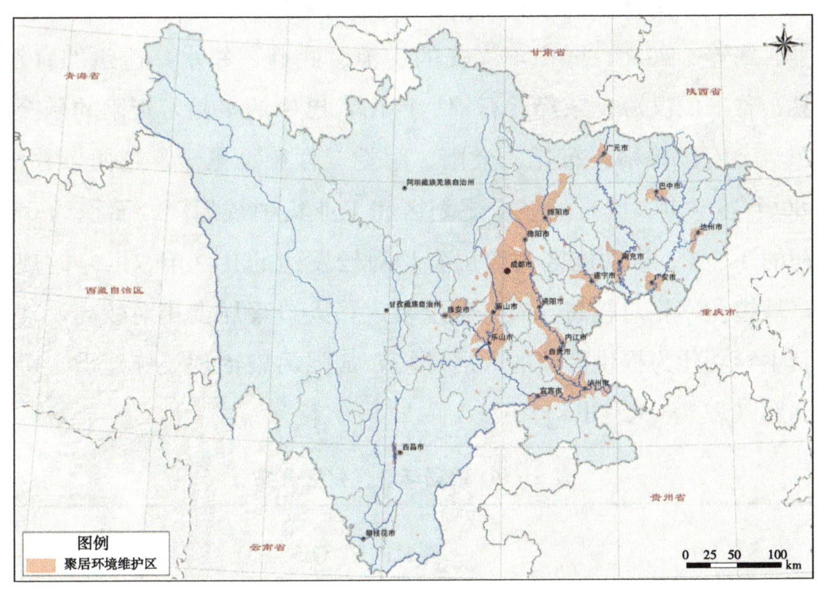

图 5－14　四川省聚居环境维护区图

5.5.1　聚居环境优化区

聚居环境优化区呈点状分布，为主体功能区划中现状环境质量较好，污染负荷较轻的重点开发区和国家级、省级点状重点开发区域，涉及成都的大邑、都江堰、蒲江、邛崃、崇州，自贡的荣县，泸州的叙永、古蔺，绵阳的盐亭、梓潼、三台，

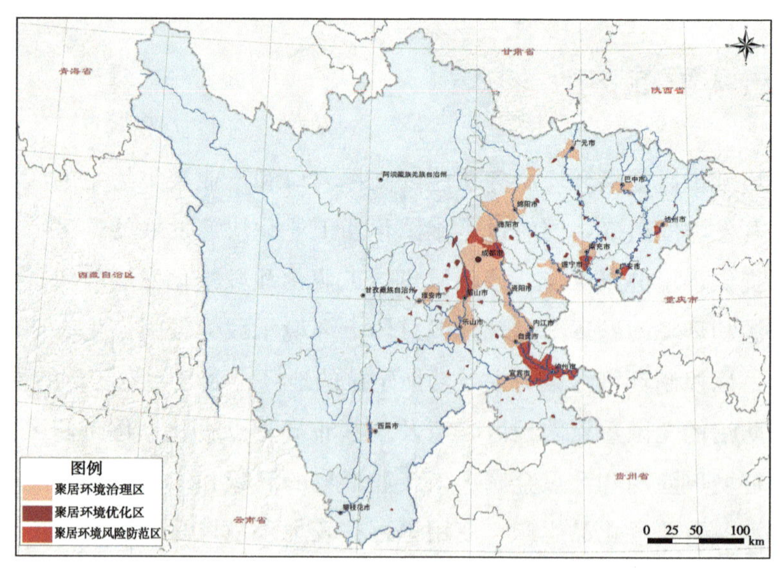

图 5－15　四川省聚居环境维护区二级分区图

广元的剑阁、苍溪，遂宁的蓬溪、射洪，内江的隆昌，乐山的金口河、犍为、沐川、峨边、马边，南充的南部、阆中、仪陇、蓬安、营山，眉山的洪雅、丹棱，宜宾的长宁、珙县、筠连、兴文、屏山，广安的岳池、武胜、邻水，达州的宣汉、开江、大竹、渠县，雅安的汉源、荥经、石棉、芦山，巴中的平昌，资阳的乐至，凉山的德昌、会东、宁南、普格、布托、金阳、昭觉、喜德、冕宁、越西、甘洛、美姑、雷波等等 60 个县（市、区）的城市规划区和工业集中规划区，面积约 5 784 km^2，占全省面积的 1.2%。该功能区为四川省相对较发达的县（市、区）的规划城区及工业园区，城镇化率相对较高、人口密度较大，人口聚居度相对较高，现状环境质量优良，其主导功能为提供健康的人居环境，加强污染治理设施建设，避免出现环境恶化的问题（表 5－9、图 5－16）。

表 5－9　聚居环境优化区分布

名称	涉及的区（市、县）	面积/万 km^2
大成都经济区聚居环境优化区	大邑县、都江堰市、蒲江县、邛崃市、崇州市、中江县、三台县、盐亭县、梓潼县、金口河区、犍为县、沐川县、峨边县、马边县、洪雅县、丹棱县、汉源县、荥经县、石棉县、芦山县、乐至县	0.177
川南经济区聚居环境优化区	荣县、叙永县、古蔺县、隆昌县、长宁县、珙县、筠连县、兴文县、屏山县	0.168

续表

名称	涉及的区（市、县）	面积/万 km^2
川东北经济区聚居环境优化区	剑阁县、苍溪县、南部县、阆中市、仪陇县、蓬安县、营山县、岳池县、武胜县、邻水县、宣汉县、开江县、大竹县、渠县、蓬溪县、射洪县、平昌县	0.095
攀西经济区聚居环境优化区	德昌县、会东县、宁南县、普格县、布拖县、金阳县、昭觉县、喜德县、冕宁县、越西县、甘洛县、美姑县、雷波县	0.138
合计	60 个县	0.578

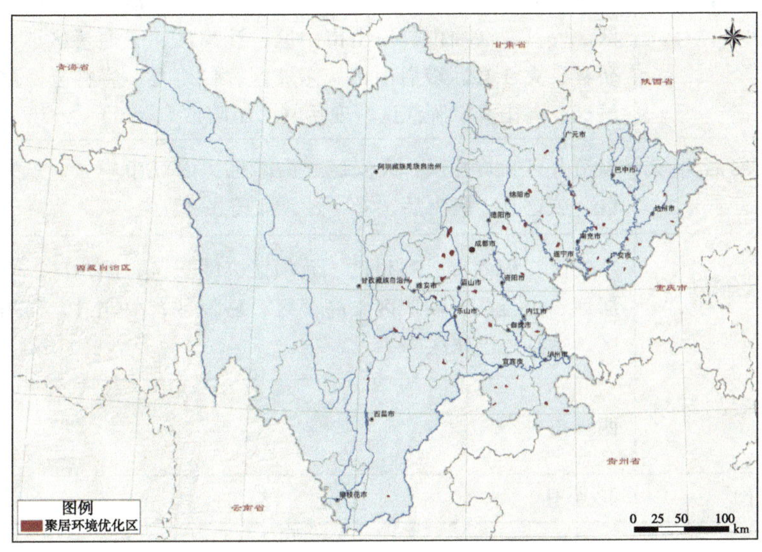

图 5－16　四川省聚居环境优化区图

5.5.2　聚居环境污染治理区

主要为主体功能区划中的重点开发区等开发程度较高，且现状环境质量相对较差，环境污染负荷重，需要强化污染治理，优化经济开发活动的区域，分布在以成都为核心、绵阳—德阳—成都—乐山—眉山—资阳—雅安城市群为主的成都平原重点开发区，川南重点开发区的内江、自贡城市群共同构成的重点连片开发区域和川东北的广元、广安、遂宁、南充、达州，川南的宜宾以及攀西地区西昌等中心城市为节点的区域，以城市建成区为中心辐射周边区县，共涉及除阿坝、甘孜、攀枝花、泸州外 17 个市（州）的 62 个县（市、区），面积约为 36 535 km^2，占全省面积的 7.5%。该区域是四川省重要的人口聚集区和经济密集区，是支撑四川省经济快速发展的核心

地区和未来主要城市化、工业化发展地区，同时也是目前大气污染和地表水污染相对突出的区域。要协调好发展与保护的关系，升级产业结构、转变生产方式，减少资源能源消耗和污染物排放，在保护环境的基础上推动经济持续发展，加大生态环境综合治理，逐步改善人居环境质量，保障区域环境健康（表 5－10、图 5－17）。

表 5－10　聚居环境治理区分布

名称	涉及的区（市、县）	面积/万 km²
大成都经济区聚居环境治理区	锦江区、青羊区、金牛区、武侯区、成华区、龙泉驿区、青白江区、新都区、温江区、金堂县、双流县、郫县、旌阳区、罗江县、广汉市、什邡市、绵竹市、涪城区、游仙区、安县、江油市、乐山市中区、沙湾区、五通桥区、井研县、夹江县、峨眉山市、东坡区、仁寿县、青神县、雨城区、名山县、雁江区、安岳县、简阳市	1.84
川南经济区聚居环境治理区	自流井区、贡井区、大安区、沿滩区、内江市中区、东兴区、威远县、资中县、翠屏区、宜宾县、高县	0.93
川东北经济区聚居环境治理区	广安区、华蓥市、利州区、元坝区、朝天区、船山区、安居区、大英县、顺庆区、高坪区、嘉陵区、西充县、通川区、达县、巴州区	0.71
攀西经济区聚居环境治理区	西昌市	0.17
合计	62 个县	3.65

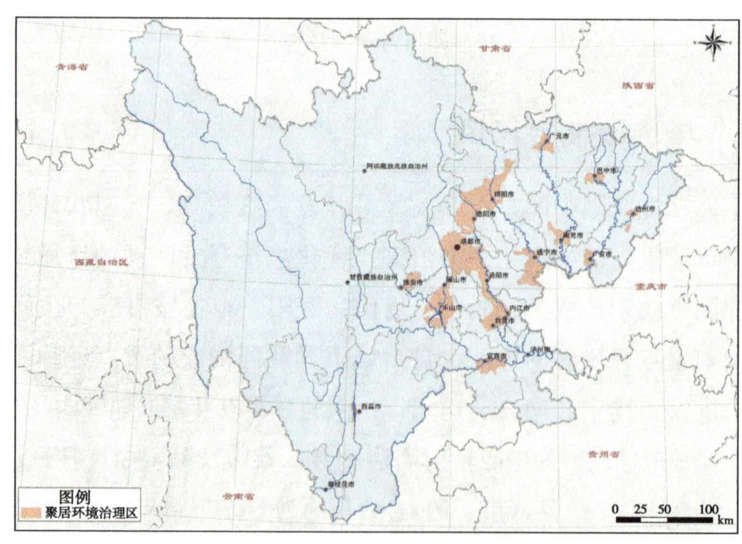

图 5－17　四川省聚居环境污染治理区图

5.5.3 聚居环境风险防范区

主要分布在有重点石化、化工等重大环境风险源布局的成都、眉山、川南沱江下游和长江沿线的自贡、宜宾、泸州以及川东北的南充、广安、达州等市，涉及成都市的彭州、金堂、青白江、新津，眉山市的东坡区、彭山，泸州市的江阳、纳溪、龙马潭、泸县、合江，宜宾市江安县、南溪区，自贡市的大安、沿滩、富顺县，南充市嘉陵区、高坪区，广安市的广安区、前锋区和达州市通川区、达县 8 个市州的 22 个县（市、区），面积约为 7 355 km^2，占全省面积的 1.5%。该区域是四川省重点石化、化工产业园区和重大环境风险源分布的区域，涉及岷沱江产业人口高度聚集区和长江出川断面和长江珍稀鱼类保护区，对保障三峡库区安全和维护人群环境安全均具有重要的意义，要加强工业污染深度治理和风险控制，推进石化、化工等产业的升级改造，从产业布局、产业结构和产业规模等方面进行优化调整，从源头上防控风险，建立健全化工园区和企业环境风险管理体系，减少环境隐患和降低环境风险，保障人居环境安全（表 5－11、图 5－18）。

表 5－11 聚居环境风险防范区分布

名称	涉及的区（市、县）	面积/万 km^2
大成都经济区环境风险防范区	彭州市、金堂县、青白江区、新津县、东坡区、眉山县	0.23
川南沿江环境风险防范区	大安区、沿滩区、富顺县、江阳区、纳溪区、龙马潭区、泸县、合江县、南溪区、江安县	0.32
川东北化工环境风险防范区	高坪区、嘉陵区、广安区、通川区、达县	0.19
合　计	21 个县	0.74

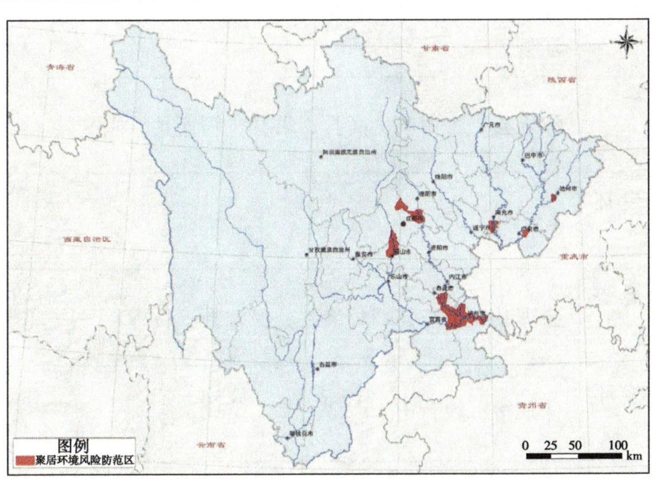

图 5－18 四川省聚居环境风险防范区图

5.6 资源开发环境引导区

资源开发环境引导区是指能源富集的能源基地、矿产资源丰富的矿产资源勘查开发基地等地区，要维护资源集中连片开发区域的生态环境质量，以保障当地及周边地区生态环境安全，包括攀西钒钛资源、川东北天然气、古叙筠连煤矿、冕宁稀土、凉山雅安有色金属、德阳磷矿 6 大资源开发环境引导区。该区域主要分布在攀西地区、川南地区和川东北盆地区。主要有攀枝花和凉山的钒钛磁铁矿、铁矿、煤矿，凉山、雅安有色金属矿，冕宁稀土矿，川南煤矿，德阳磷矿和川东北盆地天然气等在国内具有比较优势的资源开采及配套集中开发区，其中攀枝花及凉山西部钒钛矿、川东北盆地区天然气开发区纳入国家重点资源开发引导区。涉及攀枝花的东区、西区、仁和区、米易和盐边，凉山的西昌、冕宁、会东、会理、盐源和甘洛，雅安的汉源、石棉，德阳的绵竹、什邡，泸州的古蔺、叙永，宜宾的高县、珙县、筠连、兴文，广元的元坝、苍溪，达州的宣汉、大竹，南充的仪陇，巴中的巴州、通江 10 个市州的 28 个县（市、区），面积约 6 818 km^2，占全省面积的 1.4%（表 5－12、图 5－19）。

表 5－12 资源开发环境引导区分布

名称	涉及的区（市、县）	面积/万 km^2
攀西钒钛资源开发环境引导区	攀枝花东区、西区、仁和区、米易县、盐边县、西昌市、盐源县	0.19
川东北天然气资源开发环境引导区	元坝区、苍溪县、仪陇县、宣汉县、大竹县、巴州区、通江县	0.067
古叙筠连煤矿资源开发环境引导区	叙永县、古蔺县、高县、珙县、筠连县、兴文县	0.126
冕宁稀土资源开发环境引导区	冕宁县	0.028
凉山雅安有色金属资源开发环境引导区	会理县、会东县、甘洛县、汉源县、石棉县	0.205
德阳磷矿资源开发环境引导区	什邡市、绵竹市	0.064
合计	28 个县	0.68

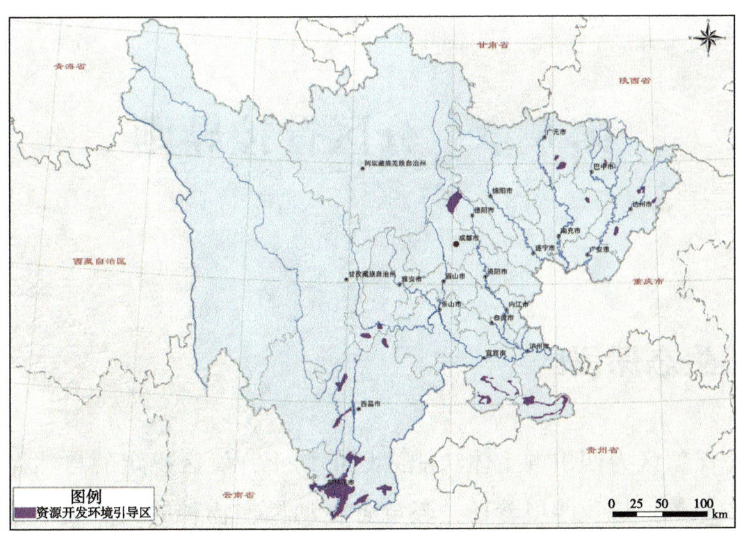

图 5-19　四川省资源开发环境引导区图

第6章　分区管控导则

6.1　自然生态保留区

自然生态保留区为四川省主体功能区划中禁止开发区确定的自然保护区和世界文化自然遗产地等，是我四川珍稀、濒危野生动植物物种的天然集中分布区域，汇集了各种有代表性的自然生态系统和自然遗迹，具有重大的科学文化价值，是保护自然文化资源的重要区域，珍稀动植物基因资源保护地。在该地区执行最严格的环境保护措施。

对自然生态保留区不得分配污染物排放总量。严禁开展不符合环境功能定位的各类开发活动，引导人口逐步有序转移，实现污染物“零排放”，提高生态环境质量。按照强制保护原则设置产业准入环境标准，严禁不符合相关法规和区划要求的建设开发活动，不得新建工业企业和矿产资源开发企业，现有污染物排放的企业限期迁出或关闭。

严格限制基础设施建设，除文化自然遗产保护、森林草原防火、应急救援等基础设施外，不得在自然生态保留区域建设交通基础设施；严禁穿越自然保护区核心区，避免对重要自然景观和生态系统的分割。加强生态保护相关知识的培训和教育，提高保护区域各类基础能力建设水平。

加强环境影响评价管理。环境影响评价文件必须科学预测其对敏感物种和敏感生态系统的影响，并以不影响敏感物种生存、繁衍及生态系统的科学文化价值为目标，提出保护和恢复方案。

建立卫星遥感、无人机监测为主，地面监测为辅的天地一体化的生态环境监管体系，严格控制自然生态保留区人类活动的强度，落实各类基础设施建设及旅游开发活动的生态环境保护要求，严格控制自然生态保留区范围和功能区调整。对于人为因素导致丧失保留价值的，应依法追究有关人员责任。

实施生态补偿政策和专项财政转移支付政策。拓宽保护区建设的资金渠道，加强环境基础公共服务设施建设，提高地方政府的公共服务能力。

按照自然地理单元和物种的天然分布对已建自然保护区进行整合，通过建立生态廊道，增强自然保护区间的连通性。探索新建自然保护区的新机制，优化自然保护区空间布局。

各要素环境保护要求如下：

(1) 水环境保护

该区域从严执行Ⅱ类及以上的标准，世界文化遗产地内部分区域可适当放宽至Ⅲ类。禁止任何水资源开发活动，确保河道生态环境需水要求。以生态补偿机制研究为重点加大水生态方面的保护。生态补偿有政府补偿和市场补偿两种形式，政府补偿主要通过公共财政政策和技术法规的方式予以补偿；市场补偿通过流域上下游的集中配合，在资源产权清晰的情况下，实行水权和排污权交易等转让机制，并对水质水量是否达标的状况予以奖惩。

(2) 大气环境保护

该区域执行《环境空气质量标准》(GB 3095—2012) 中的一级标准，世界文化遗产地内人口聚集区域可适当放宽至二级。大气环境保护和管理对策确定为可吸入颗粒物无须控制区、二氧化硫无须控制区和氮氧化物无需控制区。三项指标满足一级标准要求的保持现有的达标水平，超过一级标准的需强力整改、确保达标，不出现干扰生态系统的严重污染天气，不针对污染物控制做强制性要求。

(3) 土壤环境保护

按照《土壤环境质量标准》(GB 15618—1995)，该区域需达到一类土壤环境质量要求，即执行一级标准，土壤生态状况基本保持自然背景水准。土壤环境保护措施主要为加强建设和管理，不得改变该区域土地用途，禁止过度放牧、无序采矿、毁林开荒、开垦草地和湿地等行为，保护生物多样性，提高土壤环境稳定性。

(4) 生态保护

合理处理自然生态保留区内人类活动的范围和强度、加强保留区植被恢复和生态建设、关停取缔保留区与生态功能相冲突的人类开发建设活动、严格环境准入标准、整顿保留区产业结构和企业、完善生态补偿机制，逐步实现保留区人类活动“零影响”。

6.2 生态功能保育区

6.2.1 生态功能保育区总体要求

生态功能保育区是重要的生态安全屏障，是关键性的水源涵养、水土保持、生物多样性保护区域，生态地位极其重要，必须坚持生态优先、适度发展，坚决遏制生态系统退化的趋势，建设人与自然和谐相处的示范区。

划定并严守生态保护红线，保持并逐步扩大生态空间。逐步关闭或搬迁红线区内生态破坏或污染严重的企业。从严控制排污许可证的发放，严格控制污染物排放总量，将排污许可证允许的排放量作为污染物排放总量的管理依据，实现污染物排放总量持续下降。

严禁盲目引入外来物种，减少对自然生态系统的人为干扰。在生态环境脆弱敏感地区开展生态移民，实施重点生态功能区生态环境质量监测、评价和考核，减轻人类活动对生态环境的压力。

严禁不适合主体环境功能定位的项目进入。规划以及建设项目环境影响评价等文件，要设立生态环境评估专门章节，并提出可行的预防措施。对各类开发活动进行严格管制，开发矿产资源、发展适宜产业和建设基础设施，须开展主体功能适应性评价，不得损害生态系统的稳定性和完整性。严格控制开发强度，城镇建设和工业开发要集中布局、点状开发，控制各类开发区数量和规模扩张，支持已有产业园区和开发区改造成“零污染”的生态型园区。

加强环境基本公共服务设施建设，完善环境监测、环境信息公开、环境监管能力，提高污水和垃圾收集处理设施等环境保护基础服务设施水平。建立天地一体化的生态环境监管体系，对各类资源开发、生态建设和恢复等项目进行分类管理，依据不同的生态影响特点和程度，实行严格的生态环境监管。

逐步加大政府投资对生态环境保护方面的支持力度，实施好天然林资源保护，推进荒漠化、石漠化、水土流失综合治理，扩大森林、湖泊、湿地面积，保护生物多样性。

重点保护好多样、独特的生态系统，发挥涵养大江大河水源和调节气候的作用；重点加强水土流失防治和天然植被保护，发挥保障长江上游生态安全的作用。

加强生态功能评估与考核，并将结果向社会公布。

6.2.2 水土保持区

6.2.2.1 环境功能目标

该区域是长江上游水土保持的重点区域和长江上游生态屏障的重要组成部分，以维护区域生态系统完整性、保证生态过程连续性和改善生态系统服务功能为中心，加强生态保护，增强脆弱区生态系统的抗干扰能力，从源头控制生态退化和水土流失。

6.2.2.2　发展引导要求

该区属四川省主体功能区划中确定的川滇森林及生物多样性生态功能区和大小凉山水土保持生态功能区的部分，为限制开发区域（重点生态功能区），地质公园等也在水土保持区范围内。该区域应调整产业结构，发展旱作节水农业，限制陡坡开垦和超载过牧，加强小流域综合治理，维护区域水土保持生态调节功能稳定发挥，保障区域生态安全。

加大矿山环境整治和生态修复力度，提高防洪减灾能力，加强地质灾害风险防治，最大限度地减少人为因素造成新的水土流失。加强扶贫开发，发展生态农林牧业和农产品深加工业，合理开发旅游文化资源。大力推行节水灌溉和雨水集蓄，发展旱作节水农业。

坚持“以防为主，防治结合”，以非工程措施为主、并与工程措施相结合，工程治理和生物治理相结合，结合堤防、护岸、谷坊、拦沙坝、排导沟、水库等工程措施，逐步形成完善的山地灾害防治体系。

限制陡坡垦殖和超载过牧，实行封山禁牧，恢复退化植被，加强小流域综合治理，治理水土流失。严禁樵采、过垦、过牧和无序开矿等破坏植被行为。推广封山育林育草技术，有计划、有步骤地建设水土保持林、水源涵养林和人工草地，恢复山体植被。以“长治”、天然林资源保护、石漠化综合治理及土地整理等重点生态工程为依托，进行差别化治理，推进干热河谷和山地生态修复与重建。

进行以坡改梯和坡面水系建设为主的坡耕地综合整治，采用补播方式播种优良灌草植物，提高山体林草植被覆盖度，重点治理泥石流和滑坡，控制沟谷蚀；开展石漠化综合治理，拦蓄泥沙，保护土壤资源。

6.2.2.3　环境保护要求

（1）水环境保护

该区域地表水执行《地表水环境质量标准》Ⅲ类及以上标准，禁止将生活污水和生产废水以各种形式排入或渗入地表水体。禁止倾倒和填埋危险废物、危险化学品和生活垃圾。禁止在主要河流两侧 1 000 m，湖泊周围 2 000 m 范围内建设涉第一类含重金属污染的尾矿库。水量满足最小生态需水量标准，以生态补偿机制研究为重点加大水生态方面的保护。

（2）大气环境保护

执行《环境空气质量标准》（GB 3095—2012）中的一级标准。大气环境保护和管理对策确定为可吸入颗粒物暂缓控制区、二氧化硫无须控制区和氮氧化物无须控制区。三项指标全部达到二级标准要求，不出现干扰生态系统严重污染天气，不针对污染物控制做强制性要求。

（3）土壤环境保护

该区域需达到《土壤环境质量标准》一类土壤环境质量要求，执行一级标准，土壤生态状况基本保持自然背景水准。限制过垦、过牧、无序采矿等各种不利于水土保持的经济社会活动和生产方式，治理土壤侵蚀，提高土壤稳定性。

（4）生态保护

调整产业结构，转变经济增长方式，发展多种农业经营方式，根据自然环境差异宜林则林、宜草则草。大力发展有利于水土保持的特色产业，依靠丰富的土特农产品，建起农产品加工场、农业专业合作组织，走农业产业化发展之路。

严格执行退耕还林还草等生态工程，增加植被覆盖率，通过自然恢复实现水土保持的目标。开展小流域综合治理等生态工程，综合考虑保育区内生态、社会和经济，实现保育区协调可持续发展。

开展生态建设，恢复和重建退化植被。尊重自然规律，根据保育区所在的地理条件，有选择地恢复和重建退化的森林或草地。在必要时辅之以工程措施，加快自然恢复和重建的速度。

6.2.3 生物多样性保护区

6.2.3.1 环境功能目标

该区域是四川省重要的原始森林、野生珍稀物种栖息地与生物多样性保护的关键地区和生态屏障区域；全国生物多样性兼涵养水源与土壤保持重要区，最大的天然生物种质的“基因库”。环境功能目标为保护自然生态系统与重要物种栖息地，维护区域生物多样性保护生态调节功能稳定发挥，实现物种资源的良性循环和可持续利用，保障区域生态安全。

6.2.3.2 发展引导要求

该区域主要包括四川省主体功能区划确定的川滇森林及生物多样性生态功能区和秦巴生物多样性生态功能区的部分，为限制开发区域（重点生态功能区），同时风

景名胜区、森林公园等也在生物多样性保护区内，应把增强生态产品生产能力作为首要任务，限制进行大规模高强度工业化城镇化开发，保护森林植被和生物多样性，巩固长江上游防护林建设、天然林保护和退耕还林成果。调整农业产业结构，发挥区位优势，发展林农牧多种经营，建设优质特色中药材和茶叶生产基地。科学合理开发自然资源，规范和严格管理矿产、水电、生物资源的开发，防止矿产、水电开发和农林业开发对生态环境和生态系统的不利影响。

重点保护原生森林、流域生态系统，加强造林绿化、野生动植物保护和自然保护区建设、小流域治理、矿山生态恢复等生态工程，提高水源涵养、水土保持和野生动植物保护等生态功能。巩固和扩大天然林资源保护成果、扩大保护范围，加强生物物种资源保护，依法禁止一切形式的捕杀、采集濒危野生动植物的活动，保护物种多样性和确保生物安全，强化引进外来物种生物安全管理，防止外来物种入侵。

建设珍稀、濒危中药资源和动植物资源等指向明确的生态功能保护区，对现有植被和自然生态系统严加保护，防止生态环境的破坏和生态功能的退化。

发展以养殖业、经济林为主的生态农林牧业和农产品深加工业，合理开发旅游文化资源，发展生态旅游，点状开发天然气、水能、矿产资源。引导人口转移，降低人口密度，停止导致生态功能继续退化的开发活动和其他人为破坏活动，以及产生严重环境污染的工程项目建设，遏制生态环境恶化趋势。

6.2.3.3　环境保护要求

（1）水环境保护

该区域地表水执行《地表水环境质量标准》（GB 3838—2002）Ⅱ类以上标准，禁止将生活污水和生产废水以各种形式直接排入或渗入地表水体。禁止倾倒和填埋危险废物、危险化学品和生活垃圾。水量满足最小生态环境需水量标准，以生态补偿机制研究为重点加大水生态方面的保护。

（2）大气环境保护

执行《环境空气质量标准》（GB 3095—2012）中的一级标准。大气环境保护和管理对策确定为可吸入颗粒物暂缓控制区、二氧化硫无须控制区和氮氧化物无须控制区。三项指标保持现有的达标水平，不出现干扰生态系统的严重污染天气，不针对污染物控制做强制性要求。

（3）土壤环境保护

该区域需达到《土壤环境质量标准》一类土壤环境质量要求，即执行一级标准，土壤生态状况基本保持自然背景水准。禁止进行有损自然生态的开发建设活动，注重土壤自然生态环境建设和修复，实施积极的土地建设性方针，保护生物多样性，提高土壤稳定性。

（4）生态保护

严格禁止或控制威胁生物多样性的开发活动，禁止开展破坏生物多样性的经济与社会活动，基本消除人类活动对生物多样性的干扰和威胁。严格禁止在生物多样性保护区开展大型基础设施建设，确实不可避免需利用工程技术降低其对生物多样性保育的影响。严格控制保育区水电开发。

严格控制保育区生物资源的利用方式和数量，避免人类对濒危生物的直接获取，减缓人类与野生动植物对生物资源利用的冲突，严格控制畜牧业对生物资源的破坏。

6.2.4 水源涵养区

6.2.4.1 环境功能目标

保护长江水系的金沙江、雅砻江、岷江、沱江、嘉陵江、涪江及黄河水系的若尔盖源头区，确保水质不降低，水量不减少，河流径流量基本稳定并满足生态用水需求；保护具有水源涵养功能的森林、草原、湿地等绿色生态空间，确保面积不减少，质量不降低，维护区域水源涵养生态调节功能稳定发挥，保障区域生态安全。

6.2.4.2 发展引导要求

该区域属四川省主体功能区划中确定的国家层面限制开发重点生态功能区，应按限制开发区的相关要求，根据相关法律实行针对性的保护。严格保护具有水源涵养功能的自然植被，禁止过度放牧、无序采矿、毁林开荒、开垦草原等行为；推进天然林草保护、围栏封育，治理水土流失，恢复草原植被，保持湿地面积，保护珍稀动物，维护和重建湿地、森林、草原等生态系统；保护沼泽湿地及生物多样性，为长江、黄河源头的水源涵养提供基础保障。在保护生态环境的前提下，科学规划，合理开发自然与人文景观资源，发展特色生态旅游；控制载畜量，合理发展畜牧业及相关产业。在不适宜人类居住、生产生活的生态脆弱区和需要保护的区域实施生态移民，生态移民选址要考虑生态承载力。

6.2.4.3 环境保护要求

（1）水环境保护

地表水执行《地表水环境质量标准》Ⅰ类标准，禁止将生活污水和生产废水以各种形式排入或渗入地表水体，禁止倾倒和填埋危险废物、危险化学品和生活垃圾。水量满足最小生态需水量标准，以生态补偿机制研究为重点加大水生态方面的保护。

（2）大气环境保护

环境空气质量执行《环境空气质量标准》一级标准。大气环境保护和管理对策确定为可吸入颗粒物暂缓控制区、二氧化硫无须控制区和氮氧化物无须控制区。三项指标保持现有的达标水平，不出现干扰生态系统的严重污染天气，不针对污染物控制做强制性要求。

（3）土壤环境保护

土壤环境执行《土壤环境质量标准》一级标准，原有背景重金属含量高的除外。加强对水源涵养区的保护与管理，严格保护具有重要水源涵养功能的自然植被，限制或禁止各种不利于保护生态系统水源涵养功能的经济社会活动和生产方式，如过度放牧、无序采矿、毁林开荒、开垦草地等，注重土壤自然生态环境建设和修复，提高土壤环境稳定性。

（4）生态保护

加强水源涵养区保护与管理，充分尊重自然规律，有效保护森林、草地和湿地等生态系统以及具有水源涵养功能的植被，增加水源涵养功能。通过封山育林、退耕还林还草、禁牧等生态工程增加森林、草地、湿地等自然生态系统面积，同时提高自然生态体系水源涵养功能。

提高沼泽水位、恢复沼泽湿地、治理沙化土地，严禁泥炭开采和沼泽湿地疏干改造，严格草地资源和泥炭资源的保护；对已遭受破坏的草甸和沼泽生态系统，结合有关生态工程建设措施，加快组织重建和恢复。

加强生态监测。通过实地调查和遥感技术相结合的方式，监测水源涵养保育区的植被覆盖、水量和水质的变化情况，保障水源涵养功能。

6.3　食物环境安全保障区

6.3.1　食物环境安全保障区总体要求

食物环境安全保障区是四川省主要粮食及优势农产品生产地、畜禽产品产地和水产品产地，要优先保护耕地土壤环境，严控重金属类污染物和挥发性有机污染物等有毒物质排放，预防产地环境中的有害物质通过生物富集进入食物产品危害人群健康，保障安全发展。

农村区域执行《环境空气质量标准》（GB 3095—2012）一级标准，居民集中居住区和产业开发用地执行《环境空气质量标准》（GB 3095—2012）二级标准；主要水产渔业生产区中珍稀水生生物栖息地、鱼虾类产卵场、仔稚幼鱼的索饵场等地表水达到《地表水环境质量标准》Ⅱ类要求，其他河流水域达到《地表水环境质量标准》Ⅲ类要求，地下水达到《地下水质量标准》相关要求；农田灌溉用水应满足《农田灌溉水质标准》，严格控制重金属类污染物和有毒物质；重点粮食蔬菜产地执行《食用农产品产地环境质量评价标准》和《温室蔬菜产地环境质量评价标准》要求，一般农田土壤达到《土壤环境质量标准》二级标准。

根据区域环境质量限制污染物排放总量，严格控制重金属类污染物和挥发性有机污染物等有毒物质排放，将排污许可证允许排放量作为污染物排放总量管理的依据，建立农业主产区环境质量监测网络，加强土壤污染治理与修复。

以基本农田及饮用水水源地为主体，划定土壤环境保护优先区域，建立并实行严格的土壤环境保护制度，确保基本农田环境质量安全，保障饮用水水源地水质安全。对未达到优先区域土壤环境保护要求、造成土壤环境质量明显下降的地区，要依法问责。

强化土壤污染风险控制。建立土壤分类管理制度，禁止在土壤环境保护优先区域内新建有色金属、皮革制品、石油煤炭、化工医药、铅蓄电池制造等项目，逐步关闭或搬迁优先区内的已有项目。严格控制在优先区域周边新建排放有毒有害物质的项目。对已污染土地，要制定环境风险防控方案，并实施必要的治理和修复。规划环评和项目环评中，要强化土壤环境影响评价的内容。

加强面源污染控制。以规模化畜禽养殖和水产养殖为重点，持续推进水污染物减排。积极推进农业清洁生产，提高化肥、农药、农膜和水资源利用率，建立健全农药废弃包装物回收处理体系、废旧地膜回收加工网络。加强农村生活污染防治，改善农村人居环境。

建立农业主产区环境质量监测网络，完善农产品产地环境质量评价标准体系，建立土壤环境质量定期监测和信息发布制度。

6.3.2 农产品安全保障区

6.3.2.1 环境功能目标

保护基本农田和一般耕地，确保基本农田数量不减少、耕地质量有提高、粮食产量不降低；保护土壤环境、水环境、空气环境等，确保环境质量不降低，以维护重要粮食产地环境功能的稳定发挥，保障农产品安全。

6.3.2.2　发展引导要求

该区域属主体功能区划中的限制开发区域，应着力保护耕地，加强农业基础设施建设，稳定粮食生产，发展现代农业，增强农业综合生产能力，保障全省主要农产品有效供给，增加农民收入，加快社会主义新农村建设。

严格环保准入。严格规范工业化、城镇化开发建设，不得影响农作物品质，不得降低空气环境、水环境、土壤环境质量，不得影响农产品产地环境安全。从严限制建设有涉重金属排放的项目和新建重化工园区。地下水源区严格控制道路建设、勘探、采矿等活动，不得改变水文地质条件、减少水源补给或产生难以恢复的影响，防止各类泄漏事故污染地下水。

优化农业生产力布局和品种结构，推进农业产业化经营。积极推进农业规模化、标准化、产业化，支持农产品主产区发展农产品深加工和流通、储运设施，引导农产品加工、流通、储运企业向优势产区聚集。搞好农业布局规划，促进农业规模化产业化经营，根据不同的农业发展条件，科学确定不同区域农业发展重点，形成优势突出和特色鲜明的农产品产业带。

加强农业基础设施建设。以“再造一个都江堰灌区”“建设安宁河谷粮仓”为重点，加强水利设施建设，重点改善农产品主产区用水条件，加强农田基础设施建设，发展节水灌溉、旱作农业，加快推进农业机械化，强化田网、路网、林网、水网配套，提高耕地质量。强化农业防灾减灾能力建设，提高人工增雨抗旱和防雹减灾作业能力。

提高农业综合生产能力，稳定粮食生产。加强土地整治，搞好规划、统筹安排、连片推进，加快中低产田改造，提升耕地质量；实施测土配方施肥，建设高标准农田，稳步提升粮食生产能力。推进连片标准粮田建设，加快粮食生产机械化技术推广应用，进一步提高粮食主产区生产能力，集中建设一批基础条件好、生产水平高、调出量大的粮食生产核心区。在保护生态前提下，开发资源有优势、增产有潜力的粮食生产后备区。

促进农业可持续发展。坚持农业资源的合理开发利用与农村环境的有效保护，控制农产品主产区开发强度，优化开发方式，发展循环农业，促进农业资源的永续利用。鼓励和支持农产品、畜产品、水产品加工副产物的综合利用。着力控制农业面源污染，加大规模化畜禽养殖的污染治理力度。科学合理利用化肥、农药、农膜等农业投入品，加强农产品产地土壤污染防治。

6.3.2.3 环境保护要求

（1）水环境保护

加强农村生活污水处理设施建设。对距离市政污水管网近、符合接入要求的村庄及乡镇污水优先建设截污管网，纳入城镇污水处理厂；对人口规模较大、经济条件好、不具备截污输送条件的乡镇采用二级生化集中处理技术；对偏远的乡镇因地制宜选择实用、经济的生活污水集中处理工艺；对布局分散、人口规模小的村庄，采用无动力分散处理技术，提倡有条件的农村住户采用农村改厕与庭院生活污水处理结合的模式。加强“农家乐”的环境监管，完善污水处理设施。

农田径流污染防治。实施“化肥减量增效工程”，积极推广测土配方、平衡施肥，以控制氮、磷流失为主的节肥增效施肥技术和作物专用肥应用，提高肥料利用率，降低单位面积化肥施用量。建立精准施肥示范基地，推动科学、合理地施用化肥。加快推进“农药减量控害增效工程”，积极引导和鼓励农民使用生物农药或高效、低毒、低残留的农药，推广病虫草害综合防治、生物防治和精准施药等技术。开展“农田径流污染防治工程”示范和推广，因地制宜地选择生态沟渠、植被过滤带、人工湿地等方式，截留过滤净化农田地表径流中营养物、沉积物、重金属和农药，减轻对河流、湖库水体的污染。

（2）大气环境保护

大气环境保护和管理对策确定为可吸入颗粒物普通控制区、二氧化硫和氮氧化物低度控制区。在保证当地经济发展的基础上，控制工业颗粒物浓度排放达标，注意农业、畜牧业的颗粒物排放控制，可吸入颗粒物年日均浓度达到国家空气质量二级标准，年超标率低于10%。区域内大气污染源实现二氧化硫、氮氧化物达标排放，且满足总量指标，年均浓度达到国家空气质量二级标准。不出现重污染天气。

（3）土壤环境保护

严格控制新增土壤污染。禁止新建有色金属、皮革制品、石油煤炭、化工医药、铅蓄电池制造等项目。加大环境执法和污染治理力度，确保企业达标排放；定期对排放重金属、有机污染物的工矿企业及污水、垃圾等处理设施周边土壤进行监测，造成污染的要限期予以治理。

科学施用化肥，禁止使用重金属等有毒有害物质超标的肥料，严格控制稀土农用。严格执行国家有关高毒、高残留农药使用的管理规定，建立农药包装容器等废弃物回收制度。鼓励废弃农膜回收和综合利用。禁止在农业生产中使用含重金属、难降解有机污染物的污水以及未经检验和安全处理的污水处理厂污泥、清淤底泥、尾矿等。

强化被污染土壤的环境风险控制。开展耕地土壤环境监测和农产品质量检测，对已被污染的耕地实施分类管理，按照有关规定开展土壤环境风险评估，并对土壤环境进行治理修复。

开展土壤污染治理与修复。以重污染工矿企业、集中污染治理设施、重金属污染防治重点区域、集中式饮用水水源地、废弃物堆存场地等为重点，开展土壤污染治理与修复试点示范。

提升土壤环境监管能力。建立土壤环境监测网络和土壤环境质量定期监测制度和信息发布制度，设置耕地和集中式饮用水水源地土壤环境质量监测点位，提升土壤环境质量动态监控能力。重点做好基本农田、重要农产品产地和“菜篮子”基地的土壤环境质量监测评估，加强安宁河谷、内江隆昌等地土壤污染状况监控。

（4）生态保护

严格执行《基本农田保护条例》，限制非农建设占用耕地，除交通水利等重要基础设施建设项目外，其他非农建设不得占用耕地。

实施农村环境综合整治。以村庄环境连片整治示范工程为主线，全面实施农村生活垃圾整治工程、养殖业污染治理工程、农村河（塘、库）水环境整治工程、农业面源治理工程，综合改善农村生态环境。

加强农田防护林建设。根据区域地理条件，合理规划农田防护林的水平结构，建立乔—灌—草多层垂直结构，增加农田防护林的生态功能，为农业害虫天敌提供生境。

加强水资源和水过程管理。从水生态过程出发，通过自然、人工手段合理分配和管理水资源，注重抗旱水利设施的修建和维护，发展节水灌溉模式；畅通河道，增加防洪能力。

优化农业耕作制度。发展间混套作多熟制，提高作物产量和经济效益，同时改良土壤，提高肥力。建立合理的轮作制度，增加有益微生物活动，减少田间病、虫、杂草的危害，使生态效益、经济效益和社会效益同步增长。深耕细作和少耕免耕，根据不同作物、不同土壤和不同气候条件，实行深耕、浅耕或少耕、免耕。对于土层浅、肥力低的土壤，进行深耕细作可显著提高作物产量和改良土壤；对于水土流失较严重的地区，实行浅耕、少耕或免耕，有效保持水土、改善作物的生态环境，从而提高作物生产力。实行用地养地相结合，在充分用地的同时，采取各种途径和方法积极培肥地力。

发展生态农业，促进废弃物循环利用。建立具有良性循环的农业生产体系，最大限度地提高作物生产力，做到无废物生产，使农、林、牧、副、渔全面发展。提高生物多样性，增加农业害虫天敌，减少杀虫剂使用。

6.3.3 畜牧产品安全保障区

6.3.3.1 环境功能目标

科学发展畜牧业，加快养殖方式、资源利用方式和经济发展方式转变，提高畜牧业标准化、规模化、特色化、产业化水平，保护高原灌丛、草甸生态系统，防止草场退化、沙化，防止畜牧业生产对生态环境的破坏或不利影响，切实保障动物卫生安全、畜产品质量安全和草原生态安全。

6.3.3.2 发展引导要求

该区域属主体功能区划中的限制开发区域，应优化畜禽结构，积极发展畜产品加工业，形成畜牧业产业化体系，大幅度提高畜牧业经济效益；防止鼠虫害，增强固沙能力，推进草原基本建设，努力提高林草覆盖率，治理“三化”草原，改善草原生态环境，提高草原生产力和载畜能力。

6.3.3.3 环境保护要求

（1）水环境保护

禁止将生活污水和生产废水以各种形式排入或渗入地表水体。推行牲畜集中屠宰，对牲畜屠宰加工产生的生产废水和生活污水进行处置后排放。水量满足最小生态需水量标准，以生态补偿机制研究为重点加大水生态方面的保护。

（2）大气环境保护

大气环境保护和管理对策确定为可吸入颗粒物暂缓控制区、二氧化硫无须控制区和氮氧化物无须控制区。三项指标保持现有的达标水平，不出现干扰生态系统的严重污染天气，不针对污染物控制做强制性要求。

（3）土壤环境保护

因地制宜实施划区轮牧、围封禁牧、松土补播、建立人工草地等，禁止过度放牧、开垦草地等，遏制土地沙化；科学防治鼠虫害，避免污染土壤。

（4）生态保护

坚持“以草定畜、增草增畜、草畜同步发展”的原则，转变数量型畜牧业观念，推行退牧、禁牧、划区轮牧和季节性休牧制度改变传统的畜牧业经营方式，实现

“畜草平衡”。针对持续超载放牧的现象或行为，建立惩罚性经济补偿机制，给予一定的经济制裁，如加倍征收草场资源补偿费（税）。逐步推行舍饲圈养方法，在提高畜产品质量和数量的同时，压缩冬季牲畜存栏头数，发展效益型畜牧业。

加大人工、半人工草地建设，为牲畜提供充足的高产优质牧草；人工、半人工草地建设避开陡坡、泥炭沼泽地、潜在沙化草地等敏感区段。发展饲草饲料专营企业，鼓励将农区秸秆加工成饲料，增大秸秆饲料的比例，在提高畜产品质量和数量的同时，减轻畜牧业对草地压力。

加快沙化、退化草地的综合治理，遏制沙化土地扩张，采用草方格、种草种树和蓄水的方法，尽快恢复沙化土地的植被和生态。采用种草种树的方法要注意因地制宜，为防止牲畜采食，除实施围栏隔离外，还可选择栽种适口性差的植物，以达到防沙固沙、防止侵害周围草场的目的，严禁在沙化治理区放牧。

综合防治草原鼠虫害，加大灭鼠力度。采用人工捕杀和专一性生物制剂或化学药品相结合的方法消灭鼠虫病害，保护捕食鼠虫的益鸟益兽，维持生态平衡，抑制害鼠种群密度。加强草原防火工作，贯彻“预防为主，防消结合”的方针，建立防火责任制，制定草原防火制度和公约，严防草原火灾的发生。

配合实施牧区草场保护及“三化”草地治理项目，改善草原生态环境现状，提高草原抗灾能力，加速草原生产力的转换，增加牧民收入，减轻草原和湿地压力。

6.4　聚居环境维护区

6.4.1　聚居环境维护区总体要求

聚居环境维护区承载了全省大部分的人口和经济总量，资源能源消耗高，污染物产生量大，该区域要严控污染、优化发展，加强环境管理与治理，大幅削减污染物排放量，改善环境质量，防范环境风险，改善人居环境。

一般城镇和工业区环境空气质量执行《环境空气质量标准》二级标准。地表水环境依据《地表水环境质量标准》，集中式生活饮用水地表水水源地一级保护区应达到Ⅱ类标准，集中式生活饮用水地表水水源地二级保护区及准保护区应达到Ⅲ类标准，工业用水应达到Ⅳ类标准，景观用水达到Ⅴ类标准，纳污水体要求不影响下游水体功能，地下水达到《地下水质量标准》相关要求。土壤环境达到《土壤环境质量标准》和土壤环境风险评估规范确定的目标要求。加强城镇辐射环境质量监督管理。

以聚居环境维护区为主导环境功能区的城市需编制城市环境总体规划，明确城市环境功能分区，科学规划生态保护空间，确立城市生态红线，促进形成有利于污染控制和降低居民健康风险的城市空间格局。

总量分配需以满足区域环境质量标准要求为限。深化环境影响评价制度，强化环境风险评价，建立区域环境风险评估和防控制度，强化建设项目和现有企业环境风险监管。建设项目污染物排放浓度必须按功能区达标、污染物排放总量必须满足国家对该区的总量分配指标要求。要依据建设项目的排放情况对周边环境的影响评价，提出防止污染和避免造成生态破坏的对策措施。

加强环境综合治理，大力实施水环境综合整治、大气环境综合整治、土壤污染治理、重金属污染治理等环境综合治理工程，强化城镇污水、垃圾收集与处理设施建设，加强环境管理和监督力度，提高各类治污设施的效率，强化对企业污染物稳定达标排放的监管。限期实现环境功能区环境质量达标，逐步恢复生态功能。

6.4.2 聚居环境治理区

6.4.2.1 环境功能目标

保护人群聚居区环境，确保空气、水环境质量满足功能区标准；保护具有维护人群健康功能的森林、湿地等公共绿色生态空间，确保面积不减少，质量不降低，保障人居环境健康。

6.4.2.2 发展引导要求

该区域属主体功能区划中的重点开发区域，应在保护生态环境、降低能源资源消耗、控制污染物排放总量、提高经济效益的前提下，坚持走新型工业化道路，推进产业结构优化升级，推动经济持续快速发展；坚持走新型城镇化发展道路，完善城镇体系，优化空间布局，增强城镇集聚产业、承载人口、辐射带动区域发展的能力，提升城镇化质量和水平。

统筹规划国土空间，扩大绿色生态空间，合理利用农村居住空间，减少城市核心区工矿建设空间，控制开发区过度分散。健全城市规模结构，推动形成分工协作、优势互补、各具特色、体系完善、联系紧密、集约高效的网络化城市群。加快推进城镇化进程，促进农业富余人口就地就近迁移，农村居民点适度集中布局。

提高经济发展质量。推进经济发展方式转变，加强科技创新，提高产品附加价值，提高经济发展质量和效益，促进循环经济和绿色经济发展，提高资源利用效率，降低污染物排放强度。

把握开发时序，区分近期、中期和远期，实施有序开发，近期重点建设好国家和省级各类开发区和工业集中区，目前尚不需要或不具备条件开发的区域，要作为预留发展空间予以保护。

保护生态环境，禁止发展不符合国家产业政策和达不到环保要求的产业，尽量减少工业化、城镇化对生态环境的不利影响，合理利用土地、水资源，避免过度开发，减少环境压力，提高环境质量。

6.4.2.3　环境保护要求

（1）水环境保护

岷江成都段、沱江德阳成都段加强工业园区、经济开发区环境监管，实施工业区污水处理工程，推进造纸、纺织印染、化工、制革废水污染深度治理，严格新建项目总量置换制度。提高生活垃圾无害化处理率，完善城镇污水配套管网、推进雨污合流管网改造，实施城市现有污水处理厂扩容提标工程，所有污水处理厂尾水稳定达到一级B标，向不达标河流排放的须稳定达到一级A标或更严格标准。推进节水型城市建设，实施中水回用工程和生态湿地工程。实施水环境综合整治和生态修复，加强水资源合理配置，保障河道生态基流。

沱江资阳内江段防范传统工业落后生产工艺、煤矿资源无序开发和新型工业快速发展的环境风险，建立环境风险防范三级防控体系。加快农副食品加工业、畜禽养殖业、纺织业等传统产业升级，推进工业污染深度治理。推进现有城镇污水处理设施脱氮除磷升级改造和污水收集管网完善工程，提高生活垃圾收集率和处理率。

涪江绵阳遂宁段加强重大环境风险源动态监控和风险控制，强化纺织、食品酿造、造纸、医药化工等行业企业废水深度治理，推进现有城镇污水处理设施提标扩容改造和污水管网完善工程。实施出川断面区域水环境综合整治工程，推进村镇环保基础设施建设，加强流域畜禽养殖污染整治。

（2）大气环境保护

结合区域环境空气质量状况，区域内成都市所辖区域确定为颗粒物严格控制区、二氧化硫和氮氧化物中度控制区，可吸入颗粒物年均浓度达标，超标率降低至15%以下，细颗粒物年均浓度每年下降5%，二氧化硫、氮氧化物年均浓度达标；其余区域确定为颗粒物普通控制区、二氧化硫和氮氧化物低度控制区，可吸入颗粒物年日均浓度达标，超标率降低至10%以下，细颗粒物年均浓度每年下降3%，二氧化硫、氮氧化物年均浓度达标。

发展清洁能源，探索实施煤炭消费总量，扩大高污染燃料禁燃区；改进用煤方式，推进煤炭洁净高效利用。

优化产业结构与布局，严格环境准入，新建企业严格执行环境影响评价制度，对大气污染排放量较高的企业，或者改进生产工艺，或者改进尾气处理技术，如仍不能达到排放标准，或超过当地环境容量，不予引进。对区域内的重点污染企业实行治理，改进生产工艺，减少大气污染物排放量。对于技术改造后仍不达标的污染源，严格执行“关停闭”政策。

深化大气污染治理，实施多污染物协同减排。全面推进二氧化硫减排和开展氮氧化物污染防治，强化火电、水泥、钢铁等重点行业烟粉尘治理，推进燃煤工业锅炉和工业炉窑烟粉尘治理；通过油品升级、实施新车排放标准、黄标车淘汰和车辆环保管理等措施，强化机动车污染防治；深化面源污染管理，强化施工扬尘、道路扬尘、堆场扬尘等监管，推进餐饮业油烟污染治理，加强秸秆焚烧环境监管。

创新区域管理机制，提升联防联控管理能力。建立统一协调的区域联防联控工作机制、环境联合执法监管机制、重大项目环境影响评价会商机制、环境信息共享机制和区域大气污染预警应急机制；创新环境管理政策措施，完善财税补贴激励政策、排污收费政策、排污许可证制度、环保核查制度、环境信息公开制度等；全面加强能力建设，完善区域环境空气质量监测网络、加强重点污染源、机动车等排污监管能力和环境统计与环境质量管理能力建设。

（3）土壤环境保护

加大环境执法和污染治理力度，确保企业达标排放；严格环境准入，防止新建项目对土壤造成新的污染。定期对排放重金属、有机污染物的工矿企业以及污水、垃圾、危险废物等处理设施周边土壤进行监测，造成污染的要限期予以治理。规范处理污水处理厂污泥，完善垃圾处理设施防渗措施。

强化被污染土壤的环境风险控制，已被污染地块改变用途或变更使用权人的，应按照有关规定开展土壤环境风险评估，并对土壤环境进行治理修复，未开展风险评估或土壤环境质量不能满足建设用地要求的，有关部门不得核发土地使用证和施工许可证。经评估认定对人体健康有严重影响的污染地块，要采取措施防止污染扩散，治理达标前不得用于住宅开发。以新增工业用地为重点，建立土壤环境强制调查评估与备案制度。加强土壤环境监管队伍与执法能力建设，建立土壤环境质量定期监测制度和信息发布制度。

（4）生态保护

成都平原区加强水资源的合理开发、优化配置、高效利用和有效保护，提高水

源保障能力；加强岷江、沱江、涪江等水系生态环境保护。强化龙泉山等山脉的生态保护与建设，构建以龙门山—邛崃山脉、龙泉山为屏障，以岷江、沱江、涪江为纽带的生态格局。加强防洪基础设施建设，加强山洪灾害防治，提高水旱灾害应对能力。

川南地区坚持开发与保护并重，构建区域“生态走廊”。加强水资源开发利用与节约保护，加快大中型水利工程建设和防洪工程建设。加强长江、沱江等主要流域水土流失防治和水污染治理，保护地表水和地下水源水质，构建功能完备的防护林体系，保障长江、沱江等主要流域水生态安全，增强区域防洪和水资源的调蓄能力，加强向家坝电站库区生态建设及重要采煤区生态修复和环境治理，加强城市、交通干线及江河沿线的生态建设。

川东北地区全力推进渠江、嘉陵江流域防洪控制性工程和供水保障工程建设，增强对江河洪水的调控能力，提高防洪抗旱能力。大力加强生态环境保护和流域综合整治，构建以嘉陵江、渠江为主体，森林、丘陵、水面、湿地相连，带状环绕、块状相间的流域生态屏障。

6.4.3　聚居环境风险防范区

6.4.3.1　环境功能目标

保护人群聚居区环境，确保空气、水环境质量满足功能区标准；保护具有维护人群健康功能的森林、湿地等公共绿色生态空间，确保面积不减少，质量不降低，保障人居环境健康，社会经济和环境协调发展。

6.4.3.2　发展引导要求

该区域属主体功能区划中的重点开发区域，以石化、磷化工园区为重点，加强区域工业污染深度治理和风险控制，推进磷化工等产业的升级改造，从产业布局、产业结构和产业规模等方面进行优化调整，从源头上防控风险；建立健全化工园区和企业环境风险管理体系，减少环境隐患和降低环境风险。加强环境风险评估，针对突出的环境风险因素采取控制措施，从源头消除环境风险隐患。

6.4.3.3　环境保护要求

强化源头控制，持续开展清洁生产，引导企业按照循环经济的要求采用先进技术和设备，减少污染物排放。

加强化工废气污染治理，采用低硫清洁燃料，强化二氧化硫、氮氧化物、颗粒物、挥发性有机物的协同控制，除满足达标排放外，实施严格的总量控制，鼓励废气资源化综合利用。

节约水资源，保证污水处理设施稳定运行，在确保达标排放和总量控制的前提下，尽可能实施中水回用，最大限度地减少污水排放量。石化园区在生产装置区实施污水管线和污水储存、输送、处理措施地上化，厂外排污管线埋地敷设设置自动化在线检漏、报警和定位系统、沿途布设监测井的监控系统，达到“可视化”。防止地下水污染，从原料和产品储存、装卸、运输、生产过程、污染处理装置等全过程控制各种有毒有害原辅材料、中间材料、产品泄漏（含“跑、冒、滴、漏”），同时对有害物质可能泄漏到地面的区域采取防渗措施，阻止其渗入地下水。

按照集中收集、减量化、资源化和无害化处理的原则开展工业固体废物污染防治与综合利用。采用先进的生产工艺和清洁原料，以尽可能少工业固体废物产生，提高综合利用率。危险废物按照《危险废物贮存污染控制标准》（GB 18597—2001）、《危险废物管理暂行办法》《危险废物转移联单管理办法》等有关规定文件的要求以及“减量化、资源化和无害化”的原则进行管理，送交有资质的危险废物处理单位进行最终处置，无害化处理处置率达到100％。

强化环境风险事故防范意识，建立企业、园区两级风险事故应急机构，制定应急预案，建立完善的组织机构。健全园区环境应急保障体系，针对园区内化工企业的原料使用、生产工艺、污染治理及排放等相关因素，确认其主要污染物和化学特征污染物，制定并实施监测方案，严密监控企业的污染排放状况。加强应急队伍、装备、设施建设和救援物资储备，有针对地开展隐患排查，完善环境突发事故应急预案，定期组织开展应急演练，全面提升化工区风险防范和事故应急处置能力。加强对废气尤其是有毒及恶臭气体的收集和处理，配备相应的应急处置设施。建立完善有效的环境风险防控设施和有效的拦截、降污、导流等措施，有效防止泄漏物和消防水等进入园区外环境。

提升环境监测能力。完善在线监控系统，对企业废水、废气排放及环境空气、地表水、地下水、土壤等进行在线监测，提升应急监测能力。

6.5 资源开发环境引导区

资源开发环境引导区是重要的能源资源储备基地，生态系统较为脆弱。该区域要科学规划、有序发展，重点控制资源开发对周边生态环境的影响，保障区域生态环境安全。

深化资源开发利用规划环评，严格论证生态环境影响并提出切实可行恢复措施。建立资源开发利用规划环评和建设项目环境影响评价文件审批联动机制，禁止新、扩、改建不符合资源开发利用规划要求的项目，加强资源开发活动对生态环境影响的控制。

坚持生态优先，加强水能、矿产等资源、能源开发活动的环境监管，结合国家优势矿产资源勘查开发基地建设开展小矿点的闭矿与生态恢复。

加强矿山开采的全过程环境管理。矿山勘查阶段必须要查明矿区环境地质问题，并提出相应的防治措施和建议；矿山可行性研究、设计和基建阶段要依法分别进行环境影响评价和建设用地地质灾害危险性评估，严格矿山建设用地审批；矿山生产阶段要规范采选活动，落实封闭防治措施，尽量减少对周边的环境影响；闭矿阶段做好土地复垦、植被恢复、环境污染治理等生态环境保护工作。

加强矿产资源开采管理，建立保护性开采制度。勘查、开采矿产资源必须依法分别申请，经批准取得探矿权、采矿权，并办登记。国家保护探矿权和采矿权不受侵犯，保障矿区和勘查作业区的生产秩序、工作秩序不受影响和破坏。实行分类开采、分区开采等保护性开采制度，使矿产资源得到合理、有序、有效开发。以保持矿产资源开发利用总量与经济、社会发展水平相适应，与市场需求相平衡的原则，确定矿产资源开发利用的调控方向。鼓励规模开发市场需求旺盛、资源丰富、效益良好的矿产资源，禁止开采严重破坏生态环境及耕地的矿种和矿区。严格新建矿山矿产资源开采生态环境保护准入制度，限制浪费资源、污染环境的矿山企业的发展，逐步关闭现有的不具备准入条件的矿山企业，支持高附加值矿产品的综合利用和深加工，构筑有竞争能力的特色矿业。禁止“大矿小开”“一矿多开”，鼓励矿山企业联合、兼并、重组、关停严重浪费资源以及安全和环保设施不符合要求的矿山，促进规模化开采、集约化经营；依靠科技进步、技术创新，优化矿业生产技术结构，推广使用先进工艺和设备，提高矿产资源的采选回收率和综合利用率，提高矿产资源开发利用水平。

加强矿山生态环境保护。按照“谁开发、谁保护，谁污染、谁治理，谁破坏、谁恢复，谁使用、谁补偿”的原则，实施矿产资源开发的生态环境保护监管制度。针对不同地区、不同矿种、不同开采方式具有代表性的矿区开展植树种草、环境污染治理、地质灾害治理和地质灾害防治示范工作，建立生态矿区，树立样板，逐步推广。开展以“复垦还绿”为主的废弃矿山复垦综合治理，恢复和增加耕地，美化景观，防止水土流失。重点加强对城市周边、风景名胜区、自然保护区、地质遗迹

保护区、主要交通干线两侧可视范围、饮用水水源地保护区以及历史文化保护区的废弃矿山进行治理。

加大有色金属、稀土等涉重金属企业污染防治力度，开展强制性清洁生产，实施深度治理，确保水、气污染物达标排放并满足常规污染物及重金属总量控制指标。提高工业固体废物综合利用率，危险废物实施无害化处置。强化环境执法，做好监督性监测和检查，对企业水、气污染物排放开展监督性监测，对地表水、环境空气、土壤等环境介质中重金属等开展例行监测，保障环境安全。